Inhalt

Kathrin Hartmann

Ende der Märchen-stunde

Wie die Industrie die LOHAS und Lifestyle-Ökos vereinnahmt

Karl Blessing Verlag

FSC

Mix
Produktgruppe aus vorbildlich
bewirtschafteten Wäldern und
anderen kontrollierten Herkünften
Zert.-Nr. SGS-COC-1940
www.fsc.org
© 1996 Forest Stewardship Council

Verlagsgruppe Random House FSC-DEU-0100
Das für dieses Buch verwendete
FSC-zertifizierte Papier *EOS* liefert Salzer, St. Pölten.

2. Auflage
Copyright © 2009 by Karl Blessing Verlag, München,
in der Verlagsgruppe Random House GmbH
Copyright 2009 by Kathrin Hartmann
Umschlaggestaltung: Hauptmann & Kompanie Werbeagentur GmbH,
München – Zürich
Layout und Herstellung: Ursula Maenner
Satz: Leingärtner, Nabburg
Druck und Einband: GGP Media GmbH, Pößneck
Printed in Germany
ISBN 978-3-89667-413-5

www.blessing-verlag.de

Für Oliver und meine Eltern

»Eines Tages wird alles gut sein, das ist unsere Hoffnung. Heute ist alles in Ordnung, das ist unsere Illusion.«

Voltaire, Candide oder der Optimismus

Vorwort

Das neue Heilsversprechen –
Weltrettung mit guter Laune und ohne Verzicht

Wenn man heute seinen Einkaufswagen durch die Gänge eines gewöhnlichen Supermarkts schiebt, könnte man auf die Idee kommen, die Weltrettung stünde unmittelbar bevor: Wer einen Kasten Krombacher-Bier kauft, rettet einen Quadratmeter Regenwald. Der Mineralwasserhersteller Volvic spendiert Brunnenwasser für die Sahelzone, Ritter Sport zahlt pro Tafel 1,4 Cent für Schulmaterial in Afrika[1], Blend-a-med einen Cent[2] für ein Gesundheitszentrum in einem SOS-Kinderdorf. Mit Dosenmilch kann man Bären retten, mit Klobrillen Delfine, mit Putzschwämmen die Artenvielfalt, und mit dem richtigen Waschmittel kann man Energie sparen. Selbst Lidl, Plus und Aldi haben Bio im Regal stehen, und wer einige der jährlich von Iglo (!) hergestellten 500 Millionen (!!) Fischstäbchen (!!!) isst, trägt zum Schutz der Meere bei.[3]

Wer Bionade trinkt, trinkt nicht nur einen Öko-Sprudel aus der Rhön, sondern das »offizielle Getränk einer besseren Welt« – und dürfte sich angesichts der mehr als 200 Millionen verkauften Flaschen pro Jahr[4] schon fast im Paradies wähnen. Mit Holzskiern aus nachwachsenden Rohstoffen kann man in einem »klimaneutralen« Skiort nachhaltig die Berge kaputt fahren, und Wedding-Planer bieten »grüne Hochzeitsfeiern« an: Bei diesen ist das Kleid aus nachwachsenden Rohstoffen, das Essen öko, die Einladung auf Recyclingpapier gedruckt – das passt besonders gut, wenn man seinen Partner in einem »Green«- oder »Ethical Dating«-Portal gefunden hat. Und selbst ein Grillabend ist praktizierter Klimaschutz, sofern die richtige Bratwurst auf dem Rost liegt, denn, Achtung: »Superwurst rettet die Welt«[5], hurra, es gibt die erste »klimaneutrale« Bio-Bratwurst, und damit muss auch niemand mehr seinen nicht nur ethisch, sondern auch ökologisch fragwürdigen Fleischverzehr[6] überdenken.

Wird jetzt endlich alles gut? Immerhin, dass der Kunde begreift, unter welchen Bedingungen seine Produkte hergestellt werden und was das nun wieder für Mensch, Umwelt und Klima bedeutet, darauf arbeiten Umweltschutz- und Menschenrechtsorganisationen ja schon seit Jahrzehnten hin – um mithilfe kollektiver öffentlicher Empörung auf Unternehmen und Politik Druck auszuüben, verbindliche soziale und ökologische Standards zu entwickeln und diese per Gesetz zu installieren und ihre Einhaltung zu überprüfen. Haben sie es jetzt also endlich begriffen, Unternehmen wie Kunden?

Lifestyle of Health and Sustainability, kurz: LOHAS, heißt der neogrüne Shopping-Trend, der sich selbst als »gesellschaftliche Veränderungsbewegung« feiert und seine Mitglieder als »moralische Hedonisten« und »pragmatische Idealisten«: Je nach Studie sind zehn bis dreißig Prozent der Deutschen diesem Lebensstil zugetan. Aber leider ist diese neue Öko-Welle keine politische Bewegung, sondern lediglich eine Auffrischung des Konsumgedankens. Sie hat nichts zu tun mit Boykott oder Kampagnen und schon gar nichts mit Verzicht. Es handelt sich nicht um eine homogene Gruppe, die nach verbindlichen Grundsätzen agiert. Sondern um eine, laut Marktforschungsstudien stetig größer werdende, Anzahl von Menschen aus den besser verdienenden Schichten, die es als ihren gesellschaftlichen Beitrag ansehen, ihren Konsum zumindest zeitweise nach individuellen Vorstellungen ökologisch zu gestalten.

Auf den ersten Blick scheint es den LOHAS zu gelingen, Unvereinbares zusammenzubringen: »Der Lebensstil des Sowohl-als-auch schmiedet Allianzen zwischen Lebensbereichen, Stilen, Überzeugungen und Formen des Genusses, die bislang als unvereinbar galten. Am Ende der Ideologien steht eine neue Lebenslust, Unvoreingenommenheit und Spontaneität«[7], definieren Anja Kirig und Eike Wenzel vom Zukunftsinstitut in ihrem Buch *LOHAS. Bewusst grün – alles über die neuen Lebenswelten* diese neue Philosophie nach dem »Ende der Ideologien« und der »Entweder-oder-Schemata«. Wenzel hat den US-Trend mit der Studie *Zielgruppe LOHAS. Wie der grüne Lifestyle die Märkte erobert* 2007 in Deutschland populär gemacht.

Die »Verantwortungs- und Genusselite« habe große Sehnsucht nach »Gesundheit UND Genuss, Verantwortung UND Vergnügen, Individualität UND Gemeinsinn, Natur UND Hightech, Urlaub, der luxuriös ist UND ethisch korrekt«[8]. Mit anderen Worten: Der luxusaffine und extrem individualistische »Green Glamour« sucht vor allem nach der Versöhnung des Alltagshandelns mit dem hohen Konsumanspruch, denn: »Wohlfühlen bedeutet für die LOHAS: keine Kompromisse!«[9]

Ihr Konsum ist in Wahrheit aber nichts anderes als ein Kompromiss: weiter Fleisch essen, aber aus dem Bio-Supermarkt, Bionade statt Spezi trinken, sich nicht mehr Nivea-Creme, sondern nach echten Blumen riechende Naturkosmetik ins Gesicht streichen. Sich freuen, dass dieses fesche Designer-T-Shirt auch noch aus Öko-Baumwolle ist. Mit dem Billigflieger übers Wochenende nach Barcelona jetten, dabei aber neuerdings ein schlechtes Gewissen haben. Vom gesparten Geld dann ein *Flugkompensationszertifikat* kaufen, das den CO_2-Ausstoß irgendwo auf der Welt einsparen soll. Und, wenn man sich's leisten kann, ein Hybrid- oder Dreiliterauto kaufen so wie die Stars in Hollywood (die allerdings, wie George Clooney, nebenbei noch einen Privatjet besitzen), am besten bei einem Autohändler, der dafür einen Baum pflanzen lässt. Damit dann am Wochenende zum Hofladen draußen vor der Stadt fahren, der so authentisch ist und mitten in idyllischer Natur gelegen.

Die neuen Ökos ketten sich nicht an Schienen und Bäume. Weder blockieren sie Werktore, noch stellen sie erschütternde Bilder gequälter Tiere vor Pelzgeschäften auf. Sie tragen stattdessen »Öko-Pelz«. Die Lifestyle-Ökos sind keine stilvolle, lustbetonte Variante der klassischen Ökos der 70er und 80er Jahre. Deren Anspruch war es ja nie, dass sich Ethik, Coolness und gutes Aussehen vereinen lassen müssen. Und sie hätten auch nicht im Zweifelsfall die Ethik der Ästhetik untergeordnet.

Der echte Öko suchte nicht nach Kompromissen, sondern verweigerte sich für alle sichtbar bestimmten Bereichen des Konsums und koppelte daran unmissverständlich die politische Forderung nach einer gerechten Wirtschaftsordnung. Leider hat ihm das bis heute den Ruf des hässlichen, ungewaschenen, Müsli und schrumpeliges Gemüse mümmelnden, moralinübersäuerten, genussunfähigen Wollsockenträgers eingebracht. Und zwar vonseiten jener gut gelaunten Hedonisten, die auf einmal ethisch korrekten Konsum propagieren.

»Die Zeiten, in denen ein Paar Ökos mit Ringelsocken Müsli essend und verbissen durch die Welt gerannt sind, die sind vorbei«, sagt Johannes B. Kerner, Moderator der gleichnamigen ZDF-Sendung, am 12. März 2009 in die Kamera, »mittlerweile weiß jeder: Umweltschutz ist wichtig.« Schau an, denkt man sich, jetzt auch noch der Herr Kerner, ausgerechnet, während der derweil so tut, als versuche er, sein verschmitztes Grinsen der Vorfreude im Zaum zu halten. Denn diese 1111. Sendung[10] soll besonders werden, besonders öko. Im Studio sitzen Bundesumweltminister Sigmar Gabriel, der Klimaforscher Mojib Latif, Tübingens grüner Oberbürgermeister Boris Palmer und Claudia Langer, Ex-Werbeagenturchefin und Gründerin der Utopia AG, des Online-Portals für »strategischen Konsum«, die das ZDF zu diesem Öko-Event und »dem bislang einzigartigen Experiment im deutschen Fernsehen« (ZDF-Homepage) angestiftet hat.[11]

Von seinem Moderationszettel aus Altpapier liest Kerner (»Autobahn geht gar nicht«), dass alle Studiogäste umweltverträglich angereist, mit Öko-Kosmetik geschminkt und mit Bio-Catering aus regionaler Produktion versorgt worden seien und dass gleich das Ungeheuerliche passiere: Die üblicherweise 400 000 Watt starke Studiobeleuchtung wird zugunsten von ein paar 2000 Watt starken Neonröhren ausgeschaltet, die nur 0,5 Prozent der üblichen Menge an Energie verbrauchen.

Der Letzte macht das Licht aus

Dass dem Journalisten-Darsteller und Top-Opportunisten einmal die Lichter ausgehen, davon haben bestimmt schon viele geträumt, für Utopia-Chefin Langer ging damit sogar eine »utopische Idee in Erfüllung«[12]. Doch während sich auf die Gesichter seiner Gäste für die folgenden 50 Minuten ein fahlblauer Schimmer legt, betont der ausnahmsweise in Biobaumwolle gekleidete Moderator dieser Ausnahmesendung, dass »natürlich alles, was wir hier machen, nur exemplarisch ist. Wir wissen, wir werden die Welt damit nicht verändern«, aber immerhin, es sei »ein kleiner Schritt in die richtige Richtung«.

Nur: Welche Richtung könnte damit gemeint sein? Was bedeutet es, wenn ausgerechnet Johannes B. Kerner, dessen Boulevardsendung ansonsten als Werbeplattform und Bühne für oftmals peinliche Selbstdarsteller nützlich ist, nun eine Öko-Sendung macht? Dass die Notwendigkeit von Umwelt- und Klimaschutz endlich in der viel belärmten »Mitte der Gesellschaft« angekommen ist? Dass eine solche Sendung womöglich dazu taugt, mit diesem Thema Schichten zu erreichen, die sich damit bislang nicht beschäftigt haben?

»Ich bin ja ganz schlimm. Wissen Sie, was ich mache? Ich lasse beim Zähneputzen immer das Wasser laufen«, gibt Kerner gewohnt kumpelhaft zu und schließt sich damit den Öko-Sündenbeichten seiner Gäste an. Ach Gott, wie menschlich. Und auf dieser nachsichtigen Ebene wird im Halbdunkel des Studios eines der drängendsten Probleme unserer Zeit, der Klimawandel, verniedlicht.

So erfährt man also, wie man »ein bisschen die Welt verändern kann« (Kerner), indem man zum Beispiel mehr duscht statt badet, Strom sparende Elektrogeräte und Energiesparlampen kauft, Ökostrom bezieht (»Das kann übrigens jeder machen«, verkündet Sigmar Gabriel), Flüge kompensiert und nicht mehr so viel Rindfleisch isst, weil die Kühe Methan rülpsen und außerdem Futter fressen, für das der Regenwald gerodet wird. »Natürlich soll man nicht komplett auf Fleisch verzichten, aber jeden Tag muss das auch nicht sein«, beruhigt der Klimaforscher Latif, und die Expertin für strategischen Konsum, Claudia Langer, bringt es schließlich auf die schöne und leicht anzuwendende Formel: »Eine der spannendsten Möglichkeiten des Energiesparens ist, auf ein Stück Steak zu verzichten. Wenn 80 Millionen das ein Mal in der Woche tun, dann ist irre, irre viel getan!«

Es wäre eher des Nachdenkens wert, dass Claudia Langer glaubt, 80 Millionen Deutsche äßen mehrmals pro Woche ein Steak. Aber wo über Wichtigkeit und Nichtigkeit derart ununterscheidbar geplaudert wird, ist es dann auch egal, dass der Umweltminister die Abwrack- weiterhin als Umweltprämie verteidigt (»Die Leute, die ein umweltschädliches Auto fahren, tun das nur, weil sie sich kein besseres leisten können«) und, Schwamm drüber, dass die Chefin der

»Plattform für strategischen Konsum und nachhaltigen Lebensstil« ins Stammeln gerät, weil sie den »ganz fürchterlichen Begriff« Nachhaltigkeit nicht auf Anhieb definieren kann.

Klimaschutz mit Kuschelfaktor

»Es gibt kaum ein größeres Medienereignis der vergangenen Jahre, das nicht mit einer verkorksten Sendung Johannes B. Kerners verbunden ist«, schreibt der Medienjournalist Stefan Niggemeier[13] anlässlich des ZDF-Abgangs von Kerner in der *Frankfurter Allgemeinen Zeitung*.

Dass nun also der Umwelt- und Klimaschutz bei Kerner, dem »Symbol allgemeinen Unernstes«[14], angekommen ist, bedeutet leider, dass das wichtigste Thema unserer Zeit mittlerweile eine solche Beliebigkeit erreicht hat, dass es sogar dazu taugt, eine launige Unterhaltungssendung zu gestalten – mit kalkulierten Effekten und scheinbar spektakulären Aktionen, praktischem Serviceteil und der Simulation einer Politdebatte, bei der jeder kleine Versuch, das Thema doch noch in eine ernste Richtung zu lenken, unter einer dicken klebrigen Soße aus Versöhnlichkeit und guter Laune erstickt wird. Die »Kernerisierung«[15] der Weltrettung bedeutet: zuschauen, entspannen und bloß nicht nachdenken. Schließlich soll die Sendung dem Fernsehpublikum die letzte Stunde vorm Zubettgehen versüßen und ihm ein gutes Gefühl verschaffen.

»Wir wollen hier keine Verzichtsdebatte führen – die Devise lautet: Klimaschutz bringt Spaß!«, sagt am Ende Klimaforscher Mojib Latif fast schon euphorisch. Doch was vermutlich als Ansporn für die große Masse gedacht war, wirklich etwas zum Klimaschutz beizutragen, ist tatsächlich eine sinnfällige Zusammenfassung dessen, was Öko heute bedeutet: Die Sehnsucht nach Weltrettung ist zur beinahe totalitären Hurra-Veranstaltung geworden, die suggeriert, dass jeder, der sich vorgenommen hat, auch mal so eine Energiesparlampe zu kaufen, wenn das Elektronikkaufhaus wieder welche im Angebot hat, oder jeder, der im Januar darauf achtet, dass die Erdbeeren, mit denen man seine Sehnsucht nach Sommer stillt, wenigstens Bio sind, schon einen wertvollen Beitrag zum Umweltschutz geleistet habe. Ein Befindlichkeitsumweltschutz, der nicht wehtut oder gar einschränkt, der nicht nach allgemeingültigen Lösungen sucht, sondern individuelle Erlösung verspricht.

Woher kommt nur diese gute Laune angesichts der drohenden Katastrophe? Schließlich waren niemals zuvor die verheerenden Folgen der Globalisierung und des Konsumkapitalismus so gut analysiert und so sichtbar wie heute. Seit dem IPCC-Bericht[16] vom Februar 2007 dürfte es wohl niemanden mehr geben, der noch zu behaupten wagt, dass der Klimawandel nur eine fixe Idee hysterischer Umweltschützer ist. Dass der Regenwald abgeholzt wird und das Ozonloch wächst, dass die Pole schmelzen, dass Wasser knapp wird und schier unbezahlbar, dass die Meere überfischt sind und unsere Energieressourcen rapide zur Neige gehen, dass die Armut eines Teils der Welt unserem Reichtum geschuldet ist, dass unsere Billigwaren unter unerträglichen Bedingungen in Schwellen- und Entwicklungsländern hergestellt werden – all dies weiß man schon seit 30 oder 40 Jahren. Niemals zuvor waren die Möglichkeiten, sich über den Zustand der

Welt und die Auswirkungen unseres Handelns zu informieren, so einfach und so vielen Menschen möglich wie heute. Und wer trotz alledem noch immer an die Gerechtigkeit des globalisierten Marktes glaubte, der wurde durch den Zusammenbruch der weltweiten Finanzmärkte eines Besseren belehrt. Wobei das Ausmaß der bereits dramatischen Auswirkungen auf die Ärmsten der Welt im Ganzen noch nicht absehbar ist.

Aber das Unbehagen angesichts der Folgen unserer Lebensgewohnheiten mündet nicht etwa in eine klare Forderung an die Politik oder gar in ein kollektives politisches Handeln. Ganz im Gegenteil klammert die neue Umweltbewegung, die in Wahrheit keine ist, alles Negative aus und richtet den Blick nicht auf die Ursachen der Probleme, sondern nach innen.

Wo Konflikte und gesellschaftliche Debatten dringend nötig wären, gibt es stattdessen Wellness fürs Gewissen. Und das Beste daran ist: Das gute Gewissen kann sich jeder kaufen – sofern er über den entsprechenden Geldbeutel verfügt.

Warum die Lifestyle-Ökos nur sich selbst, nicht aber die Welt verbessern

Die Idee hinter dem »strategischen Konsum« (utopia.de) ist so simpel wie naiv: Wenn nur genügend Leute Spaß daran haben, fair gehandelte Bio-Bananen, Hybrid-Autos und A++-Kühlschränke zu kaufen, so glauben die LOHAS, dann werden nur noch solche »guten« Produkte hergestellt. Und tatsächlich, wenn sie es wünschen, bekommen die Konsumenten eben Menschenrechte, Umweltschutz und Klimafreundlichkeit in die Läden gestellt. Denn Lifestyle-Ökos sind die Traumzielgruppe aller Hersteller. Sie haben Geld, und sie geben es mit Freuden aus. Wurden früher Autos mit Freiheit und Duschgel mit Sex verkauft, heißt das neue emotionale Attribut der Warenwelt jetzt »gutes Gewissen«, das den Konsumenten als aufgeklärt und engagiert erscheinen lässt.

»Wenn wir finden, eine lässige Jeans ist noch lässiger, wenn die Materialien fair gehandelt, umweltfreundlich gefärbt und unter menschlichen Bedingungen zusammengenäht wurden, dann werden morgen viele und übermorgen alle Hersteller ihre Jeans so produzieren. Aber eine Jeans muss schon noch zuallererst lässig sein«[17], hieß es im Vorwort der Nullnummer des mittlerweile eingestellten, ersten deutschen, im Burda-Verlag erschienenen LOHAS-Magazins Ivy[18], in dem es außerdem eine Modestrecke mit »ethisch korrekten« Pelzen – ja, Pelzen! – gab.

Der Öko-Lifestyle ist zuallererst eine ästhetische Kategorie. So dient der individualistische Konsum zu nichts weiter als der Selbstveredelung; das gute Gewissen ist dabei der neue, bessere Luxus. Wie rahmengenähte Schuhe und angeblich totgestreicheltes Kobe-Rind (das teuerste Hausrind, aus der japanischen Präfektur Hyogo). So verkommt Moral zum netten Gimmick – und zum Wettbewerbsvorteil.

Denn der größte Irrtum, dem die LOHAS und Lifestyle-Ökos aufsitzen, ist zugleich ihr Prinzip: die durch den Kapitalismus ruinierte und ungerecht gewordene Welt durch guten Kapitalismus zu retten. Leider vergessen sie dabei, dass der Kapitalismus, dessen Motor der stetig wachsende Konsum ist, sie vor allem als Kunden betrachtet.

LOHAS, ein Großstadtphänomen der westlichen Bildungselite, sind frei von politischer Haltung und machen deshalb alles nur noch schlimmer. Denn sie fragen nicht, ob möglicherweise mit einem Wirtschaftssystem etwas nicht stimmen kann, in dem es legal ist, Jeans, T-Shirts und Turnschuhe unter menschenverachtenden Bedingungen herzustellen. Sie machen sich stattdessen zu Komplizen der Konzerne, indem sie die Verantwortung direkt an die Marketingabteilungen der Unternehmen delegieren.

Dass Unternehmen nicht an der Weltrettung interessiert sind, sondern an krisensicherem Profit – geschenkt. Aber indem der Lifestyle-Öko konsumiert und den CSR-Versprechen der Konzerne glaubt, nimmt er den Druck von Politik und Kapital, wirklich etwas zu ändern. Es ist ein Geschäft auf Gegenseitigkeit: Die Unternehmen verkaufen ihm bequemen Genuss ohne Reue, er lässt sie dafür in Ruhe.

Das Geschäft mit der *Corporate Social Responsibility* (CSR), zu Deutsch: Unternehmensverantwortung, boomt – und ausgerechnet die am Shareholder-Value orientierte Unternehmensberatung McKinsey, deren Name mittlerweile zum Synonym der Ökonomisierung sämtlicher Lebensbereiche geworden ist, hat in einer Studie[19] herausgefunden, dass Umwelt- und Klimaschutz für Unternehmen gewinnbringend seien.

Mittlerweile gibt es kaum noch ein Unternehmen, das auf seiner Homepage nicht eine »Philosophie« oder ein »Leitbild« preisgibt – selbst Nestlé und Coca-Cola haben die Punkte »Nachhaltigkeit« und »Verantwortung« in ihre Selbstdarstellung aufgenommen. Grundsätzlich gilt: Je umwelt- und klimaschädlicher und je umstrittener die Tätigkeit eines Konzerns ist, desto mehr investiert er in sein sauberes Image.

Unter www.klimaschuetzer.de erreicht man die deutsche Atomlobby. Die Lufthansa bietet an, mit gespendeten Meilen den Hunger in der Dritten Welt zu beheben. Und das Unternehmen Weihenstephan, das zum Milchgroßkonzern Müller gehört, schrieb auf die Milchtüten, dass die Milch aus artgerechter Haltung stamme. Der Deutsche Tierschutzbund belegte jedoch in einer Dokumentation, dass die Kühe »in ganzjähriger Anbindehaltung auf sehr beengtem Raum gehalten werden« – woraufhin Weihenstephan jene Werbung, die artgerechte Tierhaltung verspricht, einstellte.[20]

Greenwashing nennt man dieses Marketingmilliardengeschäft. Dazu gehören auch zweifelhafte Aktionen mit Umweltschutzorganisationen: So spendete etwa TUI unter dem Motto »Fliegen für den Regenwald« (!) eine Zeit lang pro Flugticket einen Beitrag an den WWF – wie auch Krombacher pro Kiste Bier und Iglo pro Packung Fischstäbchen.[21]

Wenn jeder an sich denkt, ist an alle gedacht

Tanken für erneuerbare Energie. Fischstäbchen essen für den Artenschutz. Putzen für die Pandabären. Saufen für den Regenwald: Ein Kasten Bier gleich ein Quadratmeter. Dies sei, schreibt Krombacher (Motto: »Genuss mit Verantwortung«) auf seiner Homepage, »die einfache Formel, mit der die Verbraucher selbst bestimmen können, wie ihr Beitrag zum Umweltschutz aussehen soll«.

Selbst bestimmen! Das ist toll. Das klingt nach Freiheit, Aufklärung, Wahlmöglichkeit und Teilhabe. Das passt hervorragend zum Gerede der Politik von der Eigenverantwortung. Mit diesem Begriff schaffte es der damalige Bundeskanzler Gerhard Schröder, die Deutschen auf seine Agenda 2010 einzuschwören. Achtzehn Mal benutzte er am 14. März 2003 das Wort in seiner »Aufbruchrede« an den mündigen Bürger, dem er in Aussicht stellte, er würde mehr Autonomie erlangen, je weniger der Staat sich in sein Privatleben einmische. Das hieß aber in Wahrheit nur, dass sich die Politik aus der Verantwortung mogeln und die existenziellen Risiken der Bürger als deren Privatangelegenheit betrachten wollte.

Auch der Lifestyle-Öko schiebt das Politische ins Private ab und glaubt gern, dass es am Einzelnen liege, etwas zu verändern. Er bejaht den Kapitalismus, weil er glaubt, er lasse ihm die Wahl, denn Konsum sei eine Lebensentscheidung.

Jede Wahrheit, die so tut, als sei sie die einzige, ist eine Ideologie. Und das Konzept LOHAS ist, gerade weil es sich so pragmatisch und gut gelaunt gibt und seine Ideologieferne ein ums andere Mal betont, eine glasklare neoliberale Wirtschaftsideologie. Sie lässt sich auf die einfache wie gefährliche Formel reduzieren: Wenn jeder an sich denkt, ist an jeden gedacht.

So findet sich in Kirigs und Wenzels LOHAS-Buch, das im Tonfall eines Manifests gehalten ist, keinerlei Hinweis auf Umweltzerstörung, Hunger oder Verteilungsungerechtigkeit und deren politische Ursachen und gesellschaftlichen Zusammenhänge. Sondern ausschließlich Forderungen an den Markt, eine möglichst lückenlose Genuss-mit-gutem-Gewissen-Infrastruktur bereitzustellen.

Warum man Geld nicht essen und sich eine bessere Welt nicht kaufen kann

In Wahrheit zementiert der LOHAS die Verhältnisse in der Welt und die Kluft zwischen Arm und Reich: Er kann sich besser fühlen als die stumpfe und schlecht angezogene Masse, die sich für einen Flachbildfernseher verschuldet und nur Pommes und Burger in ihrer riesigen klimaschädlichen Tiefkühltruhe hortet – auch wenn ein Hartz-IV-Empfänger tatsächlich die wesentlich bessere CO_2-Bilanz hat als der LOHAS, der unter dem Heizpilz sein argentinisches Bio-Rindersteak isst und auf seinen Weltreisen die letzten Horte der Authentizität sucht.

Seinen Hedonismus kann sich der LOHAS nur deshalb ohne Reue leisten, weil es die Dritte Welt gibt. Weil er weiß, dass sich die Verhältnisse niemals so ändern werden, dass am Ende der Inder, Bangladescher oder Kenianer genauso viel in der Welt herumjetten wird, wie er es tut. Der Handel für den CO_2-Emissionsablass bei Flugreisen basiert genau darauf. Mit seinen Ablässen – mittlerweile ein Milliardengeschäft – kauft er sich das Recht auf Dreck und den Erhalt seines Lebensstils.

Das bisschen Karma-Konsum verhilft dem Lifestyle-Öko ganz individuell zu mehr Sinn und Identität, es verschafft ihm selbst wie auch seinen Marken ein besseres Image. Daher entsteht auch kein Kollektiv, in und von dem er sich an seinen Ansprüchen messen lassen müsste. Statt intellektueller Vordenker haben die LOHAS ihre Trendforscher und Werber. Diese treffen sich mit Unternehmern auf Karma-Konsum-, Utopia- oder LOHAS-Konferenzen, um die neue Zielgruppe auszuloten, die sich wiederum auf Shoppingportalen wie utopia.de (»Kauf Dir eine bessere Welt«) oder Karmakonsum (»Do good with your money«) austauschen.

Statt Demonstrationen gibt es werbewirksame Gute-Laune-Aktionen, die weniger Strahlkraft haben als Lichterketten gegen Nazis: Anlässlich des Weltklimagipfels in Bali rief ausgerechnet die *Bild*-Zeitung (»Sollen wir Deutsche die Welt allein retten?«[22], »Klimaalarm nur Öko-Lüge?«[23], »PKW-Maut, Ökosteuer, Benzinpreis – Ich hab die Schnauze voll«[24]) zusammen mit Google, ProSieben, BUND, Greenpeace und, natürlich, dem WWF, am 8. Dezember 2007 zur fünfminütigen Aktion »Licht aus. Für unser Klima« auf. Ganz Deutschland machte fünf Minuten das Licht aus – und dann wieder an. Und alle machten mit: Der Kölner Dom. Das Brandenburger Tor. Die Telekom. Sonya Kraus. Die No Angels. Estefania Küster. Bärbel Schäfer. Christoph Daum. Thomas M. Stein.[25]

So realitätstüchtig sich die Lifestyle-Ökos auch gern geben, sie sind oft sehr emotional. Die schöne Geschichte bedeutet ihnen mehr als das tatsächliche Ergebnis. Und so fällt es im Getöse des großen gegenseitigen Weltrettungs-Schulterklopfens dann auch nicht weiter komisch auf, dass ausgerechnet der Chemiekonzern BASF und der Automobilhersteller VW den Deutschen Nachhaltigkeitspreis erhalten[26] und Wirtschaftsfreund Johannes B. Kerner, der sein öffentlichrechtliches Gehalt mit Werbung für ökologisch und ethisch verheerende Produkte und Firmen aufgebessert hat – Gutfried-Geflügelwurst, *Bild*-Zeitung, das Tafelwasser Bonaqua des Coca-Cola-Konzerns, die Aktie von Deutschlands zweitgrößter Fluggesellschaft Air Berlin –, eine Sendung macht, die den Umwelt- und Klimaschutz bewirbt. Ja, selbst dem

Ex-*Vanity-Fair*-Chef Ulf Poschardt glaubte man seine wundersame Wandlung, als er ins gute Geschäft einstieg und auf das Cover der Oktober-Ausgabe 2007 seines mittlerweile eingestellten Promi- und Lifestyle-Blattes das Booklet »50 Wege zur Rettung der Welt« kleben ließ. Ulf Poschardt! Wenige Ausgaben zuvor hatte er jene Kreuzberger, die gegen eine geplante McDonald's-Filiale in ihrem Stadtteil demonstrierten, als »Ökospießer« beschimpft und als »verbitterte Ignoranten, die aus Angst vor der Zukunft ihre Vision ins Gestern verlegen«[27] – vielleicht deshalb, weil McDonald's, wie schön, auch Salat, Bio-Milch und Bionade verkauft.

Wie konnte es nur so weit kommen? Warum wollen Menschen, die das Versprechen der New Economy, jeder könne ohne Arbeit reich werden, mit sozialer Gerechtigkeit verwechselten, auf einmal wissen, wie ihre Turnschuhe hergestellt wurden? Wieso dozieren Menschen, die bis vor Kurzem noch Mülltrennung für die Einschränkung der persönlichen Freiheit hielten und aus Trotz ihre Glaspfandflaschen in den Restmüll warfen, über Energiesparlampen? Warum schreiben Leute Bücher voll, nur weil sie sich ein neues Auto gekauft haben? Warum genau vernachlässigen wir unsere demokratischen Bürgerpflichten und überlassen Gesellschaftsdebatten den Marketingexperten und Werbetextern? Wieso haben wir statt gesellschaftlicher Utopien nur utopia.de? Und wann, verdammt noch mal, fangen wir endlich an, uns an Bäume zu ketten, anstatt vom örtlichen Autohändler welche pflanzen zu lassen?

Kapitel I
Der Konsument

»Alle Wege der 68er führen in den Supermarkt.«
Peter Sloterdijk

1. Rebellische Dandys und der neue Luxus Lebensqualität

»Hier gibt es noch das Unperfekte, Provisorische, Liebens-
werte: Kleine Handwerksbetriebe in engen Hinterhöfen,
Künstlerateliers und viele, viele originelle Läden und Kneipen«, schwärmt ein Münchner Immobilienmakler auf seiner
Internetseite vom Glockenbach-Viertel. Für 3 500 Euro pro
Quadratmeter kann man sich in diesem Innenstadtidyll eine
topsanierte Eigentumswohnung kaufen, in der die frisch ver-
siegelten alten Holzdielen unter den meterhohen weißen
Stuckdecken anheimelnd provisorisch knarzen.

Das Glockenbach-Viertel ist so etwas wie Münchens
Prenzlauer Berg. Nur sehr viel kleiner, aufgeräumter und
teurer. Das ehemalige Arbeiter- und spätere Schwulen- und
Künstlerviertel, zwischen Innenstadt und Isar gelegen, ist
das, was man immer noch Szeneviertel nennt, obwohl die
Boheme jetzt gutes Geld verdient und sich davon die eigens
für sie schön renovierten Altbauwohnungen kaufen kann.

Immobilienmakler haben die Worte »Flair« und »Charme« zur Beschreibung des Viertels in ihre Objektangebote aufgenommen, denn die Leute, die dort leben, und die, die dort ausgehen und einkaufen, die wollen es schön haben.

Nicht maximilianstraßenschön, geleckt, teuer und dekadent. Stattdessen: besonders. Liebevoll. Gemütlich. Individuell. Originell. Ein bisschen alternativ. Trotzdem schick. Authentisch. Irgendwie: nett. Drum gibt es im Glockenbach-Viertel, wie gewünscht, eine Menge netter kleiner Läden mit netten teuren Dingen und die meisten netten Bars, Cafés und Restaurants der Stadt.

Das »Aroma« zum Beispiel ist so ein nettes Café. Es sieht aus wie eine Mischung aus Kindergarten, Tante-Emma-Laden, Feinkostabteilung und Kunstgalerie. Es ist immer gut besucht, so gut sogar, dass es umgebaut und erweitert werden musste, weshalb es nun nicht mehr Aroma-Bar heißt, sondern Aroma Lebensmittel- und Kaffeebar – und außerdem teurer geworden ist. Kein Wunder, denn man kauft sich hier »ein Stück freundliche heile Welt«, so schwärmt ein Stadtmagazin von dem Café, und die hat schließlich ihren Preis in dieser unübersichtlichen Zeit mit ihren immer neuen und komplexeren Bedrohungen und Unwägbarkeiten. So versinkt man dann in den großen Kuschelkissen auf den tiefen Simsen der großen Fenster und schaut auf das »Flair« und den »Charme« des Viertels, jene ästhetische und sentimentale Barrikade aus Harmonie und Behaglichkeit, die die hässliche Welt dahinter gut versteckt.

Dazu kann man Kuchen essen, der natürlich bio ist und den die Mama von Cafébesitzer Jürgen Altmann meistens selber backt. Das Gebäck wird mit frischen Blumenblüten und Kakao- und Puderzuckermuster auf dem Teller serviert, und an der Theke röchelt derweil die Espressomaschine, Linea La Marzocco, natürlich, der Klassiker. Die Kaffeebohnen dafür lässt Jürgen Altmann eigens in einer kleinen feinen Rösterei irgendwo in Deutschland rösten.

Im Sommer kann man sich schon mal ein erfrischendes Fußbad mit frischem Rosmarin bestellen, falls die Füße ein wenig müde sind vom Stöbern in den umliegenden Schnickschnack-Boutiquen und der wieder mal viel zu langen Woche in der Kreativ- oder Kommunikationsagentur oder dem Irgendwas-mit-Medien-Büro, dessen Geschäft und Tätigkeit nicht einfach so in ein, zwei Sätzen zu erklären ist.

Zur Kaffeebar gehört noch ein kleiner Laden, in dem es allerhand tolle Dinge zu kaufen gibt, selbst gemachte Marmeladen, sündteure amerikanische Naturkosmetik, edlen Essig, den angesagten Kusmi-Tee, den ein französisches Unternehmen jetzt wieder nach dem russischen Originalrezept aus dem 19. Jahrhundert herstellt, obwohl ihn vorher kaum einer vermisst oder überhaupt gekannt hat. Es gibt außerdem Süßigkeiten und allerlei Krimskrams von früher, zum Beispiel diese pastellfarbenen Armbanduhren aus Zucker, die man sich früher für ein paar Pfennige auf dem Schulweg gekauft hat und auf denen es immer 17 Uhr ist. Und, für unterwegs oder das Büro, die »Pausenbrote«. Die passen wiederum hervorragend zu den kleinen und selbstverständlich echt alten Grundschulstühlchen aus Holz im Inneren des Cafés. Auf die können sich die Erwachsenen setzen und in die Küche schauen, wo eigens für sie gekocht wird. Wie früher. Bei Mama. Als alles noch gut war.

Die Aroma-Bar bedient und spiegelt das Lebensgefühl und die Sehnsucht ihrer Besucher, die auf Gastroforen die »neue Ära der Gemütlichkeit« loben, gleichermaßen. Es sind Menschen zwischen Anfang zwanzig und Mitte vierzig, obere Mittelschicht, überwiegend Akademiker, gut bis sehr gut verdienend, Angehörige der Bildungselite eben, die sich neuerdings nach diesem individuellen Verwöhnprogramm mit unmissverständlicher Ansprache sehnen: nach einem Rückzug ins überschaubare Kleine, ins vertraut Gestrige, ins Idyll und ins Private, ins Wahre, Gute, Echte. Eine Flucht vor der unübersichtlichen Welt, in der der Einzelne doch gar keine so große Rolle spielt – auch wenn er sich selbst noch so sehr optimiert hat.

Aber welch ein Glück, »es gibt sie noch, die schönen Dinge« (Manufactum-Katalog), Mutters guten Kuchen mit Eiern von glücklichen Hühnern. Die handverlesenen, mit Liebe gerösteten Kaffeebohnen. Das mit Hingabe geschmierte Wurstbrot – das damals in der Schule allerdings keiner mehr essen wollte, weil es plötzlich Kindermilchschnitte gab. Und natürlich Bionade, der selbst ernannte Vorgeschmack »einer besseren Welt«, dass Emblem dieser neuen sentimentalen Genusselite, die ihr eigenes Wohlgefühl als Grundlage für das Gute in der Welt begreift.

Barrikaden der Behaglichkeit

Als »Bionade-Biedermeier« beschrieb der *Zeit*-Autor Henning Sußebach diese Milieustimmung in seiner gleichnamigen Reportage über den Berliner Stadtteil Prenzlauer Berg. Denn natürlich ist das »Aroma« in München ganz und gar keine Ausnahmeerscheinung. Genauso wenig wie diese netten kleinen Schmuckateliers, Schuhmanufakturen und die Kleiderlädchen, die Secondhand-Mode, selbst geschneiderte Unikate, Minikunstwerke und manchmal auch Kaffee und Kuchen anbieten. Die Secondhand-Möbelhändler, die für kafkaeske Preise dieselbe Einrichtung aus den 50er, 60er oder 70er Jahren für zu Hause verkaufen, wie sie in den gemütlichen Bars und Cafés nebenan steht – oder andersherum. Die Kindergeschäfte, die keine Spielzeugläden mehr sind, sondern für Eltern gedacht, die dort für ihre Kinder die richtige Ausstattung finden, um den Nachwuchs ihrem eigenen Lebensdesign anpassen zu können. Die Unmenge an Friseuren mit unkonventioneller Einrichtung und irre originellen Namen. Die angeschickte Currywurstbude, in der man das ehemalige Arbeiterklassen- und heutige Unterschichtsessen ironisch und gourmetverfeinert zu sich nehmen kann.

Und natürlich die vielen exklusiven Genussboutiquen, die Chocolaterien und Bio-Läden, die sich so authentisch geben wie jene Tante-Emma-Läden, die ihnen leider weichen mussten, weil sie die Miete nicht mehr zahlen konnten, seit es im Viertel keinen großen Bedarf mehr gibt an Tütensuppen, Dosenmilch und Schokolade, die nicht bio, handgeschöpft oder zumindest mit Chili verfeinert ist. Auch wenn die 50er-Jahre-Theke, in der die Sachen liegen, wirklich original ist und die Besitzerin, die seit Urzeiten dahinter stand, viel interessantere Geschichten erzählen könnte als vom Herstellungsverfahren des teuren Olivenöls von einem kleinen toskanischen Bauernhof, das man im kombinierten Buch-, Wein- und Feinkostladen nebenan kaufen kann. Dafür durfte das alte Programmkino bleiben, weil die Menschen hier die seelenlosen Multiplex-Kinos in der Innenstadt, die ihnen als Belege der stumpfen Massenkultur und Unterhaltungsindustrie dienen, nicht ertragen.

Man findet diese Infrastruktur der Kreativität, Individualität und Lebensqualität, diese Aura von Subkultur und Konsumferne so oder so ähnlich in jedem anderen Szenebezirk der großen Städte. Und dieses scheinbar zufällig und natürlich gewachsene Gefüge entspricht immer dann einem Verkaufskonzept, wenn eine hoch individualisierte und ästhetisch anspruchsvolle Zielgruppe bereit ist, sich diese Stimmung was kosten zu lassen.

Eine solche Kundschaft zieht, auch wenn sie über entsprechende Mittel verfügt, eben gerade nicht in die traditionell reichen, großbürgerlichen Spießerquartiere mit ihren stillen und ordentlichen Grünanlagen, den gepflegten Stadtvillen und den ihren Reichtum demonstrierenden Bewohnern – sondern ins Hamburger Schanzen- und Karo-Viertel, nach Köln-Ehrenfeld oder ins Belgische Viertel, ins Frankfurter Nordend oder nach Bornheim, die Leipziger Südvorstadt und – geradezu paradigmatisch – zum Prenzlauer Berg in Berlin.

»Gentrifizierung« nennen Stadtsoziologen diese Entwicklung, die immer nach demselben Muster abläuft. Sie passiert in den innenstadtnahen Vierteln, in denen noch genug Altbauten aus der Jahrhundertwende stehen und womöglich noch Reste von Industriearchitektur aus jener Zeit, ehemalige Arbeiter- oder Handwerkerviertel zum Beispiel, in denen es eine urbane und lebendige Infrastruktur gibt oder zumindest eine, die man wiederbeleben kann.

Der Wohnraum dort ist günstig, das zieht Studenten, Freischaffende und Künstler an, die sich provisorisch einrichten und erste Spuren von Subkultur legen. Sie verleihen den Fabrikruinen, den verfallenden Altbauten, den halb zugewachsenen, charmant rumpeligen Hinterhöfen und den alteingesessenen Kneipen und Läden den Charme des Improvisierten.

Diese wild- und linksromantische Stimmung zieht wiederum Menschen an, die für die Aura des Authentischen viel Geld bezahlen. Ihnen folgen die Jobs und das Unterhaltungsangebot, und so ziehen Kreativbüros in die alten Fabriketagen, und Kulturzentren richten sich in ausgedienten Brauereien ein. Dann bejubeln die Feuilletons und Magazine das Viertel als Geheimtipp.

In der Folge steigen die Quadratmeterpreise, Mietwohnungen werden zu Eigentumswohnungen, ältere Menschen, weniger Wohlhabende und Migranten können sich das Viertel nicht mehr leisten und weichen in günstigere innenstadtferne Stadtteile aus. In den eingesessenen Ladengeschäften machen dann die hippen, netten und teuren Lädchen auf, die gerne den alten verwitterten Ladenschriftzug an der Fassade behalten und die original alte Einrichtung vom Vormieter übernehmen, der wegen der gestiegenen Preise leider aufgeben musste. So entsteht ein Stilghetto, in dem sich alle Zugehörigen an ihrem ähnlichen Lebensdesign erkennen können, das sich vor allem durch ihren Konsumstil ausdrückt. Wenn allerdings das Wohlgefühl in Saturiertheit umschlägt, beginnt der schleichende Tod des Viertels. Die Eigentumswohnungsbewohner werden ruhiger und gründen Familien, sie finden den Krach, den das Szenevolk da draußen macht, nicht mehr authentisch, sondern störend, Klubs, Bars und Kneipen haben jetzt mit Beschwerden wegen Lärmbelästigung zu kämpfen. Wenn das Viertel dann auch noch in Reiseführern empfohlen wird, wenn die Touristen kommen und mit ihnen Geschäftsketten wie Starbucks, wenn also der Mainstream ins Viertel drängt – dann fällt die nächste Avantgarde ins nächste Viertel ein, um dessen Aura zu gestalten und zu konsumieren. In München ist das derzeit das Dreimühlenviertel am Schlachthof.

Gentrifizierung ist kein deutsches Phänomen, sondern ein Symptom der postindustriellen, individualisierten, westlichen Gesellschaft. Weil sich diese nicht mehr nach herkömmlichen soziologischen Kategorien wie Klasse oder Schicht ordnen lässt und die Lebenswelten höchst unterschiedlich geworden sind, werden Milieus nach konsumistischen Lebensstilen kategorisiert. Die Infrastruktur solcher Stadtviertel erzählt also viel über die Sehnsüchte, Kultur und Wertvorstellungen der Genusselite.

Im Jahr 2001, als die Welt kurz nach dem Zusammenbruch der New Economy und dem terroristischen Angriff auf das Symbol westlicher materialistischer Werte für einen winzigen Moment erstarrte, erschienen in den USA zwei Bücher, die eine neue elitäre und doch antibürgerliche Bewegung untersuchten, welche die postideologische und individualisierte Gesellschaft im neuen Jahrtausend entscheidend prägen sollte. Der Soziologe Paul Ray und die Psychologin Ruth Anderson fassten in dem Buch *Cultural Creatives. How 50 Million People Are Changing the World* die Ergebnisse ihrer Untersuchungen zum Wertewandel in den USA der vergangenen zwölf Jahre zusammen. Basierend auf den Aussagen von 100 000 US-Amerikanern stellten Ray und Anderson eine neue Gesellschaftsform fest: Die »kulturell Kreativen«

seien eine Ansammlung aus höher gebildeten, verantwortungsbewussten, gesundheitsorientierten und Genuss suchenden Menschen, die ihren Lebensstil zwischen Hedonismus und Materialismus reflektierten und neu bestimmten.

»Kulturell Kreative« stellen allerdings keine Kulturschaffenden im klassischen Sinne dar, sondern bilden einen zivilgesellschaftlichen Prozess ab, der einen neuen Lebensstil, eine neue Alltags- und Konsumkultur hervorgebracht hat. Diesen Lebensstil bezeichnen Ray und Anderson als *Lifestyle of Health and Sustainability* und charakterisieren ihn folgendermaßen: »Kulturell Kreative sind intensive Leser und kaufen mehr Bücher als durchschnittliche Amerikaner. Sie sehen weniger fern, weil sie die meisten TV-Sendungen nicht mögen und die Qualität der Nachrichtensendungen bedenklich finden. Werbung und Kindersendungen lehnen sie ab. Kulturell Kreative setzen sich aktiv mit Kunst und Kultur auseinander, als Amateure und als Profis. In dem Streben nach Authentizität lehnen sie schlechte Qualität und Wegwerfartikel ebenso ab wie Markenwahn.«[28]

In seinem populärwissenschaftlichen, ebenfalls 2001 erschienen Werk *Bobos in Paradise. The New Upper Class and How They Got There* beschreibt der *New York Times*-Kolumnist David Brooks die US-amerikanische Elite wiederum als *Bourgeois-Bohemiens* – zu denen er sich auch selber zählt. Deren Lebensstil führe zusammen, was eigentlich nicht zusammengehört: Reichtum und Rebellion, guten Job und eine nonkonformistische Haltung, Konsumismus und Konsumkritik. »Der ›Bourgeois-Bohemien‹ ist ein neuer Typus, der idealistisch lebt, einen sanften Materialismus pflegt, korrekt und kreativ zugleich ist und unser gesellschaftliches, kulturelles und politisches Leben zunehmend prägt.«[29]

Es gibt keine wohlorganisierte Gesellschaft mehr, in welche die Menschen hineinwachsen und ihren Platz finden können. Die wesentlichen gesellschaftskonstituierenden und identitätsstiftenden Verbindlichkeiten wie Nation, Region, Religion und Ideologie haben ihre Bedeutung verloren, solidarische Gemeinschaften wie Gewerkschaften, Parteien und Vereine ebenso. Es gibt keine verbindlichen Werte mehr, deren Verlust ausgerechnet die neokonservativen Politiker immer wieder mal beklagen, die einer neoliberalen Politik der Eigenverantwortung das Wort reden, welche den Bürgern die Zuständigkeit des Staates ausredet und sie mit ihren Risiken alleinlässt. So dient der Beruf zwar immer noch der Selbstverwirklichung, doch zerfällt die berufliche Identität in der hoch flexibilisierten Arbeitswelt in verschiedene und immer neue Jobs. Weswegen auch die Institution Familie hoch flexibel und individuell organisiert werden muss. Die Suche nach Zugehörigkeit, die Gestaltung der eigenen Identität bleibt jedem selbst überlassen.

Die einzige Freiheit in dieser Multioptionswelt mit den scheinbar vielen Wahlmöglichkeiten ist der Konsum. Denn er ermöglicht beides: eine individuelle Ausgestaltung einerseits und Zugehörigkeit zur selben Stilgruppe andererseits.

Wer konsumiert, tut dies auch, um sich von anderen zu unterscheiden. Dass sich in der Identitätsgestaltung mittels Konsum Widersprüche vereinbaren lassen müssen – der LOHAS nennt das dann den »Lebensstil des Sowohl-als-auch« –, ist nur logisch. Wer sein Leben jenseits allgemeingültiger Verbindlichkeiten designt, muss wenigstens in der Wahl der Mittel frei sein.

Dass es für ein und die selbe Schicht, nämlich die Oberschicht, zwei derart ausführliche Kategorisierungsversuche gibt, ist kein Zufall. Auch nicht, dass sich die BOBOS, die von Kritikern für eben solche Phänomene wie die Gentrifizierung der Szeneviertel verantwortlich gemacht werden, von den LOHAS, die eine Idee von Umweltschutz und sozialer Verantwortung haben und sich deshalb als Weltretter feiern, nur durch marginal andere Lebens- und Einkaufsweisen unterscheiden.

Beides zusammen ist vielmehr ein Beleg dafür, dass die Einteilung einer Gesellschaft, in der es immer mehr oben und unten, aber immer weniger Mitte gibt, nach konsumästhetischen Gesichtspunkten erfolgt. Und es zeigt auch, dass ein Konsumstil sich desto immaterieller ausdrückt, je wohlhabender und gebildeter eine Konsumentengruppe ist. Sie braucht keinen neuen Porsche als Statussymbol – allenfalls dann, wenn es ein seltener Oldtimer ist.

»Konsum und Kunst, Kommerz und Kultur rücken für die LOHAS auf die gleiche Stufe, denn sie haben allesamt die gleiche Aufgabe: Lebensqualität zu steigern«, schreibt Eike Wenzel in seinem LOHAS-Manifest. »Wenn wir heute Luxus wollen, dann suchen wir nach einer besonderen Intensität des Erlebens.« Der neue Luxus heißt Authentizität, und der Kunde strebt danach, dass sein Leben möglichst stimmig gerät: Innen- und Außenwelt müssen zusammenpassen. Er kauft ein Lebensgefühl. Und in Zeiten des Hyperindividualismus bedeutet das natürlich, dass sich die Außen- dazu der Innenwelt anzupassen hat, nicht andersherum.

Der Stardesigner Philippe Starck, der mit Zitaten von Unikaten und Massenware spielt, versteht sich perfekt darauf, diesen Authentizitätswunsch seiner wohlhabenden Kunden zu bedienen. In Paris hat der Designer (Motto: »My work is to bring love and pleasure«[30]) seinerzeit die Privaträume von François Mitterand im Élysée-Palast gestaltet, er hat außerdem diverse Klubs, Appartements und Luxushotels eingerichtet.

Starck hat im Auftrag der Vivacon AG Designerwohnungen für die Szeneviertel deutscher Großstädte entworfen. So entstehen in Hamburg, Berlin und München »individuelle Oasen in urbanen Zentren« beziehungsweise »Luxuswohnungen mit Sammlerwert«.[31]

In München hat Starck Appartements im alten Arbeitsamt am Rand des Glockenbach-Viertels in der Thalkirchner Straße gegenüber dem Alten Südfriedhof gestaltet.

Mit einer solchen Wohnung kaufe man ein Lebensgefühl und die »Zugehörigkeit zu einem eigenen Stamm«, sagt Starck in einem Interview mit der *Süddeutschen Zeitung*.[32] Er nennt ihn den *Smart Tribe*, bestehend aus Menschen, die »wach sind, die bewusst leben, das Leben schöner machen wollen«. LOHAS also. Dabei gehe es nicht um Luxus, sondern darum, »etwas zu machen, was sich von allen anderen langweilig und schnell hingebauten Wohnungen unterscheidet«.

Zwischen 5 000 und 7 000 Euro pro Quadratmeter kostet so eine Wohnung, die keinen materiellen Luxus ausstrahlen, sondern vielmehr die Persönlichkeit, Kreativität und Individualität des Besitzers hervorheben soll. Wer eine kauft, der bekommt Bilder von Bäumen, Farben, Formen und Gegenständen vorgelegt, die er danach sortieren soll, was ihm gefällt und was nicht. Den Vorlieben seiner Kunden entsprechend, unterteilt Starck diese dann in Stammesuntergruppen, nach deren Geschmack die Wohnung gestaltet wird. Vier Styles gibt es zur Einordnung: *Classic*, *Culture*, *Minimal* und *Nature*.

Die Eingangshalle seiner Häuser vereint wiederum ein Lebensgefühl, nach dem wohl alle streben, die dort leben werden. Sie bildet die »Grenze zwischen dem dunklen, langweiligen Leben draußen und dem Heim Deines eigenen Stamms. Dein Job ist langweilig? Die Lobby soll Dich jeden Tag daran erinnern, dass Du alles machen kannst – und mit einem so positiven und offenen Gefühl kannst Du dann in Deinen Tag starten«.[33]

2. Warum wir nicht kaufen, was wir brauchen, sondern das, was wir gern wären

Sabine (44) und Thomas Müller (47) haben sich in ihrem 22 Quadratmeter großen Wohnzimmer für Gemütlichkeit entschieden. Sie haben die raufasertapezierten Wände in einem pastelligen Vanillegelb gestrichen, auf dem graublauen, niederflorigen Teppichboden steht eine apricotfarbene Sitzgruppe um einen geschwungen geformten Glastisch, ein Deckenfluter sorgt für warmes Licht, und wenn es ein besonderer Abend ist, werden die Kerzen in dem hüfthohen, mehrarmigen Metallkerzenleuchter angezündet, der neben der Tür steht. Über dem Sofa hängt der Gemäldedruck einer mediterran-rustikalen Dorfsommeridylle, vor einem der Fenster, die von hellblauen gepunkteten Gardinen eingerahmt sind, baumelt eine Sonne aus Holz, die auch scheint, wenn es draußen regnet. Die Müllers haben eine Schrankwand im Wohnzimmer, die man aus der Möbelhausreklame im Briefkasten kennt: Buche-Furnier, Vitrine mit Gläsern und indirekter Beleuchtung, in der Mitte steht der Fernseher. Bücher gibt es wenige, der Duden steht auf einem Einlegeboden und ein paar Bestseller, Ildikó von Kürthys *Herzsprung*, Noah Gordons *Der Medicus*, Hape Kerkelings *Ich bin dann mal weg*, ein paar Ratgeber und Männer-sind-so-und-Frauen-so-Bücher. Sabine sammelt Keramikkätzchen, sie stehen im Regal zwischen buntem Glas, Diddl-Maus-Tassen, gerahmten Fotos, Seidenblümchen, einem Glas voller Centmünzen und Enten aus Holz. In der Vitrine stehen Sektgläser, womöglich geerbt, und in den Schränken die Akten – darüber die Minibar mit Jägermeister und Bacardi.

Eigentlich hat Sabine die Wohnung eingerichtet, und weil sie auch noch ihre alten Schmuseteddys auf die Sofalehne gesetzt hat, durfte Thomas den schwarzen Schubladenschrank ins Wohnzimmer stellen und darauf sein Formel-1-Modell und ein Fußballfeuerzeug. Mittlerweile hat er sein eigenes PC-Tischchen im Eck mit Flachbildschirm, und auch dieses berühmte Poster mit den Bauarbeitern, die auf einem Wolkenkratzerstahlträger sitzen und seelenruhig Brotzeit machen, durfte er aufhängen. Es hat alles seine Ordnung, und obwohl frische Blumen auf dem Tisch und Topfblumen auf den Fenstersimsen stehen, riecht es nach aromahaltigem Raumspray.

Die Müllers, Sabine, Thomas und ihr 15-jähriger Sohn Alexander, sind eine sehr normale deutsche Familie. Die Eltern gehen arbeiten, Sabine halbtags, Alexander besucht noch die Schule. Sie wohnen für rund 500 Euro Miete in einer Dreieinhalb-Zimmer-Wohnung in einem Nachkriegsbau in Köln (Randbezirk), sie kaufen ihre Grundnahrungsmittel bei Aldi, ihre Elektrogeräte bei Saturn und ihre Kleider bei H&M, Quelle oder Otto-Versand. Sie fahren meistens mit dem Auto in den Urlaub, fast immer mieten sie für zwei Wochen eine Ferienwohnung an der Ostsee. Obwohl sie sich, seit das Fliegen so billig geworden ist, auch mal die Balearen leisten könnten. An der Wohnzimmertür hängt ein Schild, auf dem steht: »Thomas fährt einen VW Passat und sieht gerne fern, am liebsten Formel 1 und Fußball. Die Lieblings-freizeitbeschäftigung von Sabine ist telefonieren. Ansonsten kocht sie gerne. Da sich Sabine gerade mit einer Freundin trifft und Thomas noch arbeitet, steht ihr Wohnzimmer für Konferenzen zur Verfügung.«

Die Tür ist am Ende eines Ganges mit weiß getünchten Wänden und schwarzem Linoleumboden in einem alten Fa-brikgebäude in Hamburgs Szenebezirk Karo-Viertel, Glas-hüttenstraße 38. Das häufigste deutsche Wohnzimmer be-findet sich im Büro der Werbeagentur Jung von Matt. Aus diesem Haus stammen die mithin gängigsten deutschen Werbeslogans: »Wer hat's erfunden?«[34], »Bild Dir Deine Meinung«, »3 ... 2 ... 1 ... Meins!«[35], »Aber bitte mit Rama«, »Mein Haus, mein Auto, mein Boot«[36] und die Sa-turn-Kampagne »Geiz ist geil«. Entstanden sind solche Ide-en mitunter im müllerschen Wohnzimmer bei der so genann-ten »Wozikonfi«, die ganz nah dran sein soll an den Kunden und ihren Wünschen. Denn so ähnlich wie die Müllers leben und konsumieren die meisten Menschen in Deutschland.

Im Schnitt will keiner Durchschnitt sein

Das Agenturwohnzimmer ist nicht das Abbild einer diffusen Vorstellung, die Werbestrategen und ihre Auftraggeber von der anonymen Masse der potenziellen Käufer ihrer Produkte haben, eine Art ironisches Minimuseum, das den Werbern den leicht zu bedienenden und durchschaubaren Massenge-schmack immer vor Augen halten soll. »Wohnzimmer interessieren uns nur deshalb, weil Wohnraum ganz generell Ausdruck der Menschen ist, die in ihm leben. Und sie zu kennen, ist wichtigstes Ziel unseres Forschungsprojekts«, heißt es in der Projektbeschreibung.[37] Im Wohnzimmer spielt sich der größte Teil des häuslichen Lebens ab: Es ist ein intimer Ort, an dem sich die Bewohner wohl und geborgen fühlen – und zugleich ein repräsentativer Raum, der Besuchern den eigenen Geschmack und Lebensstil vermittelt. Müllers Wohnzimmer ist deshalb nicht einfach ein Durchschnittswohnzimmer, das sich allein auf Daten und Verkaufszahlen gründet. Auch wenn sich in diesem Zimmer die Ergebnisse sämtlicher Konsum- und Alltagsstudien niederschlagen und die in Deutschland am meisten verkaufte Einrichtung darin steht. Als Strategievorstand Karen Heumann bemerkte, dass – wohnst Du noch oder lebst Du schon?[38] – es an echtem Leben fehlte, besuchte sie Menschen in ihren echten Wohnzimmern, um Einblick in ihre reale Lebenswelt und Konsumvorlieben zu erlangen. In Gesprächen mit den Bewohnern hat sie Antworten bekommen, die Studien und Zahlen nicht zu geben vermögen: Welche Sehnsüchte, Sorgen, Wünsche und Träume die Menschen haben. Was sie mit ihren Gegenständen verbinden, woher diese stammen und welche Bedeutung diese für sie haben. Kurz: wie sich die Persönlichkeit der Bewohner durch die sie umgebenden Alltagsdinge ausdrückt.

Karen Heumann sitzt in der »Wohnhalle« des Hamburger Hotels Vier Jahreszeiten. Der Raum mit den dunklen holzgetäfelten Wänden wirkt wie ein Bollwerk gegen die Hektik der Stadt, die dicken Teppiche und tiefen Polstersessel geben vor, jeglichen Lärm zu absorbieren, der große Kamin beschwört geradezu Gemütlichkeit. Es ist ein Ort, an dem sich gestresste Menschen mit einer Tasse Tee den Eindruck von Ruhe und Entspannung kaufen.

Karen Heumann sagt: »Man muss heute, wenn man etwas verkaufen will, seine Pappenheimer ganz genau kennen. Da sie sich relativ unterschiedlich verhalten und ihr kleines Lebensratatouille aus verschiedensten Gemüsesorten zusammensetzen, ist es extrem schwer zu sagen: Dies ist der Prototyp, und aus dem Prototyp mach ich eine große Menge.«

Ohne intensive Markt- und Zielgruppenforschung kommt heute fast kein Produkt mehr auf den Markt. Jedes größere Unternehmen hat entweder eine eigene Marktforschungsabteilung oder gibt Umfragen an eine der großen Agenturen in Auftrag. In Deutschland sind 66 große Institute im Arbeitskreis Deutscher Markt- und Sozialforschungsinstitute (ADM) organisiert, der Bundesverband Deutscher Markt- und Sozialforscher (BUM) hat mehr als 500 Einträge von Marktforschungsanbietern in Deutschland, Österreich, Schweiz, Spanien und Italien zu bieten. Und trotzdem verschwinden beinahe 80 Prozent der neu erschienenen Produkte innerhalb eines Jahres wieder aus den Ladenregalen.

In einer Konsumgesellschaft geht es schon lange nicht mehr darum, etwas zu kaufen, was man unmittelbar braucht. Was wäre das denn schon? Würden wir das tatsächlich tun, genügte zur Versorgung eine gut organisierte Planwirtschaft, und jeder wäre zufrieden, weil irgendwann alle haben, was sie brauchen: Konsum beginnt aber erst dann, wenn die Grundbedürfnisse gestillt sind. Ein gewisser Grad an Wohlstand ist nötig für Träume, Wünsche und Sehnsüchte, die man sich mit seinem Konsum erfüllen mag. Und die sind nicht materieller, sondern emotionaler Natur: »Es findet eine Verschiebung vom Gebrauchswert zum Emotions- und Fiktionswert statt«, schreibt Gerhard Schulze in seinem Buch *Die Erlebnisgesellschaft*.

Es geht auch nicht mehr darum, wie qualitativ hochwertig ein Produkt ist und welche Eigenschaften es hat. Auf einem Markt, der ein so gigantisches Überangebot an Waren bereithält, die ähnliche Fähigkeiten, Nutzwerte und Qualität besitzen, taugen diese Kriterien nicht mehr zu ihrer Unterscheidung. Man kann sich nicht rational zwischen 25 Sorten Joghurt, 50 verschiedenen Haarshampoos oder zehn Suppenpulvern entscheiden – und auch nicht zwischen zehn umweltfreundlichen Waschpulvern. Dazu müsste man sie alle ausprobieren und vergleichen, um am Ende dann vermutlich festzustellen: So unterschiedlich sind sie gar nicht.

Die eigentliche Größe ist der emotionale und ästhetische Mehrwert, die Kultur, das Image der Güter. Die Produkte unterscheiden sich darin, welche Geschichten sie erzählen, welche Träume und Sehnsüchte sie spiegeln, zu welchem Lebensstil sie passen, welches Erlebnis sie anbieten, welche Gefühle sich mit ihnen verbinden lassen. Konsumismus ist nicht gleichbedeutend mit stumpfsinnigem Materialismus, mit der Anhäufung von möglichst vielen Waren. Er bedeutet, dass man die Dinge so kauft und ordnet, dass sie zum eigenen Leben passen.

Na logo! Die Marke als Verbündeter

Der Vermittler dieser Werte ist die Marke. Ursprünglich diente die Marke zur Qualitätskommunikation: Nach dem Übergang von der Zunft- zur Marktwirtschaft bürgte sie anstelle des Handwerkers oder Bauern dafür, dass mit dem

Produkt alles in Ordnung ist. Marken schaffen Vertrauen und Orientierungshilfe auf einem unübersichtlichen Markt.

Heute ist der Begriff Markenprodukt (im Unterschied zum No-Name-Produkt) nicht nur Synonym für Qualität, er steht auch für das »Echte«, das »Original«. Die Marke füllt die Lücke, die zwischen der Herstellung der Gebrauchsgüter und dem Erfahrungshorizont der Kunden klafft, mit Bedeutung. Um diese Bedeutung herzustellen ist eine gewisse Entfernung von der bloßen Dinghaftigkeit des Produkts notwendig – der Herstellungsprozess liefert die Waren einfach nur als fabrizierte Dinge ohne Bedeutung. Ein Turnschuh wäre dann einfach nur ein Turnschuh, und nicht ein Wertesystem.

Eine Marke muss Bedeutung generieren, sie muss ein Versprechen sein, den Konsumenten zu vervollkommnen, zu erweitern und abzubilden. Sie muss dem Käufer das Material zu seiner Selbstinszenierung liefern und das, wodurch sie sich selbst von anderen Marken unterscheidet, auf den Kunden übertragen: Auch er muss sich durch den emotionalen Mehrwert so sehr mit den von ihm gekauften Produkten identifizieren können, dass er sich den einen zugehörig fühlen und sich gleichzeitig von anderen abgrenzen kann. Die Marke muss für ihn die Komplexität der Welt reduzieren und in ihrer Aussage stimmig sein. Sie muss eine persönliche Beziehung mit dem Käufer eingehen und gleichzeitig seine Entscheidungsfreiheit unterstreichen. Sie darf niemals seine Unzulänglichkeiten und Widersprüche thematisieren, sondern muss ihm die Vereinbarkeit dieser Widersprüche erleichtern.

Es geht dabei nicht um die allgemeine Glaubwürdigkeit, – sondern darum, Wünsche und Sehnsüchte wiederzugeben:

»Den Konsumenten – und auch den Produzenten – geht es viel seltener um das Erlangen privaten Eigentums, sondern um die Teilhabe, das erworbene Recht, an bestimmten Erfahrungs- und Erlebnismöglichkeiten teilnehmen zu können«, schreibt der Soziologe Kai-Uwe Hellmann in seinem Buch *Soziologie der Marke*.[39]

So macht die Werbung etwa für eine Automarke immer mehrere (auch paradoxe) Versprechen gleichzeitig: Nähe zur Natur und Umweltfreundlichkeit, Unabhängigkeit und die Überwindung der eigenen Grenzen, Fahrspaß durch Geschwindigkeit, Vereinfachung des Alltags, Sicherheit und Familienfreundlichkeit. Deshalb wird Duschgel mit Sex verkauft, Industriejoghurt mit Gesundheit, Rasierklingen mit Männlichkeit, Schokoriegel mit Fitness, Dosenmilch mit Naturnähe, die Billigpraline mit Luxus, Filterkaffee mit Entspannung, Kaugummi mit Ruhe, Bier mit Gelassenheit, die Zigarette mit Freundschaft, Lebenslust und Abenteuer und klebsüßes, braunes Zuckerwasser mit Freiheit. Und folgerichtig wird weniger Geld in die Produktion der Waren selbst als in ihre Bedeutung und die Steigerung ihres Gefühl-Mehrwerts investiert.

Die Marke ist das wichtigste Kapital eines Unternehmens. Der operative Gewinn einer Firma mit starkem Markenfokus ist fast doppelt so groß wie der des Branchendurchschnitts. So wird etwa der Wert der Marke Coca-Cola auf rund 70 Milliarden Dollar geschätzt.[40] Im Jahr 2003 waren das 60 Prozent des Unternehmenswertes. Das materielle Anlagevermögen hingegen war nur zehn Milliarden Dollar wert. Aus diesem Grund hat auch das Weltrettungsgetränk Bionade den Preis um ein Drittel erhöht, ohne dass Rohstoffpreise gestiegen, das Produkt hochwertiger oder die Produktion teurer geworden wären: »Wir sind das Original. Und das Original muss immer am teuersten sein«, begründete Bionade-Chef Peter Kowalsky diesen Schritt[41], den er heute öffentlich bereut und den Auflagen der Banken anlastet.

Es ist eine sinnfällige Entwicklung, dass in den ehemaligen Industriegebäuden nun Kreativagenturen sitzen. In den Produktionshallen, die zu schicken Lofts umgebaut worden sind, werden inzwischen nicht mehr die Waren hergestellt, sondern ihre Bedeutung und ein Identifikationsangebot konstruiert. Auch Jung von Matt hat seine deutsche Zentrale in Hamburg in einer ehemaligen backsteinernen Korsagenfabrik eingerichtet.

»Wir kommunizieren auf Augenhöhe« ist einer der sieben Leitsätze der Agentur.[42] Dabei kommt es weniger auf das Produkt an als darauf, wem und warum man es verkauft.

»Es sind tausend Fragen, die man sich stellen muss«, sagt Strategiechefin Heumann. Wer ist der Kunde? Wo wohnt er? Wie alt ist er? Hat er Familie? Was verdient er? Welche Werte spielen in seinem Leben eine Rolle? Das sind nur die klassischen soziografischen Fragen. Es ist aber viel komplizierter: »Nehmen wir mal an, ein Familienvater will sich ein neues Auto kaufen. Bislang hat er einen 5er Touring von BMW gefahren, der ist ihm jetzt aber zu übermotorisiert, er hat das Gefühl, das ist nicht mehr zeitgemäß. Und angenommen, Mitsubishi hat einen ganz tollen Hybriden, der eigentlich genau dem entspricht, was er gerne hätte, das Auto ist preiswert und außerdem super für die Familie. Da muss man fragen: Wie wichtig ist diese Marke BMW für ihn? Will er bei der Marke bleiben? Warum will er das? Wie sind seine Zukunftsprojektionen? Hat er eher das Gefühl, er müsse downgraden? In welchem Umfeld lebt er? Ist da zum

Beispiel das Thema Hybrid, Umweltfreundlichkeit oder sparsames Auto irgendwie ein Thema? Oder lebt er in einem Dorf, wo das gar keine Rolle spielt und man eher seinen finanziellen Status zeigt, als welch Geistes Kind man ist? Wie hoch ist die Veränderungsbarriere? Wie ist es um selbständiges Nachfragen bestellt? Das ist dann Strategie, das kann man nicht verallgemeinern.«

Der Kunde muss die Werbung verstehen, sich von ihr angesprochen fühlen. Er muss durch sie nicht überzeugt werden von den Eigenschaften des Produkts, sondern genau andersherum muss er sich selbst mit all seinen Werten, seinem Lebensstil in ihr wiederfinden. Die Werbung darf ihn nicht bevormunden und ihm erzählen, was er kaufen soll – sondern sie muss ganz im Gegenteil seine Lebenswelt stimmig abbilden und ihn darin bestätigen, dass er weiß, was er will und wohin er gehört, und dass er dort richtig aufgehoben ist. Was der Kunde sich wünscht, muss mit dem Gefühl, das die Werbung transportiert, übereinstimmen. Denn dass diese nicht die Wahrheit sagt, dass Bonbons nicht den Vitaminbedarf von Kindern decken[43] und ein überzuckerter Joghurt keinesfalls »so wertvoll wie ein kleines Steak«[44] ist, dass Kaffee nicht für inneres Gleichgewicht[45] sorgt, Zahnärzte keine Zahncremes empfehlen, sondern drei Mal täglich Zähneputzen, dass Dosenmilch kaum von glücklichen Kühen auf der Weide stammt, eine Supermarkt-Süßigkeit eher nicht so außergewöhnlich schmeckt, ein Discounter-Einkauf nicht den Familienzusammenhalt[46] stärkt, sondern einfach nur nervig ist: Das alles hat sich wohl herumgesprochen. »Das Frappierende an der Werbung ist jedoch, dass jeder um ihre Absicht weiß und dass sie diese Absicht nicht einmal verheimlicht«, schreibt Hellmann.[47]

Wir kommunizieren über die Dinge, die uns umgeben. Sie erzählen über unser Wissen, unsere Interessen, unsere Fähigkeiten, Wünsche und Träume. Wir kaufen, was wir gern sein möchten und wie uns die anderen sehen sollen. In der Konsumgesellschaft »stößt man dann auf Menschen, die man zwar nicht kennt, die einem aber wegen ihres Konsumverhaltens bekannt vorkommen«, schreibt Gerhard Schulze in *Die Erlebnisgesellschaft*.[48]

Neil Boorman hat in seinem Buch *Goodbye Logo* deutlich gemacht, wie sehr Marken in unserem Denken und Alltag verwurzelt sind und wie wir über sie kommunizieren, ja, wie Marken unsere Beziehungen zu den Mitmenschen ordnen. Der britische Lifestyle-Experte und *Guardian*-Autor erzählt in seinem Buch freimütig von seiner Markensucht. Er beschreibt in einem Kapitel, wie er in einem überfüllten Bus sitzt und eine »wirklich schöne Frau« mit großen dunklen Augen, braunem Haar und Schmollmund ausmacht, die ihm als Inbegriff weiblicher Schönheit erscheint. Doch »plötzlich fährt der Bus eine Haltestelle an, der Gang leert sich und die Schöne wird vollständig sichtbar. Katastrophe. Sie trägt Puma-Schuhe, die bescheuertste Turnschuhmarke aller Zeiten. Die Marke sagt, dass man gern cool und abenteuerlustig wäre, aber weder das Selbstvertrauen noch das Flair dazu hat. Wenn man an Puma denkt, dann denkt man an James Blunt, an einen Samstagabend bei Pizza-Express, an die DVD-Box von *Friends*. Mit einem Schlag ist die fesselnde Schönheit der Frau verpufft.«[49]

Irgendwann erzählt Boorman diese Episode den Markenstrategen bei Adidas. Darauf antwortet einer der Manager: »Sie hatten völlig Recht mit dieser Frau. Sie trägt Puma-

Schuhe, weil sie glaubt, dass die cool sind und dass sie selbst cool ist. Sie dagegen halten Puma für alles andere als cool, und durch den Blick auf die Schuhe können Sie das auch sofort feststellen. Diese Schuhe haben Ihnen die Mühe erspart, die Frau kennenzulernen, um erst viel später zu bemerken, dass Sie nicht zusammen passen. Denken Sie nur, wie viel Zeit Sie verschwendet hätten. Aus diesem Grund braucht man Marken.«[50]

In der postindustriellen, postmodernen und pluralisierten Gesellschaft, in der es kaum übergeordnete Werte oder allgemeingültige Verbindlichkeiten gibt, finden sich Menschen in Lebensstilgemeinschaften zusammen. So trifft ein Individuum nie ganz allein eine Entscheidung, sondern lässt sich auch von seiner Lebensstilgruppe beeinflussen. Werbung und Marketing müssen also nicht nur wissen, mit wem sie es zu tun haben, sondern auch, mit wem es derjenige zu tun hat, der das Produkt kaufen soll. Und weil in der neuen, effizienzgetriebenen Arbeitswelt der Beruf nur in seltenen Fällen zu einer dauerhaften Identitätskonstruktion verhilft, identifizieren wir uns über das, was wir in unserer Freizeit tun. Und das hat fast immer mit Konsum zu tun. Nicht am Konsum teilzunehmen würde bedeuten, ein Leben außerhalb der Gesellschaft zu führen – was unmöglich ist.

Judith Levine, Journalistin in New York, hat für ihr Buch *Shopping* den Selbstversuch unternommen, ein Jahr lang keine kommerziellen und auch keine kulturellen Angebote wahrzunehmen. Sie stellte am Ende fest, dass man, wenn man kein neues Lokal und keine neuen Filme kennt, keine Zeitschriften liest und keine neuen Schuhe, Kleider oder Lebensmittel probiert und kauft, nichts mehr hat, worüber man mit anderen reden kann: »Außerhalb der Konsumwelt zu leben bedeutete, in einer parallelen Realität zu leben, die mit der meiner Freunde und Kollegen nichts gemeinsam hatte.«[51]

Ich kaufe, also bin ich

In der Soziologie ist an die Stelle der Milieuforschung die Lebensstilforschung gerückt. Dass diese zugleich auch Konsumforschung bedeutet, ist nur ein weiterer Beleg, wie sehr unser ganzer Alltag davon bestimmt wird, wie und was wir kaufen. Die Lebensstilforschung begann in den späten 70er-Jahren. Sie fasst Gruppen von Menschen zusammen, deren Werteorientierung, Alltagsverhalten, Geschmack, Lebensziele und Lebensführung – und damit eben deren Konsummuster – sich ähneln. Eine solche Analyse versucht, den ganzen Menschen zu erfassen und ihn nicht nur nach Schichtzugehörigkeit, Einkommen oder Berufsgruppe einzuordnen: Die subjektiven Merkmale wie Geschmack, Werteorientierung, Freizeitverhalten, Einstellung zur Arbeit sollen zusammen mit den objektiven Merkmalen wie soziale Lage, Beruf, Wohnort und Familie die soziokulturelle Identität des Konsumenten ergeben. Auf diese Weise erhofft sich die Soziologie, kulturell differenzierter die heterogenen Lebenswelten der Gesellschaft zu durchdringen.

Auf dieser Grundlage entstanden 1980 die sogenannten Sinus-Milieus. Jörg Ueltzhöffer, heute Geschäftsführer des Sigma-Instituts, und Bertold Bodo Flaig, Geschäftsführer des Sinus-Instituts, legten 1980 unter dem Titel *Lebensweltanalyse: Explorationen zum Alltagsbewusstsein und Alltags-*

handeln ein Gutachten vor. Das Modell der darin beschriebenen sozialen Milieus teilte die Gesellschaft in völlig neue Zielgruppen ein, die heute die Grundlage der Markt-, Sozial- und Konsumforschung bilden. Da sich die Lebenswelten nicht so genau eingrenzen lassen wie soziale Schichten, da sich Milieugrenzen verschieben oder überlappen, werden diese Milieus kontinuierlich untersucht. Seit 2001 geht das Sinus-Sociovisions-Institut von folgenden zehn Sinus-Milieus in Deutschland aus:

Traditionsverwurzelte
Konservative
DDR-Nostalgiker
Etablierte
Bürgerliche Mitte
Konsummaterialisten
Postmaterielle
Moderne Performer
Hedonisten
Experimentalisten

Auch das Wohnzimmer von Müllers ist deshalb ein Forschungsprojekt. Nichts im Zimmer bleibt dem Zufall überlassen, denn die Müllers führen darin ihr fiktives Leben weiter. Jung von Matt dienen dafür die neuesten Studien und Statistiken und weitere Befragungen. Wie die Müllers auf die Krise reagieren, wie es um ihr Liebesleben bestellt ist (zwei Mal die Woche durchschnittlich 36 Minuten Sex), wie Alexander in der Schule zurechtkommt: Ihre Geschichten – die ebenfalls auf den aktuellsten Studien, Daten und Umfragen beruhen – kann man, regelmäßig aktualisiert, auf der

Jung-von-Matt-Seite[52] im Internet nachlesen. Im Wohnzimmer werden die Blumen gegossen, die Regionalzeitung auf dem Tisch wird täglich erneuert, zu Weihnachten wird die Wohnung geschmückt, und wenn jemand von den Müllers Geburtstag hat, steht ein hausgemachter Kuchen auf dem Tisch (nur zehn Prozent der Deutschen benutzen Backmischungen) – und Geschenke. So erhält Thomas jedes Mal das Hugo-Boss Parfüm *Hugo* (meistverkauftes Herrenparfüm), und unlängst hat Sabine endlich einen lang ersehnten Wellness-Tag geschenkt bekommen. Jung von Matt hat ein vergleichbares Wohnzimmer auch in Österreich und in der Schweiz eingerichtet, und Karen Heumann denkt darüber nach, auch für ein altes Ehepaar eines zu gestalten oder für den luxusorientierten Junggesellen.

Das müllersche Wohnzimmer wurde von der Presse und den Medien – auch bei Johannes B. Kerner war das Wohnzimmer schon mal zu Gast – sehr neugierig aufgenommen und distanziert bis amüsiert betrachtet. Als einmal ein Radiosender detailliert vom deutschen Durchschnittswohnzimmer berichtete, seien empörte Anrufe in der Redaktion eingegangen, erzählt Karen Heumann. All jene Menschen, die ihr Wohnzimmer wiedererkannten, seien entsetzt gewesen, dass dieses Interieur so sehr ihrem eigenen entspreche, das offenbar gar nicht so einzigartig sei, wie es sich deren Bewohner vorgestellt hätten. Einige hätten sogar angekündigt, ihr Mobiliar zu entsorgen oder bei Ebay zu versteigern und sich komplett neu einzurichten. »Die Menschen wollen alle individuell sein, sie sind aber doch relativ nah beieinander«, sagt Karen Heumann. Durchschnittlich sei zwar niemand. »Aber wir sind alle ziemlich nah am Durchschnitt dran. Das ist ja das, was wir nicht akzeptieren wollen.«

Niemand will nur die Summe seiner Produkte sein. Schon gar nicht, wenn sehr viele andere Menschen diese Produkte auch besitzen.

In *Good bye Logo* beschreibt Neil Boorman einen typischen Samstag, den er mit seiner Freundin Juliet in der Londoner Innenstadt verbringt. Sie besuchen eine Kunstgalerie, kaufen den *Guardian*, gehen in einen teuren Supermarkt, um sich teure Bio-Lebensmittel zu kaufen, und erstehen in einem Möbelgeschäft (Habitat) Designer-Schnickschnack. Beladen mit Einkaufstüten, »deren Marken unseren Lebensstil auf den Punkt brachten«, stößt das Paar an der Bushaltestelle auf seine Doppelgänger: ein Paar um die 30, gehobener Lebensstandard, ähnliche Kleidung, politisch eher links und beinahe ein identisches Sortiment von Taschen in der Hand. Boorman ist fassungslos: Sein ganzes Leben hatte er versucht, seine Individualität durch Marken auszudrücken und gehofft, dass ihn seine persönliche Kombination von Dingen in den Augen anderer einzigartig mache. »Das einzige Problem dieser Methode ist, dass das ganze Zeug aus Massenproduktionen stammt, was der Einzigartigkeit zuwiderläuft. Individualität kann man nicht in einer Fabrik kaufen, die 10 000 Einheiten des gleichen Produkts am Tag herstellt.« Er stellt fest, dass er leider alles andere ist als ein frei denkender Verbraucher. »Im Gegenteil: Ich entspreche in sämtlichen Einzelheiten meinem demographischen Stereotyp. Ich bin ein wandelndes Klischee mit durchschnittlichen Erwartungen und einem ausgesprochen beschränkten Überblick darüber, was meine Rolle im Leben ist.«[53] Am Ende des Buches entfacht Boorman ein riesiges Feuer, in dem er alle seine Markenartikel öffentlich verbrennt: Helmut-Lang-Schuhe, Sharp-Fernseher, Louis-Vuitton-Tasche und Lacoste-Polohemden.

Die Enttäuschung ist dem Konsum immanent, er befriedigt nicht auf Dauer. Denn man bekommt immer etwas anderes als das Glück und die Individualität, die er verspricht. Und gerade deshalb funktioniert er so gut: Er muss immer wieder das Neue versprechen. »Das Lustvolle, Stimulierende des Konsums liegt nicht in der Befriedigung von Bedürfnissen, sondern gerade in der Unbefriedigung, die das Begehren neu entflammt«, schreibt der Konsumsoziologe Norbert Bolz in seinem *konsumistischen Manifest*.[54]

Die linke Konsumkritik hat deshalb lange behauptet, dass Werbung den Konsumenten manipuliere, dass sie Bedürfnisse in ihm wecke, die er gar nicht hat. Diese Kritik ist Ausdruck eines Unbehagens gegenüber dem Warenüberfluss, dem unüberschaubaren Angebot und auch der unsichtbar gewordenen Produktion. Sie formuliert ein Misstrauen gegen die Masse und gegen den Massenkonsum. Vor allem die Kulturkritiker der 60er und 70er Jahre beklagten damit den Verlust des Individuellen in der Gleichförmigkeit der Waren. Im Zentrum dieser Kritik stand zunehmend die Markenwelt mit all ihren Symbolen – und spätestens seit Naomi Kleins globalisierungskritischem Bestseller *No Logo*, der in den USA 2000 und in Deutschland 2001 erschien, sind Markenartikel synonym mit falschen Versprechen. Der gefürchtete Konformismus ist allerdings nie eingetreten – Konsum funktioniert ja ausschließlich über sein Individualitätsversprechen. Ihm ist jede Form des Individuellen willkommen, er hält die Gadgets für jeden Lifestyle bereit. Dennoch ist diese Kritik noch heute lebendig. Sie beklagt vor allem den Verlust des Authentischen – und ist dabei nur Ausdruck einer Hoffnung, dass sich die Individualitätsversprechen mittels Konsum doch noch einlösen lassen, wenn man andere, bessere Dinge kauft.

»Bei dem Wort ›System‹ stand Peter auf und ging sich ein Bier holen«
Edgar Rai, Die fetten Jahre sind vorbei

3. Von der Generation Golf zur Generation Grün

Es war vor vier Jahren, da ließ es sich der Süßwarenhersteller Ferrero einfallen, die Verpackung der Kinderschokolade neu zu gestalten. Das ist nicht ungewöhnlich, Marketingabteilungen sind allenthalben damit beschäftigt, das Design ihrer Produkte der Zeit anzupassen.

Doch als Ferrero das Bild von Günter Euringer, dem Kinderschokoladenjungen, der seit 1973 treuherzig sein Perlweißlächeln zeigte, von der Packung nahm und dieses durch das Foto eines zeitgemäßen Kindes mit Gel im blonden Haar und frechem Grinsen ersetzte, ging ein Aufschrei durch die Reihen der um-die-30-Jährigen: Zukunft, Rente, Kinderschokoladenkind – alles müssen sie einem wegnehmen!

»Wenn Sie Ihre Werbung für die Serie der Kinderprodukte selbst ernst nehmen würden, in der Sie gezielt um mich als jung gebliebenen Erwachsenen buhlen, würden Sie mich nicht mit einer Veränderung des Produktdesigns der Kinderschokolade sowie mit dem damit verbundenen Raub eines Stücks meiner Identität vor den Kopf stoßen«, hieß es in einer Petition an Ferrero auf der Protestseite www.weg-mit-kevin.de. Nette Idee, schöner Spaß, fanden auch Journalisten, die in wehmütigen Artikeln einer Generation das Wort redeten, die sich wehleidig an ihren Kindheitserinnerungen festhält wie Linus an seiner Schmusedecke und die Konsumartikel und Fernsehserien von damals als wichtige Bausteine ihrer Identität begreift.

Die Kinder, die in den 70er und 80er Jahren aufwuchsen, sind die ersten, die von der Industrie als kaufkräftige Zielgruppe entdeckt und entsprechend umworben wurden. Sie wurden groß mit Kinderschokolade, *Wetten dass...?* am Samstagabend und den Wirtschaftswachstumsversprechen von Helmut Kohl. Seit Florian Illies im Jahr 2000 seine »Inspektion« der 1965 bis 1975 Geborenen vorlegte, hat diese Generation auch einen Namen: *Generation Golf* – benannt nach dem Auto, in dem die meisten dieser Altersklasse ihre Fahrstunden absolvierten. Und nicht wenige davon nahmen es als selbstverständlich, dass ihre Eltern ihnen ein solches Vehikel zum bestandenen Abitur schenkten.

Der 1971 geborene Autor erzählt in seiner *Inspektion* – so der Untertitel des Buches – die bundesrepublikanische Geschichte der 70er und 80er Jahre als Abfolge von Konsumtrends, Markenartikeln und Fernsehsendungen und zeichnet damit ein Porträt seiner Altersgenossen, die es sich im Wohlstand ihrer Eltern viel zu gemütlich eingerichtet haben, um eine politische oder auch nur kritische Haltung zu entwickeln. Wogegen auch? Beziehungsweise: wozu?

Ihre Bewusstseinsprägung fand jenseits kollektiver gesellschaftlicher Ereignisse und Utopien statt. Ein Gemeinschaftsgefühl, wie es die 68er erlebt hatten, vielleicht noch Teile der Antiatomkraft- und die Friedensbewegung in den 80erjahren, gab es nicht mehr. Sie sind groß geworden im Geis-

te der Postmoderne, entideologisiert, entsolidarisiert, ent-
theoretisiert und mit der Vorstellung, es gehe um sie und die
bestmögliche Gestaltung ihres einzigartigen Lebens. Keine
Traditionen, keine Moral, keine Verpflichtungen und gesellschaftlichen Verbindlichkeiten haben sie an der Gründung
ihrer Ich-AG gehindert.

Das Einzige, was sie miteinander verbindet, ist, dass sie
alle ziemlich komfortabel ins Leben gestartet sind: in relati-
ver materieller Sicherheit, mit optimalen Bildungschancen,
größten Entfaltungsmöglichkeiten und maximaler Wahlfrei-
heit. Und mit einem gemeinsamen Mode- und Markenbe-
wusstsein, durch das sie ihre Wertvorstellungen definierten –
Geha oder Pelikan? Puma oder Adidas? Blaue Barbour-Jacke
oder grüne? – und ihre Identität zum Ausdruck brachten:
»Es ist wahnsinnig, aber wir glauben das wirklich: dass wir
mit den richtigen Marken unsere Klasse demonstrieren.«[55]

Mit dem Zusammenbruch der Sowjetunion und dem Fall
der Mauer sahen sie die letzte große politische Utopie schei-
tern. Sie mussten sie noch nicht mal infrage stellen, da lau-
tete die Antwort schon, dass jeder reich werden könne ohne
Arbeit, wenn er nur die richtigen Aktien kaufen würde. »Unsere Generation hatte ja das Gefühl, dass der Börsenboom
netterweise genau zum richtigen Zeitpunkt gekommen sei«,
schreibt Illies 2003 ernüchtert in seinem Buch *Generation
Golf II*. Der Sinn des Lebens hieß von da an: Lifestyle, Be-
sitzstandswahrung, Glücksmaximierung. Mein Haus. Mein
Auto. Mein Boot.[56] Zum Teilen zu schade.[57] Ich bin doch
nicht blöd.[58]

In dieser Atmosphäre verkam sogar ein so höchst politisches Anliegen wie die Gleichberechtigung von Mann und
Frau, der Feminismus, zur schrillen Modenschau: Sie woll-

ten ja nicht die Gesellschaft ändern, sondern Spaß haben, die frechen, Dosenbier trinkenden und sexy Tanktops tragenden Girlies der 90er Jahre.

»Spaßgesellschaft« wurde der Höhepunkt des hedonistischen Individualismus der Mittelschicht genannt, der einherging mit Markenfetischismus, Luxusanspruch und Statusdenken. Der Börsenboom war das, was die Wirtschaftswunderkinder als Verteilungsgerechtigkeit verstanden – entsprechend empfanden sie den Zusammenbruch der New Economy als persönliche Beleidigung und Verrat an ihrem narzisstischen Ich. Florian Illies sagte damals in einem Interview mit der *Weltwoche*: »Ich befürchte, dass die Generation Golf denkbar schlecht auf die kommenden ökonomischen und sozialen Krisen vorbereitet ist. Bis jetzt hat sie geglaubt, mit dem Kauf günstiger Pharmapapiere und dem Erwerb funktionalistischer Designer-Lampen könne man die Widrigkeiten des Lebens ohne größere Probleme meistern. Ein Irrtum.«[59]

Blick zurück ins Glück

Generation Golf erschien, als die fetten Jahre gerade zu Ende gingen und die Dotcom-Blase platzte. Das Buch wurde ein Bestseller und verkaufte sich mehr als 700 000 Mal. Nicht so sehr, weil die Angehörigen der Generation Golf sich in Selbstkritik üben wollten – sondern weil sie sich in den Anekdoten, den zitierten Kleider-, Spielzeug- und Lebensmittelmarken, den Freizeitbeschäftigungen und Alltagshandlungen wiederfanden und sich mit ihnen identifizieren konnten. Die Superindividualisten entdeckten das »Wir« als Folge eines ähnlichen Geschmacks. Auf einmal hieß es: Unser Scout-Schulranzen. Unsere Playmobil-Burg. Unsere Pippi Langstrumpf. Unsere Identität. War das nicht schön damals?

Mit der konsumästhetischen Rückschau in *Generation Golf* erhob Illies die gemeinsame Markenerinnerung zum allgemeinen Kulturgut und krönte damit sinnfällig einen Konsumtrend, der in den 90er Jahren entstand und bis heute fast ungebrochen anhält: den Retrotrend, der Marken und Styles der 70er und 80er Jahre wiederbelebt.

Es fing damit an, dass die Hamburger Band Tocotronic ironisch AC/DC-T-Shirts aus den 70ern trug und Secondhandläden auf einmal Adidas-Trainingsjacken und Skianoraks, die man noch kurz zuvor mit spitzen Fingern angefasst hätte, für teures Geld verkauften.

Kurz darauf war der Retrotrend Mainstream, Pril-Blumen, Pustefix-Bär, Ahoi-Brause-Matrose, Brandt-Zwieback-Baby und Rotbäckchen-Mädchen landeten auf T-Shirts und das »Atomkraft?-Nein-Danke!«-Emblem auf einer Designertasche. Keine Dorfdisco kam mehr ohne Lavalampe aus, und der Loungestil der 60er und 70er Jahre mit Clubsesseln und Palisanderoptik ist selbstverständlich geworden in der Systemgastronomie und bei Ikea. In rascher Folge zerrten die Unternehmen längst vergessene Konsumartikel wieder an die Oberfläche und ließen sie als »Kult« bewerben: Die in Plastik gepresste Salami Bifi machte ihr Trash-Image mit den Vokuhilas aus der »Zomtec«-Werbung cool, das Comicheft *Yps* mit Gimmick gab es kurzzeitig wieder, Jägermeister schaffte es vom Proll- zum Partygetränk, Tapetenfirma A.S. Creation legte 70er-Jahre-Muster wieder auf, 2001 brachten drei findige Unternehmer Afri-Cola unter dem Namen Premium Cola mit der Originalrezeptur neu auf den Markt und

der Designer Michael Michalsky machte den angeschlagenen fränkischen Sportartikelhersteller Adidas mit seiner Re-
trokollektion »Sport Heritage Division« zum angesagten
Modelabel.[60]

Stephan Grünewald ist Diplompsychologe und Mitbegründer des Rheingold Instituts für qualitative Markt- und Me-
dienanalysen in Düsseldorf. Sein Institut legt jedes Jahr 5 000
Menschen auf die Couch, um in tiefenpsychologischen Interviews herauszufinden, welche Ängste, Träume und Sehnsüchte die deutschen Verbraucher haben. Denn ein Konsumtrend spiegelt immer auch immer den gesellschaftlichen
Status quo wider.

Grünewald veröffentlichte 2006 *Deutschland auf der
Couch. Eine Gesellschaft zwischen Stillstand und Leidenschaft.* Aus 20 000 dieser Interviews destilliert er in diesem
Buch das Porträt eines ernüchterten Landes nach der Krise
und dem Abbau des Sozialstaats durch die Agenda 2010:
»Wir leben heute in einer Welt, in der wir zwar die Freiheit
gewonnen, aber den Sinn und die Zukunft verloren haben.«[61]
Das bringe auch der Retrotrend zum Ausdruck, von dem
Grünewald sagt: »Er recycelt abgestandene Stimmungen. Er
soll das Sinnvakuum, in dem sich die jungen Leute befinden,
füllen, indem er eine positive Stimmung aus der Vergangenheit reaktiviert.«[62] Produkte aus der Jugend, die sich ja immer in Aufruhr befinde, stünden für Bewegung, sie seien geeignet, das »verlässliche Leitbild«, das dieser Altersgruppe
abhanden gekommen sei, zu ersetzen. Ahoi-Brause kribbelt,
Afri-Cola blubbert und in Adidas Turnschuhen kann man
rennen. Telefone mit Wählscheibe erinnern daran, dass diese
mal der Post gehörten, die damals, im funktionierenden So-

zialstaat, Volkseigentum war – und dass es auch mal eine Zeit gab, in der man nicht ständig erreichbar war. Und das vertraute Knacken eines Nutelladeckels kann Heimatgefühle auslösen[63], wenn man alles, was einem etwas bedeutet, hinter sich gelassen hat, um in der nächsten Stadt vielleicht endlich den Traumjob zu finden.

Gemeinsam einsam

Konsum als Sinnersatz. Rückschau statt Revolution: »Wir sprechen von Nutella, meinen Unbehagen und vermeiden dabei die wirklichen Probleme«, sagte Illies' Altersgenosse, der Autor Ijoma Mangold auf einer Podiumsdiskussion zum »Unbehagen der 30-Jährigen« – und meinte damit, dass diese die prägenden Jahre in politischer Bewusstlosigkeit vertändelt hätten. Dass sie Markenorientierung mit Haltung verwechselt und vor lauter Ich-Optimierung verpasst haben, die Gesellschaft, in der wir heute leben, mitzugestalten. Dass sie erkennen mussten, dass man trotz exzellenten Geschmacks und den richtigen Turnschuhen nicht einzigartig ist – was jedoch auch niemanden weiter interessiert. Dass sich die Freiheits- und Individualitätsversprechen für diese Gruppe nicht einlösten, obwohl sie die Agenda 2010 mit ihren Eigenverantwortlichkeitsforderungen begrüßt und ihr Leben widerspruchslos nach der Wirtschaft ausgerichtet hat – in der Hoffnung, den Lebensentwurf mit dem passenden Job zu komplettieren.

Im selben Jahr, als Ferrero das Kinderschokoladenkind auf der Packung austauschte, erfand die Wochenzeitung *Die Zeit* einen Namen für diese unauffälligen um-die-30-Jährigen: Generation Praktikum. Sie beschrieb damit jene leistungsbereiten, flexiblen jungen Menschen, die trotz ständiger Lebenslaufverbesserung keinen festen Job bekamen, sondern mit etwas Glück nur ein weiteres schlecht oder gar nicht bezahltes Praktikum. Da die Gesellschaft nicht mehr nach soziologischen Kategorien geordnet ist, werden Teile der weit gefassten, inhomogenen Altersgruppe zwischen Anfang zwanzig und Ende vierzig immer mal wieder etwas hilflos als Generation zusammengefasst, sobald sie durch ein neues oder abweichendes Verhalten auffällt. Generation X. Generation Golf. Generation Ally. Generation Golf II. Generation Single. Generation Internet. Generation Berlin. Generation Arbeitslos. Generation Krise. Generation Bundeswehr. Generation Praktikum. Generation Doof. Generation Online. Generation Benedikt. Generation Umhängetasche. Eine solche Einteilung folgt einer ähnlichen Logik wie die Einteilung nach Lebensstilen: Sie schafft Labels für aktuelle Phänomene und Konsumtrends.

Der Begriff Generation Praktikum gab denen eine Stimme, die nicht gelernt hatten, sie gegen Missstände zu erheben oder solche auch nur erkennen. Doch auch die Erkenntnis, dass die Zukunft nicht durch geschicktes Individualverhalten zu beeinflussen ist, führte nicht zu einer Revolte. Sich gemeinsam für eine Sache starkzumachen passt eben nicht ins System der Superindividualisten, die darauf aus sind, mit ihrem Unternehmen Ich in Marktkonkurrenz gegen andere anzutreten. Zu einer Demonstration für faire Praktika in Berlin erschienen gerade mal 120 Leute[64], eine Online-Petition unterschrieben 40 000, eine weitere der Deutschen Gewerkschaftsjugend erhielt zwei Jahre später 60 000 Unterschriften für faire Praktika.[65] Die Petition an Ferrero, wieder das alte Kinderschokoladenkind auf die Packung zu nehmen, unterzeichneten in wenigen Wochen mehr als 80 000 enttäuschte junge Menschen.

Wer derart sorglos in die Konsum- und Wohlstandskultur hineinwächst, in welcher der Unterschied zwischen Nuspli und Nutella einer Weltanschauung gleicht, der entwickelt erst dann Sehnsucht nach einer besseren Welt, wenn seine eigene zusammenbricht. Der fragt sich nicht, in welcher Gesellschaft er leben will, sondern in welcher Wohnung und in welchem Stadtviertel. Damit macht er zentrale Sinn- zu bloßen Lifestylefragen, die nur durch Konsum zu beantworten sind: und zwar von Dingen, die ihm ein gutes Gefühl verschaffen, ein angenehmes Erlebnis.

Natürlich sind es nicht die Produkte selbst, die dieses auslösen sollen – sondern ihre Geschichten. Keine, die sich wieder nur eine Marketingabteilung ausgedacht hat. Sondern eine, die zu einem selbst gehört.

Das ist es, was die Retroprodukte authentisch macht und ihnen eine Aura des Nichtkommerziellen verleiht: Sie sind ganz individuell mit der Vergangenheit des Besitzers verbunden und lösen eine positive Erinnerung aus. Sie stammen aus seiner persönlichen Vergangenheit und sind durch das, was er mit ihnen verbindet, ein Teil von ihm. Sie machen ihn quasi komplett.

Das können immer noch handelsübliche Nuss-Nougat-Creme oder Brausepulver sein, die es damals schon gab – oder ein Eis wie zum Beispiel »Brauner Bär«, dessen Produktion 1986 eingestellt wurde. 1996 und 2001 wurde das Eis mit dem Karamellkern und dem Schokoladenüberzug wieder aufgelegt, das Logo mit dem reitenden Indianer ziert T-Shirts.

Noch viel mehr leisten das aber echte Dinge von damals: eine original Trimm-dich-Sporttasche, wie man sie in der Schule hatte. Die abgewetzte Wrangler-Jeans, wie sie der große Bruder trug, wenn er einen heimlich mit in die Disco genommen hat. Die laut tickende orangefarbene Küchenuhr, die bei der Oma in der Küche hing, wo die Zeit eigentlich stehen geblieben war. Der Rotbäckchensaft, den es gab, wenn man krank war: als Mama einem einfach eine Entschuldigung schrieb und man sich nicht erkältet ins Büro schleppen musste, weil Krankheit heute ein Wettbewerbsnachteil ist. Die Digitaluhr mit Taschenrechner, die man für teures Geld bei Ebay ersteigert, weil man sie damals nicht bekommen hat. Auch wenn diese Dinge Massenprodukte waren, haben sie doch die Aura des Nichtkommerziellen: sie sind wirklich von früher, also selten geworden, echt, besonders. Und sie erfüllen den Käufer mit dem angenehmen Gefühl, etwas zu besitzen, was zu ihm und seinem Leben wirklich passt – was seine Individualität und Persönlichkeit unterstreicht und ihn gleichzeitig zu denen gehören lässt, die ähnliche Erinnerungen und Erfahrungen aus der Vergangenheit teilen – oder eine andere tolle Geschichte zum selben Ding erzählen können. Damit kann man seine langweilige, bruchlose Biografie ein bisschen veredeln, die denen der Altersgenossen der gehobenen Mittelschicht ja meistens verdammt ähnlich ist.

Prenzlauer Berg ist gewissermaßen ein Themenpark dieser vermeintlich individuell authentischen Lebensstile, und wenn man durch dieses Viertel bummelt, könnte man glatt auf die Idee kommen, dass die Bewohner für die Erfüllung des Klischees bezahlt werden, das Prenzlauer Berg in seiner Etikettierbarkeit geworden ist.

In den Straßencafés sitzt die digitale Bohème selbstversunken vor ihren Laptops und arbeitet an Projekten. Durch die Straßen laufen Erwachsene in demonstrativ individuell zusammengestellten Retro-Klamotten, die manchmal nach Verkleidung aussehen oder wie zu groß geratene Kinderkleider. Die ins Viertel eingestreuten Spielplätze sind voll von hippen Menschen mit Kindern und 70er Jahre-Kinderwagen, rundherum gibt es Cafés, die »Bio-Toast« backen und Bionade ausschenken; es gibt kaum mehr einen Kiosk, der nicht auf einer Tafel wenigstens für Bio-Wein wirbt. Ein Design-Laden verkauft Jutetaschen auf denen »Ick bin 'ne Jute« steht – die demonstrativ inszenierte Selbstironie verrät hier eine Neigung zu ständiger Selbstbespiegelung. Denn am Prenzlauer Berg, da ist man ja unter sich.

In den kleinen Läden gibt es Kinderkleider, die vermutlich den Erwachsenen besser stehen würden, die sich aber partout nicht an solche Normen halten wollen. Die Kinderläden verkaufen außerdem Spielzeug aus der Kindheit der Eltern – auch wenn die Kinder vielleicht lieber mit dem ihren von heute spielen wollen.

An einem Kiosk an der Haltestelle Eberswalder Straße gibt es nicht nur Alkohol und Zigaretten, sondern auch Musik, die die Autos auf der Schönhauser Allee übertönt, davor trinken Menschen tänzelnd ihr Bier. Ein kleiner Lebensmittelladen hat das Motto »Von Kunst allein kann man nicht leben« – eine direkte Zielgruppenansprache, die jeder versteht, der sich zugehörig fühlt oder fühlen will, auch wenn der Laden nichts anderes anbietet als ein gewöhnlicher Supermarkt. Aber am Prenzlauer Berg entscheidet sich der Wettbewerb nach dem Angebot von Individualität und Authentizität.

Die Pizzeria I due Forni in der ehemaligen tschechischen Botschaft am Senefelder Platz bemüht sich um authentisch italienisches Flair, weswegen die Speisekarte auf Italienisch geschrieben ist, und die Tagestafel sowieso. Egal, man kann sie sowieso nicht lesen. Die Kellner tun so, als verstünden sie nur Italienisch; man wundert sich, dass man nicht mit Lire bezahlen muss. Ansonsten sind sie bemüht mürrisch und aufreizend langsam. So stellt man sich wohl im denkbar italienfernen Berlin *bella Italia* vor. Der Salat wird in Einzelteilen serviert, der Blattsalat in der Schüssel, Karotten, Fenchel und Tomaten darf man sich selber reinschnippeln, man will ja keinem reinreden in seine persönliche Salatgestaltung.

»Sie sind auf dem richtigen Weg« verspricht zuvor die Werbung, die auf der untersten Stufe der Treppe klebt, über die man aus der U-Bahn-Station Senefelder Platz ans Tageslicht gelangt und schließlich ins »Bio-Paradies« zu dem es »nur noch 30 Meter« sind. Dort steht Europas größter Biosupermarkt, der LPG-Markt, mit »über 18 000 Bioprodukten«, – und wenn es einen »richtigen« Ort gibt, auf den sich alle so einigen können wie auf Bionade, dann ist es wohl dieser. Denn Bio steht für das Echte, Unverfälschte, Bessere, Unkommerzielle, ja eigentlich Grundgute. Vom Senefelder Platz sind es dann zehn Gehminuten in die Rosenthaler Straße in Berlin Mitte, wo die Hundescheiße auf den Gehwegen weniger wird und die edlen und alternativ angehauchten Bars, Restaurants und Geschäfte den Hauptstadt-Hedonisten für mehr Geld ihre Wünsche erfüllen. Hier steht eine von drei Filialen der Münchner Hofpfisterei, und diese ist immer gut besucht. Zwar hasst der Berliner naturgemäß München, weil er denkt, dass es dort zu sauber, verbindlich und spießig zugeht (Bayern! CSU! Sepplhüte!), nur kann er selber kein so herrliches Brot backen, ein Brot, an dem alles so stimmt wie an den Münchner Riesenlaiben: Sie sind nicht nur bio und reich an Vitaminen und Mineralstoffen – sondern ein Original. Das Pfisterbrot transportiert eine Idee von Heimat, auch wenn es nicht die eigene ist, es steht für Ursprünglichkeit, jahrhundertealte Tradition und Handwerk, es ist das Gegenkonzept zu den Kettenbäckern mit ihren seelen- und geschmacklosen Aufbacksemmeln für die Masse. Die Pfisterbrote werden auch nicht in Berlin hergestellt, sondern in München. Der Sauerteig kann nur dort ordentlich gedeihen, er braucht die Luftfeuchtigkeit der Stadt und bayerischen Luftdruck. Die zu 60 Prozent gebackenen braunen Bio-Laibe werden dann mit dem Laster in die Hauptstadt gekarrt wie einst mit der Kutsche zum bayerischen Königshof, und was einst den Königen schmeckte, das ist dem Hauptstädter heute gerade gut genug.

»Indem ich dem Gemeinen einen hohen Sinn, dem Gewöhnlichen ein geheimnisvolles Ansehen, dem Bekannten die Würde des Unbekannten, dem Endlichen einen unendlichen Schein gebe, so romantisiere ich es.«
Novalis

4. Die Suche nach Authentizität und der sentimentale Konsum auf den Sinnmärkten

»Heute, spätestens, ist der Feind des Guten endgültig nicht mehr das Bessere, sondern das Schlechtere, Billigere, Banale. Zumindest für den Bereich der Haushaltswaren gilt: Es gibt kaum ein Qualitätsprodukt, das nicht durch jämmerlich schlechte, aber viel billigere Konkurrenten und Nachahmungen gefährdet wäre. Die kurze Lebenszeit, das beschleunigte Kommen und Gehen der Gegenstände, mit denen wir täglich umgehen, ihre Verwandlung von Gebrauchs- in Verbrauchsgüter kann man ja unter verschiedenen Gesichtspunkten schlimm finden. Zum anderen verhindert sie aber auch, dass wir zu den uns alltäglich umgebenden Dingen noch eine freundschaftliche Beziehung entwickeln, ihnen einen gewissen Respekt zollen können, den sie als gelungene Ergebnisse gut getaner Arbeit ja durchaus verdienten. Aber wie viele der heute käuflichen Dinge vermöchten überhaupt noch irgendwann einmal zu einem liebevoll betrachteten, guten, alten Stück zu werden?«[66]

Diese rührselige Anklage stammt aus dem Katalog des exklusiven Nostalgie-Versandhauses Manufactum, das sich dem Erhalt handwerklicher Traditionen verschrieben hat: »Es gibt sie noch, die guten Dinge« ist das Motto, unter dem Manufactum Haushaltswaren, Gartengeräte, Spielzeug, Bürobedarf, Kleider, Kosmetik und Lebensmittel aus zum Teil kleinen Handwerksbetrieben oder auch Klöstern[67] verkauft. Das Unternehmen wurde 1988 von Thomas Hoof gegründet, dem ehemaligen Landesgeschäftsführer der Grünen in Nordrhein-Westfalen. Mittlerweile gibt es neben dem Versandhandel sieben Manufactum-Kaufhäuser in Waltrop, Stuttgart, Hamburg, Berlin, Köln, München und Düsseldorf.

»Wir haben uns vorgenommen, Dinge zusammenzutragen, die in einem umfassenden Sinne gut sind, nämlich nach hergebrachten Standards arbeitsaufwändig gefertigt und daher solide und funktionstüchtig, aus ihrer Funktion heraus materialgerecht gestaltet und daher schön, aus klassischen Materialien (Metall, Glas, Holz) hergestellt, langlebig und reparierbar und daher umweltverträglich. Etwa 8 500 in diesem weiten Sinne gute Dinge sind hier versammelt, vielfach Klassiker, langlebig nicht nur aufgrund von Technik und Material, sondern auch, weil sie über allen Moden und Trends stehen«, heißt es im Vorwort des Online-Kataloges,[68] der sich mehr wie der Katalog eines Kunsthandwerkmuseums als der eines Versandhauses liest. Denn Manufactum verkauft nicht einfach nur Edelstahlwäscheklammern (20 Stück 13 Euro), Bleistiftspitzmaschinen (Caran d'Ache, 115 Euro), Bügelbretter aus Buchenholz (134 Euro), Füllfederhalter (Stipula Ebonit 390 Euro), Speckstein-Gartöpfe (168 Euro) oder Lammfelldecken (998 Euro), sondern liefert zugleich auch vorindustrielle Romantik und einen sentimentalen (und teuren) Gegenentwurf zur unübersichtlichen und herzlos globalisierten Welt.

Die Suche nach dem Echten, Ursprünglichen, Authentischen ist die Romantik der Postmoderne. Die Romantik war eine Gegenbewegung zur Moderne. Sie setzte Individualität, Innerlichkeit, Gefühl, Leidenschaft, Mystik, Symbolik und die Sehnsucht nach der Wildheit der Natur gegen die streng rationale Aufklärung im 18. und die sich ausbreitende Industrialisierung im 19. Jahrhundert und wollte die Welt vor der Entzauberung bewahren. Die Authentizitätssehnsucht ist wiederum eine Reaktion auf die Entfremdungstendenzen der Postmoderne, in der weder Gemeinschaft noch Ideale oder Beruf dem Leben Sinn und Bedeutung verleihen. Sie ist eigentlich eine Suche nach dem wahren Leben.

Im Unterschied zur Romantik ist neue Sehnsucht aber nicht auf die Gesellschaft gerichtet, sondern Suche nach dem Selbst: Ziel ist die Stimmigkeit des eigenen Lebens. Echtheit ist dabei keine Kategorie der Realität, sondern ein individualistischer Wert: »Da der gesamte konsumkapitalistische Betrieb darauf abzielt, uns unechte bzw. falsche Bedürfnisse und Wünsche einzureden und diejenigen Bedürfnisse zu unterdrücken, die unser wahres Selbst ausdrücken, müssen wir das Echte eben woanders suchen«, schreiben Joseph Heath und Andrew Potter süffisant in ihrem Buch *Konsumrebellen. Der Mythos der Gegenkultur.*[69]

Das Andere, Bessere, das Wahre und Gute darf deshalb nicht mit der Konsumwelt in Verbindung gebracht werden, im Gegenteil: Es muss eine Aura des Nichtkommerziellen oder gar Immateriellen haben und darf weder nach Massennoch nach Luxusprodukt aussehen. Am besten sieht man ihm die Warenförmigkeit überhaupt nicht an. Es muss mit einer

Geschichte verbunden sein, die Sinn stiftet und möglichst gut zu den eigenen Wertvorstellungen passt – zu denen unbedingt eine Ablehnung der Massen- und Konsumgesellschaft gehört – und diese zum Ausdruck bringt. Seine Entstehung darf deshalb nicht mit dem realen Produktionsprozess in Verbindung gebracht werden, sondern mit einer Philosophie, einer Tradition, einer Kultur, einer anderen Zeit, einer besseren Welt.

»Das Ding, das gute Ding wird zum Überlebenden einer versunkenen Epoche stilisiert, zum Geretteten, der uns wiederum Trost bringt in der Not, ein Ding, das größer ist als ich, das mich überdauert«, schreibt der österreichische Kulturwissenschaftler Robert Misik über Manufactum in *Das Kultbuch. Glanz und Elend der Kommerzkultur.*[70] Es sind nicht allein die Ästhetik oder der Nutzwert des Gegenstandes, die ihn wertvoll und teuer machen, sondern auch seine Geschichte. Wer für 168 Euro den Wäschekorb bestellt (»Dieser Wäschekorb hat wenig gemein mit seinen – deutlich günstigeren – Konkurrenten, die landauf, landab auf Märkten und von fliegenden Händlern feilgeboten werden. Gute Wäschekörbe wurden schon vor mehr als hundert Jahren in dieser Art gefertigt: in der sogenannten Würfeltechnik, also mit einem doppelwandigen Geflecht, das eine sehr hohe Stabilität und eine glatte, saubere Oberfläche auf Innen- und Außenseite gewährleistet, und mit glattgeschliffenen Holzkufen, die bei traditionell gearbeiteten Gebrauchskörben immer schon zum Schutz des Bodens angebracht wurden«[71]), der erwirbt damit nicht nur das Gefühl, den in vierter Generation geführten fränkischen Meisterbetrieb gerettet zu haben, sondern auch Exklusivität: Schließlich ist der Korb eigens und von Hand für ihn gemacht. Und wer sich für 79 Euro einen Arbeitskittel kauft, wie ihn Mönche der Abtei Königsmünster tragen, der kauft sich mit der klösterlichen Tradition und Spiritualität, die in jeder Faser steckt, ein Gegenkonzept zu seinem anstrengenden und sinnlosen Bürojob. Ora et labora!

Gemüsehobel als Identitätsstifter

»Zu meinem Hoflieferanten habe ich Manufactum erkoren. Hier bekomme ich ausschließlich Produkte, die vor Authentizität, Stil und Qualität nur so strotzen. Bei dem Online-Händler bestelle ich nicht nur eine Pfanne, sondern eine gusseiserne von Skeppshult, der letzten schwedischen Gießerei für Haushaltswaren. Jede Pfanne ein Unikat und so schwer, dass ich sie mit einer Hand kaum heben kann. Oder die Mandoline von Bron – den Mercedes unter den Gemüsehobeln[72] – gibt es bei Manufactum nicht wie anderswo mit Plastikgriff, sondern in einer Sonderanfertigung für das Onlinewarenhaus aus Holz«[73], schwärmt Eike Wenzel in seiner LOHAS-Bibel – der überhebliche Unterton ist dabei nicht zu überhören. Denn natürlich taugt der ideologisch verbrämte Authentizitätskonsum hervorragend zur Distinktion. Und zwar denen gegenüber, die wieder mal gar nichts kapiert haben und ihr Leben und ihre Küche weiterhin mit billigem Plastikmüll vollstopfen, der stumpfen, schafsblöden Masse also. Authentizitätsfetischismus ist dabei nichts anderes als Markenfetischismus. Nur dass das Statussymbol nicht ein für alle als teuer identifizierbarer Mercedes ist, sondern ein wenigen Kennern bekanntes, teures Haushaltsgerät. Denn gerade das, was sich so rückschrittlich gibt und das »einfache Leben« propagiert, ist nichts als reiner Luxus.

Der Wert des Manufactum-Produkts ergibt sich nicht nur aus Material, Herstellung und Geschichte – sondern dadurch, dass es den Konsumenten veredelt, ja, ihn zu einem besseren Menschen macht. Ohne die authentischen Geschichten würde das allerdings nicht funktionieren. So wurde beispielsweise die mechanische Küchenmaschine Minna, ein gängiges unpraktisches Haushaltsgerät aus Omas Küche, bei deren Auflösung auch von Leuten, die es besser wissen sollten, hundertfach kopfschüttelnd und milde lächelnd in den Müll geworfen. Besonders wird sie erst, wenn sie bei Manufactum für 148 Euro zu haben ist als »die letzte der früher zahlreichen handbetriebenen Universalküchenmaschinen« aus Bielefeld. »Die Minna macht's«, schreibt ein Kunde begeistert als Kommentar unter das Produkt, »die Minna ist eine klasse Haushaltshilfe. Wir haben uns in die neue Arbeitsfläche eine 30 auf 30 Zentimeter große Fläche glatten Stein eingelassen, nur damit unsere Minna mit ihrem Saugfuß Halt findet. Das musste einfach sein.«[74] Welch ein Glück, dass er noch eine ergattert hat! Die Minna M3 ist nämlich vergriffen, bleibt aber trotzdem im Katalog – natürlich, um ihre Rarität und die Einzigartigkeit ihrer Besitzer zu unterstreichen.

In ihrem Buch mit dem Titel *Marke Eigenbau* und dem widersprüchlichen Zusatz *Der Aufstand der Massen gegen die Massenproduktion* bilden Holm Friebe und Thomas Ramge genau diese Ideologie ab. Sie plädieren für eine »klandestine Widerstandsbewegung« mit dem »Aufstand des Selbermachens gegen eine anonyme Massenproduktion«.[75]

Den Ausbeutungsverhältnissen einer globalisierten Industrieproduktion setzen sie »eine Vision der nachhaltigen Produktion hochwertiger Produkte zu fairen Preisen entgegen, die den Wert menschlicher Arbeit und die Würde des Produzenten anerkennt«.[76] Sie glauben daran, dass »eine kleinteiliger strukturierte Ökonomie mit menschlichem Maßstab die Welt irgendwie besser macht, dass die Wirtschaft eine zu wichtige Angelegenheit ist, um sie den Großen zu überlassen«.[77] Der Fabrikmassenproduktion das Handwerk entgegenzusetzen ist nicht nur ein nostalgischer und sentimentaler Wunsch. Er entspringt auch der heimlichen Hoffnung, dass die Konsumwelt ihr Individualitäts- und Sinnversprechen doch noch einhält.

Es ist genau dieses Nichtkommerzielle, die Aura von Kultur und Ideologie, die Manufactum so überaus erfolgreich macht. Im Jahr 2007 machte das Unternehmen einen Umsatz von 100 Millionen Euro.[78] Ältere Kataloge haben mittlerweile sogar Sammlerwert und werden in manchen Universitätsbibliotheken geführt. Eine »Auswahl aus den Manufactum-Hausnachrichten 1988 bis 2007« gibt es in dem von Manufactum-Gründer Hoof herausgegebenen Buch *Nebenbei und obendrein*. Das Kaufhaus bietet nämlich nicht nur verschiedene handgemachte Produkte an. Sondern ein Wertesystem, innerhalb dessen diese Produkte als Bausteine fungieren, sich aufeinander beziehen und sich ergänzen – und den Konsumenten befähigen, an diesem Wertesystem teilzunehmen. So kann man etwa im von Manufactum neu aufgelegten *Merck's Warenlexikon* nachlesen, wie das bessere, vorindustrielle Leben ausgesehen hat und wie man sein eigenes danach ausrichten kann: »Hilfe bei der Entscheidung darüber, ob Sie Ihr Home Cinema mit Dolby-Surround-Klängen füllen (oder das Ihren Nerven und guter Nachbarschaft zuliebe doch besser lassen) sollten, können Sie von einem 1920 erschienenen Werk freilich nicht verlangen. Aber über all das, was Anfang des Jahrhunderts technisch entwickelt und in Gebrauch war (und das bildet ja immer noch die überwältigende Mehrheit auch der Dinge, mit denen wir heute Tag für Tag umgehen) – von Absinth, Alabaster und Aluminium bis Zaponlack, Zitronat und Zwiebelöl.«[79]

Dabei kann man die böse Home-Cinema-Anlage im selben Unternehmen kaufen – nebst sämtlichem von Manufactum-Kunden verabscheuten Plastikschrott: Seit 2007 gehört das Nostalgie-Kaufhaus ausgerechnet zur Otto-Group[80], zu der auch das weltweit größte Versandhaus Otto gehört. Kaum etwas anderes symbolisiert so sehr den Billig- und Massenkonsum wie der Otto-Versand, in dessen Katalog 130 000 Artikel angeboten werden.

Das Gegenkonzept zum Massenmarkt sind die so genannten Sinnmärkte. Diesen Begriff hat das Kelkheimer Zukunftsinstitut geprägt. Eike Wenzel definiert ihn in der 2009 erschienenen Studie *Sinnmärkte. Wertewandel in den Konsummärkten*, die zeigt, in welchen Geschäftsfeldern man damit viel Geld machen kann: »Die modernen Konsumenten beginnen, das Sein über dem Haben zu privilegieren. Wir erleben gerade die Entstehung des Zeitalters der Sinnmärkte. In enttraditionalisierten Gesellschaften wird Lebenssinn zum permanenten Mangel, der seit einiger Zeit auf vielen neuen Märkten in neue Bahnen gelenkt wird. Kauften wir uns früher Mehrheitskultur, geht es heute um immaterielle Werte.«[81] Nämlich Regionalität, Tourismus, Spiritualität, Bildung, Genuss, Körper und Gesundheit. Nach einer Berechnung der Dresdner Bank investieren die Deutschen pro Jahr an die neun Milliarden Euro in Lebenshilfe, Orientierung, Selbstverwirklichung und Sinnsuche.[82]

5. Zum Wohl: Wellness als Sinnsuche

Der Aufschwung der Sinnmärkte ist leider kein Anzeichen für einen gesellschaftlichen Wandel. Er bedeutet nicht die kollektive Suche nach Antworten, ja nicht mal die Formulierung der Frage, in welcher Welt und Gesellschaft man leben will. Wenn solche grundlegenden Menschheitsfragen nicht mehr gestellt, überdacht und diskutiert, sondern stattdessen Antworten akzeptiert werden, die der Markt zur Verfügung stellt, dann forciert das im Gegenteil nur die fortschreitende Ökonomisierung des Privaten, die Fragmentierung der Gesellschaft und die Vereinzelung der Bürger. Dann sind auch Sinn, Gesundheit und Haltungen austauschbare Produkte, die man im Laden kaufen kann. Gerade der Sinnkonsum suggeriert, dass Konsum Freiheit bedeutet und Konsumentscheidungen Lebensentscheidungen sind. Vorausgesetzt, man kann es sich leisten: Gesellschaftliche Teilhabe definiert sich nicht mehr durch Kommunikation und Solidarität, sondern durch den Geldbeutel. So geraten Gesundheit, das Streben nach Glück und Anerkennung, Engagement für Umwelt und Soziales zum Wettbewerbsfaktor unter Individuen. Das Ergebnis ist hingegen nicht der individuelle Mensch, der seine Persönlichkeit durch Erfahrungen, Erlebnisse und soziale Interaktion gebildet hat, sondern das unternehmerische Selbst, das sich auf dem Marktplatz der Individuen präsentieren muss, die sich ebenfalls alle ständig optimieren. »Das unternehmerische Selbst aber ist gezwungen, sich permanent selbst zu überfordern, um den Verdacht auf die eigene Austauschbarkeit widerlegen zu können«, schreibt Christian Schüle in der *Zeit*.[83]

Die Ökonomisierung von Sinn, Spiritualität, Authentizität und Gesundheit kommt besonders drastisch im Wellnesstrend zum Ausdruck. Laut einer Studie des Instituts Arbeit und Technik (IAT) der Fachhochschule Gelsenkirchen von 2009 werden auf dem Wellness- und Gesundheitsmarkt zwischen 50 Milliarden und 70 Milliarden Euro jährlich umgesetzt.[84] Mit diesem oder ähnlichen Begriffen wie etwa »Balance« lässt sich von Baumwollsocken bis zum Kaugummi alles verkaufen; vielen heruntergekommenen Kurorten hat der Wellness-Boom eine neue Blüte beschert, Lebensmittel- und Getränkeindustrie sowie Hallenbäder, Architekten und Designer profitieren ebenfalls davon.

Der Begriff wurde in den 70er Jahren in den USA geprägt, als dort das Gesundheitswesen zu explodieren schien. Donald B. Ardell und John Travis entwickelten damals für die US-Regierung Gesundheitsmodelle, die auf Eigenverantwortung setzen. Nach Ardell besteht Wellness aus Selbstverantwortung, körperlicher Fitness, Stressmanagement und Umweltsensibilität. Eigenverantwortung für die Gesundheit propagieren auch in Deutschland Politik, Krankenkassen und die Wirtschaft.

So zahlen Krankenkassen zwar kaum mehr jemandem eine Kur, aber sie schießen ein bisschen Geld für ein paar Tage Wellnessaufenthalt zu.[85] Und die Arbeitgeber bieten ihren Beschäftigten neben Wirtschaftsenglisch und Führungskräfteseminaren auch Entspannungs- und Wellnesskurse an. Stress gehört schließlich so selbstverständlich zum

Job wie Meetings und Überstunden – am besten, man managt ihn effizient und eigenverantwortlich.

Allerdings sind Erschöpfung und Belastung keine Managerkrankheiten mehr: Laut einer Allensbach-Umfrage[86] von 2005 leiden fast drei Viertel der Deutschen an psychischem Dauerdruck, jeder zehnte Fehltag geht auf stressbedingte Krankheiten zurück. Gleichzeitig ist der Krankenstand seit 2005 auf einem historischen Tiefstand, er hat sich seit Anfang der 90er Jahre halbiert. Im ersten Halbjahr 2009 gab es ein neues Rekordtief von 3,24 Prozent.[87]

Nicht, weil die Menschen durch die Eigenverantwortung gesünder geworden wären. Sondern weil sie, aus Angst um ihren Job, krank ins Büro gehen: Fast drei Viertel der Deutschen gehen laut einer Studie der Bertelsmann-Stiftung mindestens einmal im Jahr zur Arbeit, obwohl sie sich richtig krank fühlen, 46 Prozent mehrmals, jeder Dritte gegen den ausdrücklichen Rat des Arztes.[88] Krankheit ist längst nicht mehr ein labiler körperlicher Zustand, sondern ein Wettbewerbsnachteil im eigenen Büro, auf dem Arbeitsmarkt und in der Gesellschaft.

»Unsere Kultur beginnt sich immer mehr über Gesundheit zu definieren. Gesundheit wird in Zukunft zu einem allgegenwärtigen Phänomen – auf den weltweiten Konsummärkten ebenso wie in unserem Privatleben, im Freizeitbereich ebenso wie in der Arbeitswelt«, schreibt Eike Wenzel in seinem LOHAS-Buch.[89] Gesundheit ist längst ein Wert an sich, das Lebensziel des Sich-gut-Fühlens hängt dabei nicht mehr von solidarischen Modellen, Arbeits- oder Lebensbedingungen ab, sondern von der freiwilligen Bereitschaft des Einzelnen.

Wo die Grenzen zwischen Arbeits- und Privatleben immer mehr verschwimmen, dient auch die Freizeit der Selbstoptimierung. Und weil die freie Zeit immer weniger wird, dient auch deren Gestaltung nicht etwa dazu, wichtige Erfahrungen und Erlebnisse zu generieren, sondern unterliegt dem Effizienzgedanken. In London ist es derzeit Trend, zur Arbeit zu joggen.[90] Seit einige Arbeitgeber das Büro mit Duschen ausgestattet haben, verstopfen zur Rush-Hour nicht nur Autos die Straßen, sondern Jogger mit Rucksäcken (für die Bürokleidung) die Gehwege. Nicht mehr so lange zu schlafen wie möglich, nicht mehr morgenmuffelig sein zu dürfen und mit schlafzerzaustem Kopf Zeitung zu lesen und nicht mehr für die Allgemeinheit unsichtbare private Dusch-, Anzieh- und Frühstücksrituale zu vollziehen – das alles empfinden sie nicht als Verlust von Autonomie, sondern als Zugewinn an Freiheit, den sie dazu nutzen, etwas für ihren Körper zu tun. Dabei unterwerfen sie schon die Zeit vor der Arbeit den Anforderungen des Berufslebens.

»Firmenfitness« heißt auch in Deutschland das Zauberwort. Seit Januar 2009 können Arbeitgeber »gesundheitsfördernde Maßnahmen« steuerlich geltend machen.

»Voraussetzung für die Wettbewerbsfähigkeit eines Unternehmens sind gesunde und leistungsfähige Mitarbeiter. Krankheit vermindert die Arbeitskraft und verursacht dem Unternehmen enorme Kosten. Investieren Sie darum in Ihre Mitarbeiter und fördern Sie deren Gesundheit und Kraft mit Firmenfitness«,[91] steht auf der Seite des Personal-Training-Anbieters Body&Service.

Fast alle Personal Trainer, die mit zunehmender Flexibilisierung der Gesellschaft nicht mehr nur von Models, Prominenten und Reichen gebucht werden, sondern auch ganz normalen Privatmenschen helfen, individuell zugeschnittene Fitnessziele zu erreichen, bieten inzwischen Firmenfitness an. Viele große Firmen, darunter E.on, Thyssen, Siemens, SAP und BMW, präsentieren stolz ihre unternehmenseigenen Fitnessstudios als Teil der Unternehmenskultur und als soziales Engagement (Gesundheitsförderung!) für ihre Mitarbeiter. Zwar können die Beschäftigten dort auf Firmenkosten trainieren und müssen selbst kein teures Fitnessstudio bezahlen – ihre Gesundheit und körperliche Leistungsfähigkeit untersteht dann allerdings der Kontrolle des Arbeitgebers. Der kann dann Bewegungsmuffel ausmachen und eine vermeintlich glasklare Verbindung herstellen zwischen Sportverweigerung und Leistungsschwäche: Wie, die Präsentation ist noch nicht fertig? Wohl zu kurz auf dem Laufband gerannt? Unter diesen Umständen traut sich kaum noch einer, den Kollegen ein ungesundes Feierabendbier vorzuschlagen, bei dem man lustig über den Chef lästern könnte – oder in der Kantine Nudeln mit dicker Sahnesoße zu essen statt den Fitnesssalat.

Gehirnwäsche in der Mittagspause

Es ist aber keineswegs so, dass Chefs ihre Mitarbeiter dazu zwingen müssten, auch ihre Mittagspause aktiv zu gestalten. Die Nachfrage nach einer »sinnvollen« Beschäftigung zwischen zwölf und eins ist in den Städten groß. Deshalb gibt es viele Fitness- und Wellnessangebote, die auf die (maximal) eine Stunde Mittagspause zugeschnitten sind. In Hamburg bietet etwa eine Yogalehrerin 45 Minuten »Entspannungsyoga« an, auch Masseure werden zunehmend für die kleine

Pause im Arbeitstag gebucht.[92] In Hamburg und Berlin kann man sich in den Nivea-Häusern Mini-Wellnessprogramme und damit eine »kurze Auszeit vom Trubel« kaufen. Terminvereinbarungen sind nicht nötig: »Kommen Sie einfach spontan vorbei, wann es für Sie am besten passt, und lassen Sie sich ohne Voranmeldung verwöhnen!«[93] »Spontanwellness« nennt das Kosmetikunternehmen dieses Angebot. Mit wenig Zeit bekommt man im Hamburger Nivea-Haus etwa eine 35-minütige Ayurveda-Fußmassage, ein 30-minütiges Vollbad mit Blick auf die Alster, Kopf- und Handmassage, eine 35-minütige Shiatsu-Teilmassage oder eine 25-minütige Kopf-Nacken-Massage unter dem Motto »Locker bleiben!«. Im Berliner Haus ist die Wellnessabteilung mit einem Café kombiniert, man kann hier eine »Latte Massagio« bekommen, was reichlich obszön klingt, aber nur eine Nackenmassage mit Getränk nach Wahl ist. Für 25 Euro bekommt man dort auch eine »Streicheleinheit« (Gesichtspinselmassage plus Getränk nach Wahl).

Am effizientesten erholt man sich wohl in einem Floating-Tank, den einige wenige Wellness- und Spa-Center in ihrem Programm haben, etwa Samudra in Köln. Man legt sich in einen dunklen, geräuschisolierten Tank, der mit warmem Wasser und Salz aus dem Toten Meer gefüllt ist. Man hört, fühlt und sieht nichts, die Wahrnehmung ist auf ein Minimum heruntergedimmt. Erreicht werden soll ein Bewusstseinszustand zwischen Wachen und Schlafen, der das Denken ausschaltet. Es heißt, eine Stunde Floating entspreche drei Stunden Schlaf.

Die Ausschaltung sensorischer Reize und der Sinnesentzug wie etwa im Isolationstank ist auch unter dem Namen

Sensorische Deprivation bekannt und ist ein Mittel der so genannten Weißen Folter. Sie hinterlässt keine sichtbaren äußeren Verletzungen, sondern psychische Veränderungen und Schäden. Der gestresste Arbeitnehmer zahlt für die freiwillige Gehirnwäsche in der Mittagspause hingegen viel Geld: 50 Euro kostest eine Stunde Schwebezustand.

Es passt sehr gut, dass viele Wellness-Angebote damit werben, dem Job-Alltag für einen Moment entfliehen zu können. Denn mit Freiheit und Selbstbestimmung hat Wellness wenig zu tun. Wellness ist eigentlich Resignation: Wenn man schon seine Lebensumstände nicht ändern kann, dann eben sich selbst. Als Manager der eigenen Existenz muss man sich auch um seine Gesundheit selber kümmern. Sicher ist es gut, gesund zu leben und Sport zu treiben. Das könnte man aber auch in einem Sportverein tun. Als Hobby. Das würde aber heißen, dass man private Termine einhielte. Wellness ist flexibler als Hobby und Freunde und verspricht Erholung in kurzer Zeit. Denn in der hoch flexiblen Arbeitswelt hat sich die Flexibilität nach dem Arbeitgeber zu richten. So ist Wellness nichts anderes als die Fortführung der Arbeit nach Feierabend: Man arbeitet an sich selbst, um weiter leistungsfähig zu sein. Wenn man es sich leisten kann, kann man dafür auch einen Wellness-Coach buchen, der die »Work-Life-Balance« wiederherstellt, indem er einen ganzheitlich für den Markt optimiert.

»Das Versprechen des Reichtums und des technischen Fortschritts war, uns frei zu machen, so zu leben, wie wir wollen. Wenn wir uns aber ständig ändern müssen, um uns den selbst gemachten Zwängen anzupassen, ist dieses Versprechen pervertiert. Dann leben wir nicht mehr, wie wir wollen, sondern wie eine von uns selbst in Gang gesetzte Maschine es erzwingt«, sagt Hartmut Rosader, Soziologie-Professor und Autor des Buches *Beschleunigung. Die Veränderung der Zeitstrukturen in der Moderne*, in einem Interview mit Iris Radisch in der *Zeit*.[94] Wenn alle flexibel würden, dann hätten wir keine Gesellschaft mehr, sondern Stillstand: »Wer flexibel ist, hat keine Ziele mehr. Er ist ein Wellenreiter.«[95]

Laut einer Studie der Unternehmensberatung Roland Berger fragen Deutsche Gesundheitsleistungen jenseits des Arztbesuchs jährlich in Höhe von 16 Milliarden Euro nach. 76 Millionen Deutsche gaben an, dass Gesundheit sie glücklich mache. Die Kosten für Gesundheit, die die Deutschen selbst übernehmen, lagen im Jahr 2000 bei 28 Milliarden, im Jahr 2010, so die Prognose, werden sie 77 Milliarden betragen.[96]

»Ein völlig neuer Gesundheitsmarkt entsteht, ein Markt der gesunden Genießer, für die optimale Gesundheit vor allem eines darstellt: Lebensqualität«[97], schwärmt Wenzel.

Matthias Horx vom Zukunftsinstitut hat dafür das wunderschöne Wort »Selfness« erfunden, man könnte es böswillig mit Egozentrismus übersetzen, das Zukunftsinstitut hingegen versteht darunter »einen Zustand, der proaktiv Balance und Wohlfühlen herstellt«, der erreichbar ist durch »bewusstes interaktives Arbeiten am Selbst«.[98]

Im seinem LOHAS-Kapitel »Von Wellness zu Selbstkompetenz in Fragen der Gesundheit« bewirbt Wenzel deshalb fast ganzseitig das Luxus-Resort Lanserhof in der Nähe von Innsbruck, »eine Oase für Menschen, die Selfness suchen und an ihrer Selbstkompetenz arbeiten«. Dort werde gemeinsam mit Ärzten, Therapeuten und Spezialisten ein individuelles »Ziel«

zur »Gesunderhaltung« und zur »Entwicklung von Potentialen« erarbeitet, für das der »gesundheitsorientierte Urlauber« mindestens drei Wochen im Lanserhof bleiben muss.

Wellness (oder Selfness) funktioniert deshalb so gut, weil der Begriff natürlich etwas viel Größeres verspricht als ein bisschen Planschen im lauwarmen Salzwasser oder heiße Steine auf dem Rücken. Er verspricht Ruhe, Zeit, Entspannung, Ganzheitlichkeit, Einklang, Schönheit, Gesundheit und Spiritualität – und ja, auch Zärtlichkeit; alles, was fehlt im hektischen Alltag. Das »wirkliche Leben«. Er gibt sich als Luxus (vor allem preislich), weil er suggeriert, dass man etwas für sich selbst tut, wo einen schon niemand anders verwöhnt. Wellness erzählt von Erlösungs- und Zuwendungssehnsüchten, sie spendet Trost und Streicheleinheiten für die zivilisationsgeschundene Seele.

Sie heuchelt Sinn, indem sie Elemente aus dem kulturellen Zusammenhang reißt und damit die Sehnsucht nach uns selbst stillt. Hawaiianische Lomi-Lomi-Massage. Indianische Lava-Stone-Therapie. Ayurveda. Ayurveda ist eine der ältesten Heilkünste der Welt, eine ganzheitliche Lebensweise. Sie ist nicht mit einer Massage zu haben – und auch nicht mit einem Aufenthalt in einem sündteuren Ayurveda-Resort auf einer Insel im Südpazifik.

Selbstfindung funktioniert leider nicht über zelebrierte Entspannung – sondern über Erlebnisse, Erfahrungen und soziale Beziehungen. Sinn- und Erlebniskonsum heißt, dass man immer etwas anderes bekommt als das, was man sich eigentlich wünscht.

Würde man mehr Zeit mit Wellness verbringen, als einem die kurzen Arbeitspausen erlauben, würde man schnell merken, wie inhaltsleer die Angebote sind. Das exotische Tamtam verbirgt nur, dass Wellnessoasen in Wahrheit Rehakliniken sind.

Es ist lustig, dass ausgerechnet der Hamburger Bierhersteller Astra ironisch mit dem Spruch »Das nennt man jetzt Wellness« wirbt. Und tatsächlich tut ein bierseliger Abend in netter Gesellschaft vermutlich mehr für soziale Beziehungen, Geist und Wohlgefühl als eine teure Vereinzelungsstrategie zur Optimierung der persönlichen körperlichen Leistungsfähigkeit.

Die Behandlung im Lanserhof kostet pro Woche ab 1086 Euro (LansMed Basic), jede Zusatzleistung kostet, die Unterkunft muss extra bezahlt werden, das Einzelzimmer kostet 185 Euro pro Nacht.[99]

Wer sein halbes Jahresgehalt im Lanserhof gelassen hat, werde künftig »dem Arztbesuch zuvorkommen (…) und die Gesundheit proaktiv von Tag zu Tag selbst sicherstellen. Die LOHAS lassen damit auch das traditionelle Arztbild aus ihrem Leben verschwinden. Der Halbgott in Weiß als autoritär-patriarchale Instanz, die über Tod und Leben entscheidet, gehört der Vergangenheit an«.[100] Mit anderen Worten: Nur noch die weniger wohlhabenden Deppen sind auf Ärzte angewiesen, die sich das »hierarchielose Beratungsverhältnis zwischen Gesundheitsberater und Selfness-Kunde«[101] nicht leisten können. Recht so, die wollen es ja auch nicht anders. Das entspricht den neoliberalen Ideen von Marktdominanz und Eigenverantwortung, von »Jeder ist seines Glückes Schmied«-Ideologien, Effizienz und Machbarkeit. Wer nicht mithalten kann – Pech gehabt! Wer krank wird: selber schuld!

Auch der gestiegene Konsum von Bioprodukten, der als größter Beleg für die Existenz der LOHAS gilt, ist zuallererst in diesem gesundheitsorientierten Zusammenhang zu sehen. Der Bio-Trend geht aus dem Wellness-Trend mit seinem »ganzheitlichen« Anspruch hervor. Mit dem gesünderen Bio-Essen tut man zuallererst sich selbst was Gutes. Aber wer sein Ego-getriebenes Handeln dermaßen überschätzt, der glaubt natürlich auch, dass er mit dem bisschen anderen Konsum die Welt verändert und dass sein eigenes Wohlgefühl schon ein gesellschaftlicher Beitrag sei.

Kapitel II
Die Organisationen der Lifestyle-Ökos

»Indessen (. . .) scheint es mir – um offen zu sagen, was ich denke – in der Tat so, dass es überall da, wo es noch Privateigentum gibt, wo alle alles nach dem Wert des Geldes messen, kaum jemals möglich sein wird, gerechte oder erfolgreiche Politik zu treiben, es sei denn, man wäre der Ansicht, dass es dort gerecht zugehe, wo immer das Beste den Schlechtesten zufällt, oder dort glücklich, wo alles an ganz wenige verteilt wird und auch diese nicht in jeder Beziehung gut gestellt sind, die übrigen jedoch ganz übel«
Thomas Morus, Utopia, 1516[102]

1. Utopia.de und Weltrettung 2.0

Man soll vielleicht ein bisschen erschrecken, wenn man die neue Seite[103] von Utopia.de anklickt: Es erscheint ein rotes Stoppschild, und viele werden wohl denken: »Huch! Ist das am Ende eine dieser schlimmen Seiten, die die Bundesregierung sperren will?« Aber, ach so, da steht ja »SHOP!« drauf, nicht STOPP, und: »Erst nachdenken und dann: Kaufen und gönnen Sie sich was, aber das Richtige!«

Was »das Richtige« ist, also welche Konsumartikel, Reiseziele, Autos, Baumaterialien, Kosmetik, Putz- und Lebensmittel und so weiter man mit gutem Gewissen kaufen oder buchen kann, weil sie nach bestimmten ökologischen und sozialen Standards hergestellt worden sind oder betrieben werden, und wie man seinen Alltag nachhaltig gestalten kann, das zeigt die Online-Plattform für »Strategischen Konsum«, Utopia.de.

Das Online-Portal ist eines der ersten deutschen, das sich mit nachhaltiger Lebensführung und ökokorrektem Konsum beschäftigt, mittlerweile gibt es davon allein aus Deutschland Dutzende: lohas.de, lohas-guide.de, lohas-blog. de, lohas-lifestyle.blogspot.com, nachhaltigkeit.blogs.com, nachhaltige-produkte.de, einfachnachhaltig.de, nachhaltig-leben-blog.de, nachhall-texter.de, nachhaltigkeits-guerilla. de, konsumguerilla.net, konsumblog.de, karmakonsum.de, oeko-anbieter.de, oekoschlampen.blogspot.com, oeko-fair. de, ecoshopper.de, ecofashionjunkies.com ecolog.pixel-graphik.de, mangoomangoo.de, vital-genuss, slowretail. wordpress.com, bioemma.de, cleanthinking.de, goodtrue-beautiful.typepad.com, anders-besser-leben.de, betterand-green.de, weissliste.twoday.net. – Das sind nur einige von ihnen, dazu kommen ungezählte britische und US-amerikanische Portale wie zum Beispiel lohas.com, treehugger.com, fabgreen.com, greatgreengoods.com, ecofriend.org, buy-green.com, earthfriendlygoods.com, ecowise.com, eco-choises.com, green-shopping.co.uk, greenshopperguide. com, greenshopper.com, greenstore.com.

Die Seiten unterscheiden sich zwar in ihren Schwerpunkten. Allen gemein ist aber, dass sie mehr oder weniger stylish ethischen Konsum und ethisches Wirtschaften als Hebel zur Weltrettung begreifen und diesen mit Neuigkeiten aus der neogrünen Lifestyle-Welt bewerben. Und dass sie Menschen, die an diesem Lebensstil Gefallen finden, eine Plattform bieten, um sich auszutauschen.

Öko 2.0 ist eine weitere Bezeichnung des neuen Öko-Lifestyles – denn weniger die Tageszeitungen und schon gar nicht das Fernsehen sind die Leitmedien der LOHAS als vielmehr das Internet, das Partizipation, Interaktion, Kommunikation und Möglichkeiten zur individuellen Beschaffung von Informationen verheißt. Das Internet ist demzufolge ein Ort virtueller Demokratie, der Gemeinschaft herstellt und doch ein Höchstmaß an Individualität zulässt, weil es keine Zeit- und Ortsanbindung und keine Zugangsschranken kennt. Vor dem Internet ist jeder gleich – das erweckt den Eindruck, als wären Bürger und Konsument, Institutionen und Konzerne jetzt einander so nahe, dass sie sich in einem gleichberechtigten Dialog befänden.

Das so genannte »Social Web« erfülle den Wunsch der LOHAS nach Teilhabe, Glaubwürdigkeit und Transparenz, schreibt Zukunftsforscher und LOHAS-Promoter Eike Wenzel in seinem Buch *Bewusst grün – alles über die neuen Lebenswelten der LOHAS*.[104] Das Internet und vor allem die Bloggerszene bildeten dort die Realität ab und generierten Authentizität, indem sie andere an ihren Erfahrungen teilhaben und diese diskutieren ließen. Die Massenmedien hingegen, vor allem das Fernsehen, bildeten eine autoritäre Instanz, »ein Fenster zur Welt mit passiven Zuschauern«, das nur Informationen und Wissen anbiete, das Redakteure und Experten ihnen vorkauten und das die Welt in gut und böse, wahr oder falsch einteile.

Das aber will der LOHAS, der nicht schwarz-weiß denkt, sondern Widersprüchliches miteinander in Einklang bringen möchte, doch lieber selbst entscheiden. Denn »LOHAS verlangen stets das ganze Bild der Realität«.[105]

Und da vertraut der LOHAS ganz auf seine eigene Urteilskraft und Kompetenz: »Wir möchten uns nicht mehr an ein mehrheitsfähiges Programm anschließen lassen, das uns massenkompatible Weltbilder vorsetzt«, schreibt Wenzel, »in Zukunft verlangen wir mehr von den neuen Medien: sie sollen uns zu Partnern und Gleichgesinnten machen.« Geht es noch größer? Aber ja: »LOHAS-Politik besteht nicht in großen Auftritten und der telegenen Darstellung von Handlungskompetenz (wie in der Politik, *Anm. d. Verf.*), sondern in der Herstellung von gut funktionierenden Kommunikationsflüssen, die zu effektiven Lösungen führen.«[106]

Effektive Lösungen, Vereinbarkeit von Widersprüchen, Pragmatismus als Gegenkonzept zu Ideologien, Dialog statt Konfrontation – das ist auch das Konzept von Utopia.de. Die Seite versteht sich entsprechend als »Motor des Aufbruchs und für alle diejenigen – Konsumenten wie Unternehmen – als Ort, um sich zu sammeln, miteinander zu vernetzen und dann gemeinsam loszulegen, um mittels des strategischen Konsums den Markt in eine positive Richtung zu lenken«.[107]

Auf Utopia.de gibt es ein Forum, auf dem die »Utopisten« – so werden die User genannt, die sich auf der Seite registrieren – zu verschiedenen Themen diskutieren, Fragen aufwerfen und Produkte vorstellen und bewerten können. 45 000 »Utopisten« zählt Utopia.de. Das entspricht in etwa der Mitgliederzahl der Grünen.

Sie finden auf der Seite Energie-, Reise-, Ernährungs- und Mobilitätsberatung; Utopia selbst wiederum lässt sich vom Wuppertal Institut für Klimaforschung und dem Freiburger

Öko-Institut beraten. Im Magazin gibt es Nachrichten aus Wirtschaft, Politik und der Szene, dazu Kolumnen von namhaften Buchautoren wie Tanja Busse (*Die Einkaufsrevolution*), dem Sozialpsychologen Harald Welzer (*Klimakriege. Wofür im 21. Jahrhundert getötet wird*) und dem stellvertretenden Chefredakteur der *taz*, Peter Unfried (*Öko. Al Gore, der neue Kühlschrank und ich*). In Shops der Utopia-Partner – etwa beim grünen Büromaterialhändler Memo, Hess-Natur, Armed Angels oder beim Bio-Online-Versand Bring mir Bio – kann man direkt Öko-Produkte einkaufen, für jedes verkaufte Produkt lässt Utopia mit der von Toyota unterstützten Initiative »Plant for the Planet« einen Baum pflanzen. Es gibt Porträts von kreativen Menschen mit guten Ideen, so genannten »Social Entrepreneurs«, die ein gutes Produkt erfunden haben oder vertreiben, von guten Großen, wie der GLS-Bank und Hess-Natur, aber auch von konventionellen Unternehmen, die sich laut Utopia schon »auf den Weg gemacht haben«: Dazu gehören zum Beispiel Osram, der Heizungsbauer Vaillant, die Otto-Group, der Chemiekonzern Henkel und die BP Solar Deutschland, eines der weltgrößten Energieunternehmen, dessen Kerngeschäft die Ölförderung und -verarbeitung ist.

Zwei prominente Utopisten gibt es auch: die Fernsehjournalistin Sandra Maischberger, die an ihrem Nachwuchs Öko-Windeln testet, und den *Tatort*-Schauspieler Axel Milberg, der unter anderem sagt, dass ihm kein Fleisch aus Massentierhaltung auf den Teller komme.

Einmal im Jahr findet die Utopia-Konferenz statt, auf der »Entscheider« und »Changemaker« aus Wirtschaft, Wissenschaft und Kultur darüber diskutieren, welche Ideen und Ansätze »in den nächsten Jahren wirklich einen Unterschied machen werden«. Danach wird der Utopia-Award verliehen an »Vorbilder, Unternehmen, Organisationen und Produkte, denen ein solcher Unterschied zugeschrieben wird«[108].

Alle machen mit: die Simulation einer Bewegung

Eigentlich möchte Claudia Langer, die Gründerin der Utopia AG, zu der auch eine Stiftung gehört, nicht so gern mit dem Begriff LOHAS in Verbindung gebracht werden. Dieser erwecke einen sehr verkürzten Eindruck von Öko-Yuppies. Sie sagt: »Wir bedienen hier keine Zielgruppe, sondern möchten möglichst viele Menschen erreichen.« In ihrem Forum seien »alle vom Hartz-IV-Empfänger bis zum Multimillionär, von links bis rechts, vom Biobauern bis zum Konzernchef. Uns interessiert immer: Was ist das Verbindende?«

Dennoch wird die 44-Jährige als eine Art Pressesprecherin der LOHAS wahrgenommen, denn Utopia.de ist mit 1,5 Millionen Seitenaufrufen pro Monat die erfolgreichste Plattform für nachhaltigen Konsum in Deutschland; 2008 erhielt Utopia den Medienpreis Lead-Award als »Web-Community des Jahres«. Wann immer dieses Thema in den Medien, auf Marketing- oder Konzernkongressen verhandelt wird, wird Langer zum Vortrag oder Interview gebeten, und meistens nimmt sie die Einladung an, um die Idee des »strategischen Konsums« in die Welt zu tragen und die Entscheidungsmacht des Konsumenten und ihren Einfluss auf die Wirtschaft zu beschwören.

Mediale Inszenierung ist das Fachgebiet der Münchnerin, die vor der Gründung von Utopia in der Werbung tätig war – zuletzt in der von ihr und ihrem Mann Gregor

Wöltje gegründeten, erfolgreichen und international tätigen Münchner Agentur Start, die Kampagnen unter anderem für MTV, e.on, Burger King, Deutsche Bank und Levi's entwickelten.

Langer wuchs auf dem bayerischen Land in einer ökobewegten und sozial engagierten Familie auf: Ihr Vater ist Pfarrer, ihre Mutter arbeitet als Dozentin und Therapeutin ebenfalls im kirchlichen Umfeld. Die Familie demonstrierte gegen Atomkraft und Franz-Josef Strauß und reihte sich in Friedensketten ein. Die ethisch korrekten Eltern hätten es gern gesehen, wenn auch die Tochter einen sozialen Beruf gewählt hätte – sie hätten ihren Kindern beigebracht, genügsam zu sein, [109] »ich wollte es mir aber noch mal gut gehen lassen«[110], sagt Langer.

Mit 19, ein halbes Jahr vor dem Abitur, gründete sie mit einem Freund ihre erste Firma, die Modemesse »Avantgarde« für junge und unbekannte Designer. Ein voller medialer Erfolg, der sie in ein »Erfolgreiche-junge-Frauen-Ranking« zwischen Steffi Graf und Anne-Sophie Mutter katapultierte.[111] Anfang der 90er Jahre gründete sie mit Wöltje die Werbeagentur Start, mit der sie mit Mitte zwanzig die erste Million machte.[112] Aus schlechtem Gewissen, weil die Eltern ihre Tochter als willige Dienerin des Massenkonsums sahen, entwarf Langer dann auch mal eine Kampagne für die Evangelische Kirche.[113]

Alles änderte sich, als die drei Kinder kamen. »An dem Tag haben wir aus dem alten Leben ausgecheckt«[114], von da an habe es nur noch Bio gegeben. 2004 verkauften Wöltje und Langer schließlich ihre Agentur und legten ein Sabbatjahr ein, denn, so Langer, »nach zwanzig Jahren auf der Überholspur verspürte ich plötzlich nur noch einen

Wunsch: meinen Kindern eine Gutenachtgeschichte zu erzählen«.[115] Sie bauten im Münchner Nobelstadtteil Solln gleich zwei avantgardistische Öko-Häuser in Würfelform mit silbern glänzender Wärmedämmung, eins für die Familie und eins für Utopia, von dessen Gründung Langer sich anfangs erst mal eine »emotionale Rendite«[116] erwartete, etwa dergestalt, »dass meine Kinder noch im Mittelmeer baden können«.[117]

Es ist eine der typischen Erfolgsgeschichten des Öko-Lifestyles, die an eine persönliche Erweckungsgeschichte gebunden ist. Eine solche verleiht der Kraft des Einzelnen Bedeutung und betont die Notwendigkeit individualistischer Lebensstilentscheidungen. »Es sind individuelle Entwicklungen, die dazu führen, dass Menschen sagen: Ich will anders leben, arbeiten und auch genießen. Das Selbstinteresse ist nicht verwerflich, sondern nötig: Es ist der Motor der Veränderung«[118], schreibt Peter Unfried in seiner Kolumne »Leitfaden für strategischen Konsum« auf Utopia.de. In seinem Buch *Öko. Al Gore, der neue Kühlschrank und ich* beschreibt er wiederum sehr unterhaltsam seinen persönlichen Weg vom ignoranten und hedonistischen Umweltsünder (was, mit Verlaub, für einen stellvertretenden Chef der linksalternativen Tageszeitung *taz* ein recht bemerkenswerter Umstand ist) zum klimaneutralen Umweltengel, nachdem er *Eine unbequeme Wahrheit*, den Dokumentarfilm mit Al Gore über die Folgen des Klimawandels in einer Nachmittagsvorstellung im Kino gesehen hatte: »Die beste Konsumentscheidung meines Lebens ist der Kauf eines Autos gewesen. Eines Autos, das drei Liter Diesel auf hundert Kilometer braucht. Nichts hat mich mehr bereichert und vorangebracht. Es klingt pathetisch, aber sei's drum:

Dieses Auto hat einen anderen Menschen aus mir gemacht. Einen, mit dem ich mich besser fühle.«[119] Den Selbstversuch in zwölf Kapiteln kann man online bei Utopia nachlesen.

Wenn Claudia Langer auf Veranstaltungen in die Mikrofone spricht oder in die Kamera schaut, dann nehmen ihre Augenbrauen unter dem dunkelbraunen Schrägpony eine Schieflage ein, die das Pathos – und daran spart die Unternehmerin selten – ihrer Worte unterstreichen: »Utopia hat keine Killer-Applikation – Utopia hat eine Killer-Motivation, jeder bei uns stirbt für die Sache.«[120] »Utopia will nicht mehr, aber auch nicht weniger, als die Welt zum Besseren verändern. Wenn wir Verbraucher mit unserem Konsum deutliche Zeichen setzen, können wir nachhaltig die Welt verändern.« »Wir haben die Pflicht und die Chance, jetzt die Dinge in die Hand zu nehmen – Utopia ist erreichbar!«[121] Solche Parolen liebt Claudia Langer, die sich als »Außenministerin« und »Landesmutter« von Utopia bezeichnet.

Utopia, das ferne, unerreichbare Traumland, in dem ein gesellschaftlicher Idealzustand herrscht: Vor allem die Linke hat damit ihrer Vision einer wünschenswerten Gesellschaft Ausdruck verliehen, in der Verteilungsgerechtigkeit die Grundlage für individuelle Freiheit und Demokratie bildet und nicht Konsum, Besitz und Profit. Nur leider lag der Begriff der Utopie, gleich neben den Ideologien, tief in der klemmenden Schublade der Linken versteckt.

Jetzt gehört er einer konsum- und konzernfreundlichen Internetseite: »Kauf Dir eine bessere Welt« ist das Motto von Utopia, und im Vergleich zum sehnsuchtsvollen Slogan »Eine andere Welt ist möglich« des globalisierungskritischen Netzwerks Attac klingt das geradezu ketzerisch und zynisch und mehr nach Ikea-Werbung als nach Weltrettungskampagne.

Diese Provokation ist durchaus beabsichtigt. Sie soll eine Absage sein an den alten Revolutionsbegriff der Linken: Sie suggeriert, dass jede individuelle Kaufentscheidung mehr zählt als politischer Protest und »Scheuklappen der Ideologien«.[122] »Es macht einen großen Unterschied, wohin du greifst im Supermarkt«, sagt Claudia Langer, »ein Fünf-Euro-Schein ist ein Wahlzettel.«[123] Ein Platz an der Sonne – mit fünf Euro sind Sie dabei!

»Strategischer Konsum« ist die Weltformel von Utopia, und diese Strategie ist verblüffend einfach: Wenn möglichst viele Menschen nachhaltig, ökologisch und fair hergestellte Produkte kaufen, wenn immer mehr Menschen ökosoziale Anforderungen an die Unternehmen stellen, anstatt mit dem Finger auf sie zu zeigen und sie an den Pranger zu stellen, dann werden diese mittels kollektiver Kaufkraft zum Umdenken gezwungen, stellen nur noch gute Produkte her und richten ihr wirtschaftliches Handeln nach ökologischen und sozialen Gesichtspunkten aus. Der Markt werde sich zum Besseren verändern, weil Profit an das gute Benehmen eines Konzerns gekoppelt ist und sich nur noch mit guten Dingen Geschäfte machen lassen.

Die Idee des anderen, besseren Konsums ist nicht eben neu. Sie kommt aus der konsum- und kapitalismuskritischen 68er-Bewegung, die sich, jedenfalls in Deutschland, gegen die Wohlstandsbräsigkeit wandte, die nach dem Zweiten Weltkrieg Trauer und Fragen von Schuld und Verantwortung erstickte: »Sie wendete sich gegen alles, was Vernichtung brachte, und wollte sich aus der Weltzerstörungs- in die Weltrettungsposition bringen«, sagt Diplompsychologe Stephan Grünewald, Geschäftsführer des Düsseldorfer Rheingold-Instituts für qualitative Markt- und Medienanalyse.

Die Idee der 68er fand dann in der Friedens-, Umwelt- und Anti-Atomkraft-Bewegung der 70er und 80er Jahre ihre Fortsetzung. Die Ökos von damals drückten ihre politischen und ideologischen Ansichten ebenfalls durch Konsum aus – beziehungsweise durch dessen Ablehnung: »Das Design der Bio-Möhre, die damals noch klein und schrumpelig war, diente als Zeichen der Askese, die damit erlebte Nähe zur Natur als Schutzschild«, interpretiert Grünewald. Der alte Öko-Lebensstil war gekoppelt an Gedanken von Schuld und Verantwortung, er prangerte einen verschwenderischen, zerstörerischen Umgang mit der Welt an. Kaum ein Statement drückt dieses wohl so deutlich aus, wie die angebliche Weissagung der Cree-Indianer[124], die Greenpeace zu seiner Losung machte und, von bunten Totem-Symbolen umrankt, auf Aufkleber druckte, die auf keinem hippiesken VW-Bus fehlen durften: »Erst wenn der letzte Baum gerodet, der letzte Fluss vergiftet, der letzte Fisch gefangen ist, werdet ihr merken, dass man Geld nicht essen kann.«

Auch die Kampagnen und Boykottaufrufe der NGOs arbeiten zum Teil bis heute mit Schuld, Verantwortung und Angst: Ihre symbolische Strahlkraft ist dann zugleich eine apokalyptische. Umwelt- und Menschenrechtsorganisationen verwenden oft erschütternde Bilder, um den zerstörten Zustand der Welt als Folge unseres Umgangs mit ihr zu kommunizieren oder bestimmte Konzerne an den Pranger zu stellen. Sie haben einen aufklärerischen und erzieherischen Impetus und sind gleichzeitig hoch emotional: Sie zielen direkt auf unser Schuld- und Mitgefühl und unsere Wut. Sie bieten aber – etwa durch Spenden, Boykott oder Verzicht auf bestimmte Produkte oder Alltagsgewohnheiten – auch eine Handlungsmöglichkeit. Diese ist allerdings meistens nicht als freundliche Einladung zu verstehen, sondern als Appell, dem sich niemand entziehen könne: Wenn ihr nicht mit-, sondern einfach weitermacht, dann geht dieser Planet vor die Hunde.

Die Ökos von damals propagierten einen konsumfernen und reduzierten Lebensstil als den einzig richtigen für alle Menschen – doch leider lässt sich in einer zunehmend individualisierten Gesellschaft kein einzelner Lebensstil pluralisieren, schon gar nicht einer, der Mühe, Verzicht, Ernsthaftigkeit und die gleiche Geisteshaltung von allen einfordert.

Nicht zuletzt diese gescheiterte Mission hat dazu geführt, dass der alte Öko fast nur noch als lächerliches Klischee von Lustfeindlichkeit, Verbissenheit, Zukunftspessimismus und Weltuntergangsprophezeiung existiert. Auch wenn die Bedrohungen und Verheerungen in dieser Zeit absolut real waren: Ölkrise, NATO-Doppelbeschluss, Seveso, verseuchte Flüsse, Dünnsäureverklappung auf der Nordsee, Smog, Waldsterben, saurer Regen, Tschernobyl, Ozonloch – aber Schwamm drüber, die Welt ist ja nicht untergegangen, die Wälder sind schön grün, der Smog ist in die Industriegegenden der Schwellenländer abgezogen und mit ihm die Chemieunfälle und schlimmsten Umweltsünden. Möglicherweise ist der Wald aber nur deshalb nicht ganz gestorben – immerhin sind laut Waldzustandsbericht des Landwirtschaftsministeriums 2009 mehr als die Hälfte der deutschen Bäume krank oder beschädigt[125] –, weil der Öko-Alarmismus das Umweltbewusstsein der Deutschen ganz erheblich geschärft hat, das zügig in die Politik getragen wurde und etwa zu bleifreiem Benzin, Katalysatorpflicht, Recycling, Umweltsiegeln, Altpapier und Industrieschornsteinfiltern geführt hat. Nicht zuletzt diesem Öko-Alarmismus verdankte sich der Aufstieg der Grünen. Es ist das Prinzip der *selfdestroying prophecy*: Wenn man die Aufmerksamkeit möglichst drastisch auf eine dräuende Katastrophe richtet, kann man diese vielleicht verhindern beziehungsweise unhaltbare Zustände schnell ändern.

Jenseits des Zeigefingers herrscht gute Laune

»Mal ganz ehrlich: Die Ökos mit ihren Latzhosen und Atomkraft?-Nein-danke!-Stickern haben irgendwie doch Recht gehabt«[126], steht in dicken rosa Buchstaben auf einer elektronischen Postkarte auf altpapierbraunem Grund, die man über Utopia.de verschicken kann. Es war also offenbar nicht alles schlecht, was die Ökos damals gemacht haben – und im Angesicht des Klimawandels und seiner bereits eingetretenen Folgen, der Ressourcenknappheit, der Armutsflüchtlinge weltweit, der beinahe leer gefischten Ozeane, des Zusammenbruchs der Finanzwirtschaft darf man ruhig mal zugeben, dass sich eine allzu optimistische Sicht in die Zukunft nicht eben aufdrängt.

Von Schreckensszenarien und Schuldzuweisungen will Claudia Langer nichts wissen. Sie sagt: »Utopia dagegen ist grundpositiv.« Das Wort positiv kommt oft vor auf Utopia.de: »›Positiv‹ ist eines der wichtigsten Attribute«, steht auf der

Seite, »Utopia ist positiv, und durch und durch optimistisch«, und: »Utopia fängt da an, wo andere aufhören, indem wir zeigen, wie wir alle das Schicksal unseres Planeten positiv verändern können.«[127]

Das klingt ein wenig esoterisch und nach der Kraft des positiven Denkens, nach rosaroter Brille und »wird schon wieder«. Claudia Langer – »ich bin ein bisschen ein Optimist« – weiß, dass sich das provokant naiv anhört. Sie will das aber im Gegenteil als pragmatisch und konstruktiv verstanden wissen – ganz im Geiste der neoliberalen »Nicht jammern, sondern anpacken«-Parole der Ära Schröder.

Sie sagt: »Der erhobene Zeigefinger hatte nie eine Chance, die Masse ändert sich dadurch nicht – wohl aber durch attraktive, niedrigschwellige Angebote.« Sie wolle »niemanden erziehen, überhaupt nicht, ich will mit den Leuten diskutieren, sie dazu einladen, etwas zu tun, Lust darauf machen. Wir haben ein Problem, das müssen wir lösen – also müssen wir gemeinsam überlegen: Wie machen wir das?«

Gemeinsam heißt bei Utopia: zusammen mit der Wirtschaft und den Großkonzernen, nicht gegen sie. Das niedrigschwellige Angebot ist eine Dienstleistung, die sowohl für die Konsumenten gilt als auch für die Konzerne.

Der »knallharte Realismus«, den sich Utopia dabei auf die Fahnen schreibt, orientiert sich zuallererst an der realen Alltagswelt der Menschen und Unternehmen, nicht so sehr am Zustand der Welt: »Wir erwarten keine Wunder, schließlich sind wir alle auch nur Menschen. Die wenigsten von uns wollen und können von heute auf morgen auf Genuss, Stil und ein bisschen Luxus verzichten. Darum ist auch jeder noch so kleine Schritt ein Anfang«[128], sagen die Utopia-Macher ihren Utopisten. Deshalb richte sich Utopia vor allem an Einsteiger – Millionen davon wolle man zu einem ersten Schritt in die richtige Richtung bringen – »und wir haben das Vertrauen, dass die Leute Lust auf mehr bekommen, wenn sie merken, dass ihnen das gut tut.« Wer seine Glühbirnen gegen Energiesparlampen austausche, der werde beim nächsten Mal auf das argentinische Rindersteak verzichten. Und wenn ihm auch das Spaß gemacht hat – Amusement und Leichtigkeit spielen eine sehr große Rolle bei der Weltrettung 2.0 – wer weiß, vielleicht fährt er sogar mal mit der U-Bahn in die Stadt und nicht mit dem Auto.

Sehr sachte schubst Utopia die Einsteiger an und gibt ihnen Tipps, die mit minimalem Aufwand zu bewerkstelligen und oft Binsen sind, die man im Ratgeber jeder Fernsehzeitschrift der vermutlich letzten zwanzig Jahre nachlesen kann: Energiesparlampen benutzen, regionale und saisonale Lebensmittel essen, einmal (!) die Woche auf Rindfleisch verzichten und vegetarisch kochen, Mehrweg- statt Pfandflaschen kaufen, Wäsche aufhängen statt in den Trockner schmeißen, nicht so viel fliegen, duschen statt baden, Raumtemperatur um ein Grad senken, Ökostrom nutzen, Ökojeans tragen, Bus, Bahn und Rad statt Auto fahren, Standby- und Ladegeräte ausschalten. »Wir fangen dann schon mal an«, lautet ein weiteres griffiges Motto von Utopia – es fordert nur ein bisschen Engagement für ein bisschen Weltrettung: Ein bisschen Frieden. Ein bisschen Freude. Und dass die Menschen nicht so oft weinen.[129]

Ja, ja schon klar, Utopia will seine Nutzer nicht mit überzogenen Öko-Forderungen vergrätzen. Und ja, es gibt auch Tipps für Fortgeschrittene auf der Seite. Nein, es ist sicher nicht verkehrt, den Leuten Dinge vorzuschlagen, die sie mit wenig Aufwand in ihren Alltag integrieren können. Aber Entschuldigung: Mehrwegflaschen? Bus und Bahn statt Auto? Duschen statt baden? Am Ende vielleicht noch Müll trennen und das Licht ausmachen, wenn man das Haus verlässt? Sind das nicht, bitte schön, die Mindeststandards, die nach Jahrzehnten der Aufklärung 2009 und fünf vor zwölf wirklich JEDER verinnerlicht haben und jedenfalls gelegentlich zur Anwendung bringen sollte? Und wenn dem tatsächlich nicht so ist – wovon man unter anderem angesichts der Klimakatastrophe ausgehen muss: Dann darf an dieser Stelle doch mal die Frage erlaubt sein, wie weit man denn tatsächlich auf die Macht und Mündigkeit des einzelnen Konsumenten überhaupt zählen kann.

»Wie groß die individuelle Veränderung sein wird, sein kann oder sein soll, muss jeder individuell klären«[130], schreibt Peter Unfried in seiner Utopia-Kolumne. Mit anderen Worten: Jeder muss für sich selbst entscheiden, wie wichtig ihm der Klimaschutz ist und wieweit er bereit ist, sich dafür einzusetzen. Ob es ihm also reicht, einen Kasten Bier für den Regenwald zu kaufen, oder ob er tatsächlich vom Auto aufs Fahrrad umsteigt oder gar auf Fleisch verzichtet.

Laut *Eurobarometer 2008*, einer Studie der Europäischen Kommission, weiß die Mehrzahl der Menschen in den wohlhabenden Ländern, dass das Niveau ihres Konsums und Ressourcenverbrauchs zu hoch ist und was die Folgen davon sind. Für 96 Prozent der EU-Bürger sei der Umweltschutz wichtig, für zwei Drittel sogar sehr wichtig. Mehr als die Hälfte (55 Prozent) gab an, gut oder sehr gut über

Umweltthemen informiert zu sein, und die große Mehrheit (86 Prozent) ist sich dessen bewusst, dass ihr Verhalten eine Rolle beim Umweltschutz spielt. Immerhin würden 59 Prozent der Befragten ihren Müll trennen und 47 Prozent Energie sparen. Doch wenn es um Änderung des Lebens- oder Konsumstils geht – etwa den Kauf umweltfreundlicher Produkte, die Verringerung des Verbrauchs von Wegwerfartikeln, die Reduktion von Autofahrten oder die Veränderung der Ernährungsweise –, bleiben 70 bis 80 Prozent passiv.[131] Man nennt diese klaffende Lücke zwischen Bewusstsein und Handeln auch den *Attitude-Behavior-Gap*, und den fördert fast jede ähnliche Studie zutage – etwa die Untersuchung zum Umweltbewusstsein der Deutschen, die das Umweltbundesamt alle zwei Jahre in Auftrag gibt. Und daran sind sicher nicht die alten Ökos mit ihren Wollsocken und dem erhobenen Zeigefinger schuld, sondern die Bequemlichkeit der Konsumenten.

Man kann sich also fragen, ob Utopia, indem sie die Konsumenten vom ersten zum nächsten kleinen Schritt verzärtelt, es diesen nicht sehr leicht macht, sich am Rande des an Öko-Aufwand gerade noch Erträglichen gemütlich einzurichten – was keinen Fortschritt bedeutet, sondern Stagnation.

Denn das gute Gewissen ist ziemlich leicht zu bekommen bei Utopia – wie bei den meisten anderen Konsumportalen übrigens auch. Wer sich in einem Konflikt befindet, darf sich damit vertrauensvoll an Dr. Dilemma wenden, der ebenfalls Peter Unfried ist. Dieser beantwortet auf Utopia.de Fragen wie: Darf man wegen der Liebe fliegen? Darf ich für meine Kinder einen Schulweg mit dem Auto in Kauf nehmen, wenn die zu Fuß erreichbare Schule die schlechtere ist? Oder: Soll ich meinen Vater hassen, weil er sich einen Porsche gekauft hat?

Das ist sehr unterhaltsam, und es passt zu dem Anspruch von Utopia und der Öko-2.0-Idee der Kommunikation auf Augenhöhe. Utopia betont stets, dass wir alle nicht perfekt sind: weder die Unternehmen noch die Konsumenten. In den alten Profilen der Utopia-Teammitglieder durften diese auch zugeben, wobei sie schwach werden, fliegen, Fleisch essen und Auto fahren zum Beispiel. Und auch Claudia Langer, die Lobbyistin des nachhaltigen Lebensstils, wird in jedem Interview gefragt, wie sehr sie diesem Anspruch gerecht wird: Mit schöner Regelmäßigkeit gesteht sie, dass sie »weiß Gott kein Umweltengel« sei, sich »redlich Mühe« gebe und doch leider immer noch zu viel fliege. Die Entscheidung, nach einem Termin zum Beispiel in Berlin in den Zug zu steigen oder doch zu fliegen, mache sie abhängig davon, ob sie es dann noch schaffe, ihre Kinder vor dem Zubettgehen zu sehen. »Die Zeit, die von meinen Kindern abgeht, ist mein ganz großes Thema.« Man spürt, dass sie sich an diesem Thema noch lange abarbeiten wird.

Im »alten« Utopia.de gab es sogar mal den Utopia-Beichtstuhl: »Sie beichten – wir büßen« war das Motto, und für jede Ökosünde des Jahres 2007, die ein »Utopist« im Forum öffentlich machte, garantierte Utopia, einen Tag lang komplett müllfrei zu arbeiten. Eine sehr katholische (Ablasshandel!) und lustige Idee – je umweltsäuischer sich die einen benehmen, desto korrekter verhalten sich andere. Das ist wie »Fliegen für den Regenwald«, und, man soll es nicht glauben, auch diese Aktion gab es einmal, als die Fluggesellschaft LTU in einer Kooperation mit dem WWF diesem pro Flugticket acht Cent für ein Regenwaldprojekt zahlte, aber das ist wieder eine andere Geschichte.

In einer früheren Kolumne unternahm ein Redakteur den Selbstversuch – wie Selbstversuche als Ausdruck permanenter Selbstbespiegelung überhaupt sehr beliebt sind in dieser Szene –, nur am Wochenende Fleisch zu essen. Den »Werktagsvegetarier« konnte man dann dabei begleiten, wie er sich auf jeden Sonntag freute, an dem er wieder Braten essen durfte, und wie er den Freitag mit dem Sonntag tauschte, weil er freitags zu einem Grillfest eingeladen war und Grillen mit Gemüse nun so gar keinen Spaß machte. Dafür gibt es im Forum aber keine Beschimpfung von Vegetariern, sondern Zuspruch, Schulterklopfen und Trost von anderen, die ebenfalls finden, dass irgendwo auch mal eine Grenze ist. Da nämlich, wo's anfängt wehzutun.

Öko 2.0 mit seinen Dutzenden Foren, Blogs und Konsumseiten zeigt zwar, dass sich eine Menge Leute für das Thema interessiert – über die tatsächliche Auswirkung des Trends sagen die Seiten nichts. Es ist das große Angebot, das suggeriert, dass sich viele auf den Weg gemacht haben. Aber einer Überprüfung muss sich ja keiner stellen – und ob es nun tatsächlich mehr bringt, das Thema mit guter Laune und Harmonie zu verhandeln, lässt sich nicht anhand der gezählten Seitenaufrufe, Kommentare und Mitgliedschaften ablesen. Es ist etwas anderes, ob sich 45 000 Menschen entscheiden, Mitglied in einer Partei zu werden, um dort mit anderen ihrer demokratischen Bürgerpflicht politischer Teilhabe nachzukommen, oder ob man sich auf einer Internetseite als »Wölkchen 83« registriert, um gelegentlich Kommentare abzugeben. Und nur mal zum Vergleich: Das Schnäppchen-jägerportal Geizkragen.de hat 420 000 registrierte Mitglieder und fünf Millionen Besucher im Monat, Billiger.de hat 300 000 Besucher am Tag. Von solchen Zahlen können die Portale der LOHAS nur träumen.

2. Karmakonsum oder auf der Öko-Yogamatte

»Karmakonsum ist Öko 2.0, und wir sind jetzt am Zug, denn es reicht uns nun, wir verlangen heute Transparenz und Offenheit, sind 'ne neue Allianz, die wieder Hoffnung zeigt / Die Welt soll in eine bessere Richtung laufen, deshalb geben wir unser Geld nur sinnvoll aus, denn wir sind Karma-Konsumenten, eine neue Weltmacht, und wollen einfach wissen, wer mit uns sein Geld macht / Nutzen wirtschaftliche Kraft, um was zu verändern, unser Geld hat die Macht und bringt jetzt die Wende / Glauben nicht der Politik, sondern machen welche, und zwar jedes Mal jeden Tag an der Ladentheke / (...) Karmakonsum, do good with your money, tu Gutes und merk' wie gut es Dir tut und wie gut es sich anfühlt / (...) Hier startet was Großes, 'ne globale Bewegung, wir woll'n ein bewusstes und nachhaltiges Leben, und die Zeit ist jetzt da. Wir müssen Tacheles reden, Firmen denken nun um, auch wenn es hart ist und weh tut, lang genug wurden wir hinters Licht geführt, haben euch geglaubt und dabei nichts gespürt / (...) Wir sind LOHAS und das neue Zeichen der Zeit, sind responsible und zeigen dabei viel Style / Wir machen Politik aus dem Portemonnaie, fang' noch heute an uns beim Wort zu nehmen!«[132]

Man muss sich dazu jetzt einen wummernden Bass vorstellen, denn die Zeilen gehören zu einem Hip-Hop-Stück, der »offiziellen Hymne« von Karmakonsum.de. Das Blog mit dem Motto »Do good with your money« präsentiert den LOHAS spirituell verbrämt, mit subkultureller und MTV-Ästhetik.

Christoph Harrach ist Gründer, Geschäftsführer und »Chief Executive Blogger« von Karmakonsum.de. Harrach kommt, wie Claudia Langer, aus der Kommunikationsbranche, der Diplombetriebswirt war einst im Marketing des Versandhauses Neckermann beschäftigt. Auch bei ihm beginnt die Erweckungs- und Erfolgsgeschichte mit der Geburt der Tochter, die ihn dazu brachte, sein Leben zu »ethisieren«: Er wechselte zum Naturtextilienanbieter Hess-Natur, um »etwas Sinnvolles zu tun«, und arbeitete dort als Marketingleiter. Um sich besser um die Tochter kümmern zu können, arbeitete er bald nur noch halbtags.

Karmakonsum ist eine Wortschöpfung von Harrach, der außerdem Yogalehrer ist, was seinem Blog manches Mal eine esoterische Note verleiht – etwa dann, wenn er seine Seitenbesucher dazu aufruft, doch zum Dalai-Lama-Auftritt ins Frankfurter Waldstadion zu kommen.[133]

Harrach versteht Karmakonsum als eine »Verknüpfung von westlichem Marketingwissen und östlicher Philosophie« und der »Vision einer besseren Welt im Einklang«.

Karma – ein spiritueller Begriff, demzufolge jede Handlung unweigerlich Folgen hat – ist auch hier weitgehend ökonomisiert. Denn so wie es gutes und schlechtes Karma gibt, gibt es guten und schlechten Konsum. Und wie Claudia Langer hält sich auch Harrach fern von aller negativen Energie: »In diesem Sinne einen schönen Tag, an dem Du anfangen kannst, die Welt zu verbessern. Mit einfachen Dingen wie einem Lächeln für Deine Mitmenschen oder beim Konsum.«[134] Auf seiner Website will Christoph Harrach nur gute Nachrichten über ethischen Konsum verbreiten und »Menschen insbesondere in der Wirtschaft positiv inspirieren, mitzumachen«.

Im Türrahmen seiner Altbauwohnung im Frankfurter Ostend steht Christoph Harrach und lächelt. Mit seiner dunkel umrandeten Brille, den kurz geschorenen Haaren unter seinem Hut und der lilafarbenen Kapuzenjacke erinnert er ein bisschen an den deutschen Rapper und Vorzeige-Vegetarier Thomas D. In seinem Zimmer steht eine Kiste mit grünen und nesselfarbenen Karmakonsum-T-Shirts auf dem Dielenboden, selbstverständlich aus Bio-Baumwolle. Die nesselfarbenen seien nicht so beliebt, sagt Harrach, »die sehen den Leuten zu öko aus«. Er füllt zwei Gläser mit Leitungswasser und fragt: »Können wir das Gespräch aufzeichnen und als Podcast auf meine Seite stellen?« Harrach ist eine Mischung aus rasendem Reporter und »Öko-Trendscout«. Er sammelt akribisch jedes Fitzelchen Information zum Öko-Lifestyle, um es auf seine Website zu stellen. Harrach besucht Veranstaltungen aus der neogrünen Welt, Fachmessen wie die Faire Woche, die Biofach oder Öko-Modemessen, CSR-Kongresse und andere Tagungen zum Thema, um von dort zu bloggen und Interviews und kleine, poppig zusammengeschnittene Filmchen für Karmakonsum.de zu produzieren.

Er vernetzt sich mittels so genannter Blog-Karnevals mit anderen Nachhaltigkeitsseiten, die an einem bestimmten Tag Aktionen, Selbstversuche oder Texte zu einem bestimmten Thema, etwa fairer Kaffee, auf ihren Seiten veröffentlichen.

Er stellt Sozialunternehmen und ökokorrekte Produkte vor und auch immer wieder Neues aus der Welt des Yoga. Seine Kommentare sind im Tonfall kindlicher Neugier und Begeisterung gehalten, und das verleiht dem Ganzen auch ein bisschen »Sendung mit der Maus«-Charme: »Puh, das war ein Vormittag. Nachdem Frans seinen Vortrag am Wannsee abgesagt hat, bin ich hier mit großer Verspätung eingelaufen. Leider habe ich deshalb mein Hauptthema ›grüne Wirtschaftspolitik‹ und ›Green New Deal‹ verpasst ... Heute ist ja quasi meine politische Initiation. Ich wähle ja schon immer grün und bin ein großer Fan der Grünen. Heute bin ich erstmalig auf einer politischen Veranstaltung und bin sehr neugierig und fühle mich aber auch etwas naiv«[135], schreibt Harrach dann zum Beispiel vom Grünen-Parteitag, das ist seine Art niedrigschwelliges Angebot.

»Ich will nicht den Zeigefinger heben, ich will die Leute begleiten. Ich will sagen, dass es Spaß macht, dass man Freude daran haben kann«, sagt Harrach, »jeder muss für sich das Positive rausholen, das muss jeder für sich sehen, ich kann nicht alles machen.«

Die Aprilsonne scheint durch das Fenster und malt warme helle Quadrate auf den Holzschreibtisch, auf dem nur Harrachs Laptop steht. »Wollen wir uns nicht draußen weiter unterhalten? Ist so schön heute«, fragt Harrach fröhlich, kurz darauf sitzen wir auf einer Bank auf dem neu angelegten Platz vor seinem Haus.

Wie Langer glaubt auch Harrach an die Macht der kleinen Schritte. Man fange an aus egoistischen und hedonistischen Motiven, indem man zum Beispiel bio kaufe, dann wolle man auch keine Kleider mehr haben, die in Kinderarbeit entstanden sind. Nach und nach stelle man sein Leben um und ändere sein Bewusstsein, schließlich komme man zu Fragen über die Arbeit und Freizeit, zu Themen wie Work-Life-Balance und Entschleunigung, zum besseren authentischen Leben eben, in dem das Sein über dem Haben steht und Persönlichkeitsentwicklung mehr zähle als materieller Überfluss. Für Harrach ist diese ganzheitliche Logik zwingend, er blinzelt lächelnd in die Sonne und sagt: »Das ist ein Prozess, aber das wird kommen.«

Er selbst ist sein bestes Beispiel für diese Entwicklung: Harrach ist Vegetarier, trägt nur Öko-Baumwolle und kauft nur bio, er fliegt privat nicht, das Familienauto hat eine Öko-Autovignette, über die er die gefahrenen Kilometer kompensiert und Geld in Klimaprojekte steckt. Und weil er sich gleichberechtigt um seine Tochter kümmert, hat er seinen Job reduziert und arbeitet nur so viel, wie es das Familienleben zulässt. »Du musst selbst die Veränderung werden, die du in der Welt sehen willst«, der Satz von Mahatma Gandhi ist Harrachs Lebensmotto. »Ich lebe sehr viel bewusster und bin mit mir sehr viel strenger, als ich es nach außen trage oder von anderen einfordern würde«, sagt Harrach, »das schreckt nur ab.« Man erreiche die Leute über guten Stil und sympathische Angebote: »Jeder kann für sich einen Beitrag leisten, die Welt zu verbessern. Und muss dabei nicht so kritisch mit sich selbst sein.«

»Fördern und Boykottieren« ist ein Motto von Karmakonsum, soll heißen: die guten Marken und Unternehmen fördern, indem man sie vermehrt kauft, die bösen Marken, also die großen Konzerne, möglichst boykottieren. Harrach sieht seinen Schwerpunkt darin, Produktalternativen zu suchen und anzubieten. Allerdings: »Da gibt es noch viel zu tun.« Er selbst entwickele gerade eine Öko-Yogamatte. Derweil kann man sich auf seiner Seite technischen Schnickschnack wie den Fahrradhelm mit integrierter Windmühle anschauen, das Solarzelt, den Solargrill, die solarbetriebene Nintendo Wii, ökokorrekte Kleider (auch die bei C&A) oder ihn bei einem seiner lustigen Selbstversuche beobachten.

Anlässlich der Fairen Wochen in Berlin, einer Fachmesse für Fairtrade-Produkte, hat sich Christoph Harrach etwa zwei Wochen lang ausschließlich von Fairtrade-Produkten ernährt. Er ernannte sich zum »Fairtrade-Man« und dokumentierte Einkauf, Messebesuch und das Kochen der selbst erfundenen Rezepte in kleinen Videos auf seiner Seite – untermalt von Musik mit einem Vorspann, der Harrach, den Fairtrade-Man, in lustigen Hip-Hop-Posen zeigt, die man alle bei Youtube.com anschauen kann.

Zum Auftakt erklärte Harrach, dass die beiden Wochen für ihn auch Verzicht bedeuten würden – als frisches Produkt kämen nur Bananen infrage. Der Konsumverzicht sei auch ein »Akt der Solidarität mit denen, die vielleicht nicht so viel zu essen haben«, überdies sei der Verzicht auf bestimmte Produkte durchaus ein Genuss. Und spätestens hier wird die gut gelaunte Weltrettung dann doch zynisch: denn ausschließlich Fairtrade zu essen heißt, nur Dinge zu essen, die in armen, weit entfernten Ländern angebaut werden. Dies zwar unter besseren sozialen Bedingungen als bei konventionellen Waren. Dennoch, so kritisiert Klaus Werner-Lobo in seinem Blog Unsdiewelt.com unter der Überschrift »Gut gemeint ist das Gegenteil von gut« Harrachs Aktion, sei es weder ökologisch noch sozial sinnvoll, den Menschen dort ihre Nahrungsmittel wegzunehmen und sie über Tausende Kilometer in die reichen Länder zu transportieren: »Wegnehmen? Ja, wegnehmen: Denn es ist – trotz Fairtrade und damit im regionalen Vergleich besseren Löhnen – letztendlich die Armut, die zum Export zwingt, was in den meisten Ländern wiederum die Hauptursache für Hunger ist. Bananen, Kakao, Kaffee, Tee etc. aus dem zertifizierten Fairen Handel sind eben nur die bessere Alternative, als diese Produkte ›konventionell‹, also von profitorientierten Importeuren zu kaufen«[136], schreibt Werner-Lobo.

Christoph Harrach sagt zwischen einem Maisbrei mit Nüssen und getrockneten Früchten und Reiswaffeln, ob das Ganze einen Sinn habe, könne er nicht sagen, er empfinde es als »learning« für sich und als »ehrenamtliches Engagement« für die Faire Woche. Abgesehen davon sei es auch »einfach ein Unterhaltungsformat« und Marketing für seine Seite. Am Ende der Aktion sagt Christoph Harrach, sie habe ihm viel Spaß gemacht und die Besucherzahlen auf seiner Website in die Höhe getrieben.

Harrach, der zu Anfang seines Blogs noch als Berater gearbeitet hat, verdient mit seiner Seite mittlerweile so viel Geld, dass er davon leben kann. Unter anderem finanziert er sich mit den Erlösen der Karmakonsumkonferenz, der Fachtagung für »LOHAS-Strategien und neues Wirtschaften« – wie die Utopia-Konferenz ebenfalls mit Preisverleihung. Für knapp 500 Euro Teilnahmegebühr können sich Unternehmer aus der Öko- und konventionellen Konsumgüterbranche, CSR-Verantwortliche, Werber, Marketer und Berater dort zum Austausch treffen, sich über die Zielgruppe informieren und von Experten Anregungen und Strategien erfahren, wie man vom »kommenden Massenmarkt Nachhaltigkeit« profitiert. Harrach ist überzeugt: »So wie sich die Konsumenten in einem Prozess befinden, entwickeln sich auch die Unternehmen zu mehr Nachhaltigkeit hin.«

Die steigenden Besucherzahlen seiner Karmakonsumkonferenzen geben Christoph Harrach recht – jedenfalls, was das gesteigerte Interesse der Unternehmen angeht. Zur ersten Veranstaltung im September 2007 kamen gerade mal 130 Leute in die kleine Brotfabrik, einen linksalternativen Veranstaltungsort im etwas entfernt gelegenen Frankfurter Stadtteil Hausen, im Jahr darauf kamen rund 300 in das größere, zentraler gelegene Ökohaus. Und zur Karmakonsumkonferenz 2009, die ausgerechnet in den großen Räumen der Industrie- und Handelskammer direkt neben der alten Frankfurter Börse in der Innenstadt stattfand, erschienen etwa 600 Gäste. Die räumliche Symbolik ist durchaus gewollt. »Ja, das ist schon eine Aussage, wo wir hin wollen: Wir sehen uns da in der Rolle als Inkubator eines Virus, den wir in den Mainstream tragen wollen – und was würde da besser passen als ein Ort direkt neben Bulle und Bär!«, sagt Noel Klein-Reesink, Harrachs Kollege, in einem Interview.[137]

Am sehr frühen Morgen des 19. Juni um 5.22 Uhr konnte man dann zwei Männer in grauen Hoodies sehen. Die Kapuzen tief ins Gesicht gezogen, rannten sie mit Rucksäcken und einer grünen Plane in der Hand auf die Börse zu. Wollten politische Protestler, linke Randalierer das Finanzzentrum attackieren? Nein, es waren leider nur Harrachs »Wirtschaftsaktivisten«, die den Bullen mit der grünen Plane umwickelten und ihm ein Schild mit der Aufschrift »Grünes Wirtschaftswunder« umhängten. Diese »krasse Aktion«[138]

zeigt ungewollt sinnfällig, was da gerade geschieht: Der Wirtschaft wird ein grünes Mäntelchen verpasst.

Denn wer mit Gutes-Tun wirklich Geld verdienen will, der kommt an den großen Konzernen nicht vorbei. Bei der Karmakonsumkonferenz ist deswegen neben Alnatura-Gründer und -Geschäftsführer Götz Rehn oder Max Wittrock von Mymuesli.com auch der Berater, »Social Entrepreneur« und Agenturgründer Hans Reitz zu Gast, Schüler des Friedensnobelpreisträgers Muhammad Yunus und Gründer und Direktor der Agentur Circ. Diese Agentur berät Adidas, BASF, e.on, Bertelsmann und andere Großkonzerne in Sachen soziales Engagement. Auch Marlen Thieme ist zugegen, die Mitglied des Rates für Nachhaltige Entwicklung der Bundesregierung ist und zugleich bei der Deutschen Bank zuständig für Corporate Social Responsibility (CSR). Harrach sagt, nicht die Politik habe die Fäden in der Hand, sondern die globalisierte Wirtschaft: »Die Politik hat ihre Berechtigung, aber der Einfluss über Konsum ist direkt.« Und weil der LOHAS nie um eine Erklärung verlegen ist, welche die eigenen Widersprüche auflöst, hat auch Christoph Harrach eine, warum die bessere Zukunft in der Hand der Konzerne liegt: Wie in der Gesellschaft gebe es in jedem Unternehmen Menschen, die an Nachhaltigkeit interessiert schien und etwas bewegen wollen. Die müsse man finden und stärken, damit sie Einfluss auf die Geschäftsleitung ausüben und ihre Ideen vorantreiben. Gandhi, sagt Harrach, habe auch nicht mit Politikern geredet. Das stimmt zwar nicht im Geringsten – spätestens 1902 auf einer Sitzung des National Congress lernte Gandhi zahlreiche einflussreiche Politiker wie seinen politischen Mentor Gopal Krishna Gokhale kennen –, ist aber auch egal. Denn sich die Dinge so hinzubiegen, dass sie ins eigene Weltbild passen, ist ein Lebensprinzip der LOHAS. Zum Prinzip der Unlustvermeidung gehört eben auch der radikale Verzicht auf die Beschäftigung mit Geschichte.

3. Solarbetriebene Milchschäumer und Dildos aus Ahorn: Geld verdienen mit dem Guten

Auch Christoph Harrach hält nichts davon, Unternehmen an den Pranger zu stellen: »Diese Strafhaltung ist doch nicht sinnvoll. Was nützt es denn, wenn man einen beherzten Manager zurückpfeift?« Es sei doch so: Wenn Alnatura, der Marktführer der Biosupermärkte, jetzt auch noch Solarzellen auf das Dach jeder Filiale schrauben würde, dann fände das jeder super. »Wenn Aldi das Gleiche machen würde, wäre jeder skeptisch – obwohl die viel mehr Filialen haben und das dann die Welt faktisch besser machen würde.« Nun ist es aber leider so, dass es nur deshalb 8 000 Aldi-Filialen weltweit gibt, weil dieses Unternehmen (Jahresumsatz 2006: 36 Milliarden Euro) einen enormen Preisdruck auf den globalen Erzeuger- und Lebensmittelmärkten ausübt. Folgen wie Arbeits- und Menschenrechtsverletzungen sowie Umweltzerstörung weltweit werden dabei in Kauf genommen. Also macht jede einzelne Aldi-Filiale die Welt einfach schlechter, ob mit oder ohne Sonnenkollektoren auf dem Dach oder Bio im Regal. Das ist die Kehrseite des geradezu aufreizend naiven positiven Denkens: Wer nur das Gute betont, verschweigt das Schlechte. Das ist im Zweifel verheerender, als das bisschen Gute zu verschweigen.

»Große Unternehmen = großer Hebel« lautet eine weitere Formel von Utopia.de. »Wenn sich die Industrieriesen in Bewegung setzen, dann hat das einen großen Effekt. Und wenn sie sich auf Druck von außen in Bewegung setzen, dann ist das ein gutes Zeichen, kein schlechtes«, versichert Claudia Langer. Sie weiß, dass sie sich mit solchen Aussagen zur Zielscheibe der Kritiker macht. Dass sie, die einst viel Geld damit verdient hat, Werbekampagnen für die anerkannt »Bösen« – e.on, Burger King, Deutsche Bank – zu entwerfen, auf einmal die Welt retten will, weckt bei manchen Misstrauen: Hängt sich die Unternehmerin und Marketingexpertin nicht einfach nur an den Trend an, um jetzt so ihr Geld zu verdienen?

»Natürlich wollen wir damit Geld verdienen«, bekennt Claudia Langer. Sie hat nie einen Hehl daraus gemacht, dass sie mit Werbung, Förderern und Partnern – eben aus der Großindustrie – ja, Geld verdienen will. Noch läuft die Finanzierung der Website zu einem großen Teil über das Privatvermögen von Wöltje und Langer, irgendwann soll sich die Seite mit dem Geld von Partnerunternehmen und Förderern selber tragen können.

So zahlen Förderer von Utopia 5 000 Euro pro Jahr, dafür dürfen sie einen Unternehmenssteckbrief auf der Website veröffentlichen, auf ihrer eigenen Website einen Förderbutton anbringen und ihren Nachhaltigkeits- und CSR-Bericht auf Utopia.de stellen. Bei der Fördermitgliedschaft Plus für 15 000 Euro pro Jahr gibt es noch Utopia-Konferenz-Tickets, Beratung, Workshops, den »Vertrauenscheck« durch die Community und die Platzierung im Utopia-Newsletter dazu. Zwischen 50 000 und 80 000 Euro pro Jahr kostet eine Partnerschaft mit zusätzlichem Blog und umfassendem Unternehmensprofil, Produkttest-Sektion und Marketing-Tool.[139]

Es ärgert Langer deshalb, »dass sich alles an meiner Person festmacht«, dass ihr Lebensstil diskutiert wird und sie an ihrer Vergangenheit als Werberin gemessen wird, dass ihr unterstellt wird, sie könne das deshalb nicht ernst meinen. »Wir haben schon angefangen, als ihr noch Burger beworben habt« – das ist so ein Kritikerslogan. Sie sieht darin aber keinen Widerspruch, im Gegenteil, sie empfindet es als großen Vorteil, gute Kontakte zu großen Konzernen zu haben: »Ich habe jahrelang mit denen gearbeitet, die den Hebel in der Hand haben, ich weiß, wie die ticken, und ich weiß genau, wie sensibilisiert die momentan hinschauen. Die Industrie ist aufgewacht, es gibt eine riesige Gruppe erwachender Konsumenten, die die Forderungen stellen.«

Die Konsumbereitschaft unter geänderten Vorzeichen treffe die Industrie in ihrem Profitinteresse und Selbsterhaltungstrieb. Langer sieht die Forderungen der Konsumenten und das Interesse der Industrie, dem entgegenzukommen, als Basis eines Dialogs, um die Industrie »vor uns herzutreiben«, um eben die gewünschten Produkte zu entwickeln und Sozial-Tools einzubauen. Der Wettbewerb wird dann darum ausgetragen, welches das moralisch glaubwürdigere Unternehmen ist.

Mit dem positiven Konsumklima, das Utopia.de verbreitet, demonstriert die Website gleichzeitig ungebrochenes Kaufinteresse, das die Unternehmen locken soll. Utopia will zeigen, dass man sich »nicht mehr in Jute kleiden, im Erdloch leben oder handgeschrotetes Müsli essen muss, um etwas für die Umwelt zu tun«, denn fast alles, was man brauche, gebe es auch in der nachhaltigeren Version – und vieles davon gebe es sogar in Schön.

Im »Showroom« von Utopia kann man mehr als 1 000 Produkte anschauen: Öko-Putzmittel, faire Schokolade, Elektroautos, Öko-Fertighäuser, -Windeln, -Tierfutter, -Champagner, -Dessous und -Putzmittel, -Kosmetik und -Sexspielzeug. Solarbetriebene Milchschäumer, Handys und Rasenmäher und Strom erzeugende Rucksäcke und Fahrradhelme. Es sind nicht gerade unverzichtbare Produkte. Aber die Faszination darüber, was es nicht alles Verrücktes gibt auf dem Markt des guten Gewissens, und das Staunen, wie einzigartig, ausgefallen und stylish diese Produkte sind, täuschen schnell darüber hinweg, dass es nichts weiter als zusätzlich produzierter Überfluss und Luxus ist: Snowboards aus Bambus, Möbel aus Berliner Stadtbäumen (Hocker: 980 Euro), Möbel-Unikate aus zertifiziertem Tropenholz (Teewagen: 4400 Euro), Tischkicker aus Holz und mit echtem Rasen (679 Euro), kompostierbare Designer-Teller, Laptop-Taschen aus alten Turnmatten (ja genau, die blauen miefigen mit der Lederecke aus den schlimmen Tagen des Schulsports) oder der Mini-Hühnerstall aus Plastik für 550 Euro und vier Hühner, die ökokorrekte Eier legen sollen.

»Und sollte es noch keine sauber produzierten Alternativen geben, machen wir das publik, damit jemand diese Lücke füllen und als Absatzmarkt für sich entdecken kann«, heißt es in der Urversion der Homepage. Das ist der Hauptverkehrsknoten, an dem die Verkehrsteilnehmer, Unternehmer und Verbraucher, zusammentreffen sollen: »So macht Utopia das nachhaltige Leben leicht und sorgt dafür, dass wir das bekommen, was wir wollen. Kein schlechtes Angebot, oder?«

Versöhnung von Ökologie und Ökonomie

Das Hamburger Trendbüro versteht sich als »Beratungsunternehmen für gesellschaftlichen Wandel«. Es zählt neben dem Kelkheimer Zukunftsinstitut von Matthias Horx, aus dem auch die LOHAS-Studie hervorgeht, zu den Vorreitern jener Agenturen, die langfristige Trends zu fassen versuchen und für die Märkte analysieren. Anders als die Marktforschung, die sich kurzfristig mit den Erfolgschancen einzelner Produkte und deren Zielgruppen beschäftigt, untersuchen Trendforscher Lebenswelten und Konsumgewohnheiten auf möglichst breiter Ebene. Denn in der fortgeschrittenen Konsumgesellschaft geht es nicht mehr um das einzelne Produkt und seinen emotionalen Mehrwert – sondern um die Vervollständigung von Lebensstilen. Trendforscher kommunizieren Trends deshalb weniger als kurzfristige Modeerscheinung, sondern vielmehr als Gesellschafts- oder Wertewandel. »Wem es gelingt, Megatrends rechtzeitig und möglichst präzise zu analysieren und zu verstehen, der hält das Ticket für die Zukunft auf den weltweiten Märkten in der Hand«, sagt Eike Wenzel vom Zukunftsinstitut.

»Wir beraten Sie mit dem Ziel, Veränderungen in Kundenstrukturen und -interessen rechtzeitig zu antizipieren, Trends gewinnbringend in die Entwicklung neuer Produkte, Services und Markenerlebnisse einzubeziehen und bestehende Angebote und Strategien an Umfeldveränderungen anzupassen«[140], bietet das Trendbüro seinen Kunden an – darunter Adidas, BMW, Bayer Vital, Danone, Deutsche Bank, L'Oréal, Procter & Gamble, Shell Deutschland, Tchibo, Unilever und Volkswagen. Einmal im Jahr lädt das Trendbüro unter der Leitung von Peter Wippermann und dem Kommunikationswissenschaftler Norbert Bolz, Autor des Buchs *Das konsumistische Manifest*, seine Kunden und andere Interessierte zum Trendtag nach Hamburg ein. Das Thema am 14. Mai 2009: sozialer Reichtum.

Norbert Bolz sprach in seiner Eröffnungsrede von der »Versöhnung von Ökologie und Ökonomie« und erfand das schöne Wort »Sozialkapitalismus«. Damit ist allerdings nicht etwa ein auf Solidarität und bürgerliche Teilhabe gegründeter Sozialstaat gemeint, sondern die Wirtschaft, die die »Macht großer Ideen« besitze. Entsprechend könne nur der Kapitalismus die Wunden heilen, die er geschlagen habe. Und die Wirtschaft, die »für Ideen zuständig« sei, habe nun »das Soziale als Schauplatz neuer Geschäftsmodelle« entdeckt: »In jedem sozialen Problem steckt ein Geschäftsmodell. Es ist eine Frage unternehmerischer Intelligenz, dieses zu entdecken«, sagt Bolz. Dass die Unternehmen mittels »freiwilliger Wertebindung« (Bolz) dies erreichen können, ist spätestens, seit die Unternehmensberatung McKinsey das Profitpotenzial ethischen Wirtschaftens mit einer Studie belegt, eine marktwirtschaftliche Binse.

Auch Claudia Langer war als Referentin zum Trendtag geladen und sprach vom »Rückenwind der Vertrauenskrise«: »80 Prozent der Utopia-Nutzer fragen: Wem können wir trauen? Was sind die guten Unternehmen?« Auf Utopia gibt es dafür das »Vertrauensbarometer«: die Redaktion hat dafür 50 große deutsche Unternehmen gefragt, welche Ziele sie sich in puncto Klimaschutz gesetzt haben, Utopisten dürfen die Glaubwürdigkeit bewerten. Künftig sollen sich Utopia-Partner und Förderer auf den »Heißen Stuhl« begeben, um sich dort den Fragen, Kritiken und Anregungen der Community zu stellen. Das klingt zunächst nach einem basisdemokratischen Dialog und direkter Einflussnahme, nach praktizierter Konsumentenmacht. Allerdings dient die simulierte Offenheit mehr den Konzernen als den Konsumenten, die auch bei Utopia als umsatzsteigernde Kunden für die Konzerne verstanden werden – gemäß der Maxime, dass Gutes Tun den Gewinn steigert: »Als Utopia-Partner profitieren Sie vom positiven Image der Marke Utopia und von Erster-Hand Markt-Insights aus der führenden Nachhaltigkeits-Community«, steht im Folder, den sich Unternehmen, die über eine Partner- oder Fördermitgliedschaft bei Utopia nachdenken, auf der Seite downloaden können.[141]

Tatsächlich sorgt das Forum, das von den echten kritischen Verbrauchern lebt, für Authentizität und Glaubwürdigkeit. Und weil Utopia eben mit in der Kritik stehenden Großkonzernen kooperiert, muss sich Langer immer wieder mit dem – nicht unberechtigten – Vorwurf des Greenwashings auseinandersetzen. »Wir sind kein Greenwashing-Portal«, sagt Claudia Langer mehrere Male. »Unsere Liebe ist nicht käuflich!« Doch weiter unten ist zu lesen, dass jener Begriff Auslegungssache sei: »Die Grenzen zwischen ernsthaftem Engagement und ›Greenwashing‹ sind dabei oft unscharf. Unternehmen, die mit einem ernsthaften Ansatz beginnen, enden manchmal im reinen ›Greenwashing‹. Außerdem lässt sich trefflich über ›Greenwashing‹ streiten. Wo fängt es an, wo hört es auf? ... Wir maßen uns solche Entscheidungen nicht an, sondern reagieren allergisch auf bewusste Falschinformation, reine Behauptungskommunikation und Verdrehung von Fakten.«[142]

»Wir haben erkannt, dass es das perfekte Unternehmen selten gibt«, sagt Claudia Langer. Deswegen gebe es keine

»Blacklist« sondern, ganz positiv formuliert, eine »White-list«. Wer da draufsteht und wer so gar nicht infrage kommt, das will Langer allerdings nicht verraten. Nur so viel: Nicht in Frage kämen Unternehmen der Atomenergie, Rüstung, Biozid-Herstellung, Gentechnik, Pornografie und Tabakhandel, ausgeschlossen seien auch Unternehmen, die Kinderarbeit, Diskriminierung und Tierversuche zuließen und gegen Arbeits- und Menschenrechte sowie internationale Abkommen zum Klimaschutz verstießen.[143]

Zu den Gründungspartnern von Utopia gehört die Otto-Group (Umsatz 2006: 15 Milliarden Euro), die als Vorreiter in Sachen CSR und Sozial- und Umweltstandards gilt. Seit 1994 legt das Unternehmen Umweltberichte, seit 2000 Nachhaltigkeitsberichte vor, und seit 2003 vertreibt Otto mit »Pure Wear« Kleidung aus Öko-Baumwolle, es verkauft Teppiche mit dem »Rugmark«-Siegel, das garantiert, dass die Teppiche frei von Kinderarbeit sind, und Gepa-Produkte aus fairer Produktion. Allerdings macht das nur einen Bruchteil des Gesamtangebots aus. Zwar ist der Anteil der Marke Pure Wear auf fünf Prozent gestiegen, die Pure-Wear-Kleider selbst müssen allerdings nur zu 50 Prozent aus Bio-Baumwolle sein. 2006 noch stand der Otto-Konzern wegen des Vorwurfs der Ausbeutung in den Zulieferbetrieben im *Schwarzbuch Markenfirmen*. Erst im Mai 2009 deckte die Kampagne für saubere Kleidung Fälle von Arbeitsrechtsverletzung im türkischen Zulieferbetrieb Tekstil auf. Und seit auch der Chemie- und Kosmetikkonzern Henkel ein Öko-Putzmittel (85 Prozent nachwachsende Rohstoffe) auf den Markt gebracht hat, gehört auch dieses Dax-notierte Großunternehmen zu den Partnern von Utopia. Laut der Tierrechtsorganisation PETA und dem Deutschen Tierschutzbund führt das Unternehmen aber weiterhin Tierversuche durch. »Tierversuche werden bei Henkel grundsätzlich nicht eingesetzt, es sei denn rechtliche Bestimmungen geben dies vor und keine anerkannten alternativen Prüfmethoden existieren, welche die entsprechenden Daten liefern können.«[144] Das steht auf der Internetseite des Konzerns. »Kein Unternehmen gibt öffentlich zu, Tierversuche zu machen«, sagt Irmela Ruhdel, Fachreferentin für Tierversuche an der Akademie für Tierschutz des Deutschen Tierschutzbundes. Die gesetzlichen Bestimmungen sähen mit EU-Chemikalienverordnung REACH vor, dass jeder neue Wirkstoff an Tieren getestet werden muss. Und neue Inhaltstoffe, auch wenn sie nicht nötig sind, können als Innovation verkauft werden. Zusätzlich stellt Henkel heraus, die Verträglichkeit der Kosmetikprodukte an einem synthetischen Vollhautmodell zu testen – und das ist nicht mehr als eine Selbstverständlichkeit, denn Tierversuche mit Kosmetikprodukten sind seit 1998 verboten.

In der Folge kam es zu heftigen Diskussionen im Forum; die sonst so geschätzten kritischen Verbraucher attackierten Utopia, Henkel und auch Otto, forderten Stellungnahmen – die es im Tonfall von Pressemitteilungen auch gab – und ernteten Zurechtweisungen von Utopia über den Diskussionsstil. Besonders aufgebrachte Verbraucher, die sich laut Utopia im Tonfall vergriffen hätten, wurden gesperrt. Wo es ans Eingemachte geht, ist es schnell vorbei mit dem »offenen Dialog«, der das Gegenteil von einer Debatte ist.

»Bei aller harten Kritik und offenem Dialog müssen wir aber immer aufpassen, dass wir die Gesprächsbereitschaft der Industrie, die so groß ist wie nie, nie aufs Spiel setzen«, appellierte Claudia Langer an das Forum. Steine schmeißen und anklagen würde nur dazu führen, dass Unternehmen »zumachen«. Das wäre wiederum schlecht für Utopia, das sich über Unternehmenspartnerschaften finanziert. Nach den heftigen Diskussionen im Forum seien die Unternehmen erschrocken gewesen, erzählt Langer. »Die haben gesagt, das können wir unseren Mitarbeitern nicht antun.«

Dass ein Unternehmen abspringt oder dass andere Unternehmen abgeschreckt werden, kann sich Utopia nicht leisten. Im Juni musste Utopia anlässlich der Wirtschaftskrise die fünfköpfige Redaktion entlassen. »Trotz unserer kritischen Distanz gegenüber möglichen Geschäfts-, Kooperations- und Werbepartnern sind wir auf finanzielle Einnahmen angewiesen. Wir müssen und wir wollen Geld verdienen. Auch wenn es dahin noch ein weiter Weg ist: Wir finden, dass Geldverdienen nicht im Widerspruch zu ökologischer und sozialer Verantwortung steht. Wir glauben an unternehmerische Verantwortung und fühlen uns ihr ebenso verpflichtet, wie dem Vertrauen unserer Community«[145], steht unter den FAQ (Frequently Asked Questions – der Fachbegriff für eine Zusammenstellung oft gestellter Fragen und der dazugehörigen Antworten) zum Thema Greenwashing.

Auf der neuen Seite muss man deshalb länger suchen, wenn man die kritischen Unternehmensthreads wiederfinden will. Dafür hat Utopia aber einen neuen Partner gewonnen: Zu den Förderern gehört neuerdings die Deutsche BP AG (Umsatz 2008: 42,5 Milliarden Euro), die wiederum zum weltgrößten Mineralölkonzern BP (Umsatz 2006: 266 Milliarden Dollar) gehört. Sicher handelt BP Solar nicht mit Erdöl, sondern mit Solarenergie. Und ja, ganz schön, dass die Deutsche BP Solaranlagen als »verantwortliches Unternehmen« für arme Gegenden in Südostasien spendiert und im eigenen Unternehmen Energie einspart. Dennoch gehört das Unternehmen zum Großkonzern BP, und der gilt als die Mutter des Greenwashings – allein die Änderung des Namens von *British Petrol* zu *Beyond Petrol* soll suggerieren, dass das Unternehmen sich zunehmend mit alternativen Energien beschäftige. Die Gründung des Geschäftsbereiches »Alternative Energy« (Windkraft, Wasserstoff, Erdgas und Solarenergie) bewarb der Mutterkonzern 2005 mit einer 200 Millionen Dollar teuren Kampagne. In den ersten drei Quartalen des Klimajahres 2007 machte BP satte 20,5 Milliarden Dollar Gewinn – 19 Milliarden stammen aus der Förderung und Verarbeitung von Öl. Der Bereich alternativer Energie spielt also wirtschaftlich keine erwähnenswerte Rolle bei diesem Konzern. Das Unternehmen besitzt weltweit mehr als 28 000 Tankstellen und bedient täglich 13 Millionen Kunden. Die Deutsche BP AG, zu der auch die Marke Aral gehört, ist führend im deutschen Tankstellennetz. Im *Schwarzbuch Markenfirmen*[146] wird dem Mutterkonzern BP Waffenhandel und Finanzierung von Bürgerkriegen, Kooperation mit Militärregimen und Umweltzerstörung in gigantischem Ausmaß vorgeworfen. Werner-Lobos Fazit: »Es gibt keine ›guten‹ Ölkonzerne.«[147]

Die Tragik der Utopien ist leider immer die der Unmöglichkeit ihrer Realisierung.

Kapitel III
Die Unternehmen

»Tu Gutes und rede darüber.«
Titel eines der ersten PR-Ratgeber von Georg-Volkmar Zedtwitz-Arnim, 1961

1. Corporate Responsibility: Die Menschwerdung der Konzerne

Im Februar vor sieben Jahren, der Bierkonsum in Deutschland war schon wieder gesunken, hatte die Krombacher-Brauerei eine tolle Idee. Sie engagierte den beliebtesten deutschen Moderator und Werbeträger, ja, den beliebtesten Deutschen überhaupt, für einen Werbespot. Sie ließ Günther Jauch, der so volksnah und sympathisch wirkt, dass ihn sich schon annähernd jeder zweite Deutsche als Bundeskanzler wünschte[148], dem Volk vor dem Fernseher sagen: Wer eine Kiste Krombacher-Bier kaufe, der rette einen Quadratmeter Regenwald. Die Menschen kauften das Bier reichlich, und die Brauerei erzielte 2002 mit 4,865 Millionen Hektolitern den bis dahin größten Ausstoß in ihrer Geschichte.

»Klar wollen die Bier verkaufen, aber warum auch nicht?«, sagte Jauch, der Glaub- und Vertrauenswürdige, mit augenzwinkernder Fröhlichkeit in die Kamera, während er einen Kasten mit Krombacher in einen Kombikofferraum stellte.

Wenige Monate später, im Juni, musste Krombacher die Werbung jedoch nach einer einstweiligen Verfügung einstellen: Zwei Konkurrenten aus München und Köln, die ebenfalls die Interessen von Brauereien vertreten, hatten wegen unlauteren Wettbewerbs geklagt.

Die Werbung suggeriere, so der Vorwurf, dass die Brauerei für jeden verkauften Kasten Bier einen Quadratmeter Regenwald im Dzanga-Sangha-Schutzgebiet im Kongobecken aufkaufe und für hundert Jahre vor dem Abholzen schütze. In Wahrheit aber gingen nur 6,7 Cent pro Kasten an ein Regenwaldprojekt der Umweltschutzorganisation World Wide Fund for Nature (WWF).

Das Oberlandesgericht Hamm stellte fest, dass »eine an Gefühle appellierende Werbung« zwar zulässig sei, dies aber »nicht schrankenlos« gelte. Bemängelt wurde die Irreführung und fehlende Transparenz, da in der Werbung dem Verbraucher verborgen bleibe, wie denn die Brauerei tatsächlich einen Beitrag zur Regenwaldrettung leiste.

Der Vorsitzende Richter des OLG Hamm, Alois Michalek, sagte damals, die Werbung schränke die Entscheidungsfreiheit des Konsumenten unzulässig ein, weil sie ihn vor die Wahl stelle, entweder »Krombacher zu kaufen oder den Schutz des Regenwaldes zu verweigern [149].« Dies komme einem »moralischen Kaufzwang« gleich.

Manch kritischer Verbraucher sah sich in seinem Unbehagen über die moralische Erpressung im Getränkemarkt bestätigt – und die bissigen Kommentare und hämischen Berichte in den Wirtschaftsmagazinen und Tageszeitungen verdichteten den Zynismus des Zusammenhangs von Alkoholgenuss und Regenwaldrettung zum geflügelten Wort: »Saufen für den Regenwald.« Es steht seither für eine besonders perfide und bequeme Idee von Umweltschutz: »Saufen für den Regenwald macht nicht nur Spaß, es macht aus jedem Alki einen Umweltaktivisten, der nicht einmal sein Sofa verlassen muss, um einen Beitrag zum Schutz der Natur zu leisten«[150], ätzte etwa Henryk M. Broder im *Tagesspiegel*.

Cause Related Marketing nennt man Werbung, die karitative Versprechen an den Kauf ihrer Produkte bindet. In den USA, dem größten Verbrauchermarkt der westlichen Welt ist dieses Verkaufsförderungsinstrument seit den frühen 80er Jahren gängige Praxis, 1,44 Milliarden Dollar geben Konzerne dafür jedes Jahr aus.[151] Und auch in Großbritannien ist der Appell an das Gewissen des Verbrauchers im Supermarkt schon lange erfolgreich. So gab es allein im Jahr 2004 70 Cause-Related-Marketing-Kampagnen, die insgesamt 80 Millionen Euro für NGOs und gute Zwecke einbrachten. 83 Prozent der britischen Konsumenten haben zumindest ein Produkt gekauft, das an eine karitative Kampagne geknüpft war. Es gibt Umfragen, denenzufolge die Hälfte aller britischen Verbraucher aus diesem Grund ihr Kaufverhalten geändert haben soll.[152]

In Deutschland war diese Art der Werbung damals neu und sorgte für Aufmerksamkeit und Argwohn. Die Krombacher-Kampagne war zwar die zweite dieser Art – aber die erste, die sich mit großer medialer Präsenz und einem spektakulären Versprechen an eine sehr breite Käuferschicht richtete.

Das erste deutsche Cause Related Marketing wandte sich 2001 lediglich an Hunde-, Katzen und Vogelbesitzer. »Deutscher Tierschutzpfennig« hieß die Spendenaktion anlässlich der Welttierwoche im Oktober, und pro Packung Whiskas-Katzenfutter, Pedigree-Hundefutter oder Trill-Vogelfutter, ging ein Pfennig an den Deutschen Tierschutzbund. Insgesamt kamen »25 Millionen Pfennige« (250 000 Deutsche Mark) zusammen.[153] Und wer sollte da skeptisch werden, wenn vom Futter für die kleinen Lieblinge auch andere Vierbeiner etwas abbekommen? Zum Beispiel die vor dem Schlachthof geretteten Pferde auf dem Gnadenhof Polling, die etwas mehr Glück im Leben hatten als die vierbeinigen Freunde, die in den Futterdosen landeten.

Die Krombacher-Werbung fand, trotz Schlappe vor Gericht und Häme in der Presse, schnell eine Menge Nachahmer. Denn, auch das hatte sich herumgesprochen, die rund 10 Millionen Euro teure Kampagne war sehr erfolgreich: Der Krombacher-Umsatz stieg 2002 um 8,1 Prozent auf 460 Millionen Euro. »Mit diesem Ergebnis konnte die Krombacher Brauerei im Jahr 2002 ihre Position als größte Privatbrauerei im deutschen Markt festigen«, jubelte das Unternehmen in einer Pressemitteilung.[154]

In der Folge veredelten eine ganze Reihe von Unternehmen ihre Produkte mit karitativen Versprechen, die an den Kauf derselben gebunden waren. »1 Liter für 10 Liter« verspricht etwa der Mineralwasserhersteller Volvic und spendet seit 2005 in Aktionszeiträumen einen Teil des Erlöses der verkauften Flaschen an Unicef zum Brunnenbau in Afrika – unterstützt von RTL und dem jetzigen ZDF-Moderator Markus Lanz.[155] Mit einem Cent pro einer Tube Blend-a-med-Zahnpasta spendierte 2005 der Weltkonzern Procter & Gamble ein »Lächeln für Brasilien«[156], 500 000 Euro aus dem Verkauf gingen an ein Gesundheitszentrum und ein SOS-Kinderdorf. Procter&Gamble kooperierte auch mit Unicef und ließ pro Packung Pampers eine Tetanus- und pro Packung Charmin-Toilettenpapier eine Polioimpfung in der Dritten

Welt springen.[157] Ritter Sport warb mit Iris Berben für seine Spendenaktion »Schulen für Afrika«, pro Tafel gingen 1,4 Cent[158] an Unicef für Schulmaterial für afrikanische Kinder. Bitburger unterstützte das Entstehen von Bolzplätzen[159], Jever rettet die deutsche Küste[160], Iglo spendete pro Packung Fischstäbchen einen Cent (insgesamt 224 834,56 Euro) an den WWF für ein Meeresschutzprojekt[161], für jede verkaufte Sunnan Solararbeitsleuchte für 17, 99 spendet Ikea mit Unterstützung von Unicef eine weitere Solarleuchte an Kinder in Entwicklungsländern[162] – und so weiter und so weiter.

Shamsey Oloko, Doktorand am Lehrstuhl für Betriebswirtschaftslehre mit dem Schwerpunkt Marketing an der Universität Potsdam, hat in einer Studie 2008 die Anwendung von Cause Related Marketing in Deutschland erstmals untersucht: Seit der Krombacher-Kampagne 2002 haben mehr als 90 Unternehmen in Deutschland ein Produkt angeboten, bei dem nur durch den Kauf und ohne weiteren Aufwand des Konsumenten eine Spende einem guten Zweck zugeführt wurde. 96 Prozent dieser Unternehmen kooperierten dabei mit gemeinnützigen Organisationen. Letztere gaben an, sie erhofften sich von solchen Aktionen, dass ihre Anliegen und Missionen einer breiteren Öffentlichkeit bekannter würden. 75 Prozent der NGOs berichteten anschließend über positive Erfahrungen mit solchen Aktionen – immerhin beträgt der Erlös aus diesen bei der Hälfte der NGOs bis zu fünf Prozent des Gesamtbudgets. 52 Prozent der Unternehmen gaben an, dass sie durch entsprechende Kampagnen Absatzsteigerungen verbucht haben. Und 70,5 Prozent der Konsumenten fanden es toll, mit dem Kauf eines Produktes gleichzeitig etwas Gutes bewirken zu können.[163]

Krombacher[164] selbst wiederholte die Regenwaldaktion viermal: 2003, 2004, 2006 und 2008.

»Jetzt heißt es wieder: ein Kasten = ein Quadratmeter«, sagte Günther Jauch im Frühjahr 2008 abermals in die Kamera. Diesen schlagkräftigen Claim darf Krombacher nach einem Urteil des Bundesgerichtshofs von 2006 wieder verwenden.[165] Die Brauerei dürfe das Engagement für den Umweltschutz besonders betonen, es bestehe ja kein Kaufzwang, und Kopplungsangebote mit moralischen Anliegen seien absolut zulässig, hieß es. Natürlich stimmt die Formel immer noch nicht. Aber was genau mit dem Geld passiert – es fließt in eine eigens gegründete Regenwaldstiftung und steht dem WWF zur Verfügung –, steht jetzt im Kleingedruckten und ausführlich auf der Homepage[166] der Brauerei. 2008 konnte die Krombacher-Gruppe in einem rückläufigen Markt den Umsatz um 5,6 Prozent steigern, der Gesamtumsatz betrug 642,5 Millionen Euro.[167]

»Von den juristischen Auseinandersetzungen bin ich natürlich enttäuscht, vor allem, weil das Projekt beim Verbraucher auf eine sehr positive Resonanz gestoßen ist«, sagte der damalige Krombacher-Marketingchef Hans-Joachim Grabias nach der ersten Kampagne, »handeln und genießen – das hat den Leuten gefallen.«[168] Tatsächlich fanden die meisten Konsumenten die Regenwaldkampagne ethisch nicht fragwürdig. Im Gegenteil: Einer Befragung[169] des Essener Meinungsforschungsinstituts Dixos zufolge fühlten sich knapp 95 Prozent der Befragten von der Krombacher-Werbung nicht unter Druck gesetzt, die Marke kaufen zu müssen. 27,6 Prozent geben an, dass das Regenwaldprojekt ihre Kaufentscheidung zugunsten von Krombacher beeinflusst hat. Darüber hinaus begrüßen mehr als 84 Prozent Natur-

und Umweltschutzprojekte nach dem Vorbild der Brauerei. Mehr als die Hälfte aller Befragten war zudem der Ansicht, dass durch das Umweltsponsoring namhafter Hersteller mehr erreicht würde als durch Spendenaktionen. Und 20,5 Prozent verbinden mit Krombacher sogar den Begriff »Regenwald«.

Das ist wohl der größte Erfolg der Brauerei. Nach einer Forsa-Umfrage im Auftrag des Bundesumweltministeriums halten drei Viertel der Deutschen das drohende Verschwinden der Regenwälder für das wichtigste Problem im Umwelt- und Naturschutz. Denn gerade der Regenwald und dessen Zerstörung bieten eine Projektionsfläche für pittoreske Zivilisationskritik, das damit verbundene diffuse schlechte Gewissen und Unbehagen einerseits und sentimentale Naturverklärung andererseits. Trotz der weiten Entfernung des Regenwaldes haben sich das brüllende Geräusch der Motorsägen, das Knarzen und Tosen der umstürzenden jahrhundertealten Bäume, der Rauch, der von ascheschwarzen, gerodeten Feldern in den Himmel steigt (Ozonloch! Treibhauseffekt!), die anmutigen bunten Tiere, die ihre Heimat verlieren, die unschuldigen indigenen Völker vor ihren Hütten, die mit statt gegen die Natur leben und den Preis bezahlen, und der schmerzhafte Verlust von Schönheit und Ursprünglichkeit in unser Bewusstsein eingebrannt. All dies hat sich zum Symbol für die Bedrohung von Mutter Erde durch den Menschen verdichtet. Die Abholzung des Regenwaldes ist gewissermaßen die Vertreibung aus dem Paradies – wir wissen, dass wir diese selbst zu verantworten haben und sind ihr doch nahezu machtlos ausgeliefert. Wir können den Regenwald nicht retten, aber durch die Teilnahme an der Krombacher-Aktion sind wir wenigstens nicht alleine mit dieser

Schuld, wir teilen unser schlechtes Gewissen mit Millionen anderen. Und wenn es keine Mühen kostet und auch noch schmeckt – umso besser, prost! Schön, dass Krombacher diese Möglichkeit anbietet.

In der Wirtschaft nennt man so etwas eine *Win-win*-Situation. Es ist einer der wesentlichen Begriffe, die in der allgemeinen Weltrettungsstimmung von Unternehmen so inflationär gebraucht werden wie die Begriffe »Werte«, »Nachhaltigkeit«, »Verantwortung« und »Dialog«. Win-win ist ein strategischer Begriff. Er bedeutet, dass in einem Konflikt, in dem es aufgrund ziemlich eindeutiger und unterschiedlicher Interessenlagen eigentlich Gewinner und Verlierer geben müsste, beide Parteien einen Sieg nach Hause tragen. Und zwar ohne, wie es bei einem Kompromiss der Fall wäre, Abstriche machen zu müssen. Die Win-win-Strategie ist ein wirtschaftsethischer Ansatz, der versucht, moralische Probleme, Widersprüche und Konsequenzen aufzulösen, die wirtschaftliches Handeln mit sich bringt. Win-win bedeutet in diesem Zusammenhang, dass sowohl Unternehmen als auch Kunde sowie Umwelt- und Sozialbelange von einer Maßnahme profitieren. Mit anderen Worten: Das Unternehmen verdient Geld, indem es moralischen Anforderungen nachkommt, die der Kunde nachfragt: »Sie müssen selbstbewusst Win-win-Situationen schaffen, die sowohl den eigenen betriebswirtschaftlichen Zielen dienen als auch den Erwartungen der Gesellschaft gerecht werden«[170], rät Jürgen Kluge, Chef der Unternehmensberatung McKinsey, die regelmäßig Studien darüber veröffentlicht, wie gut sich Moral und Wirtschaft vertragen und wie sehr sich Gutes-Tun für den Wettbewerb eignet.

Umweltverschmutzung, Ausbeutung, Unterdrückung, Verteilungsungerechtigkeit, Preisdruck, Lobbyismus, Ressourcen- und Energieverschwendung, Lohndumping, Korruption, Verdrängungswettbewerb – die Macht der Konzerne und die grausamen Auswirkungen auf die Welt haben über Jahrzehnte das Misstrauen der Menschen gegenüber der Wirtschaft wachsen lassen. Die jüngsten Steuerskandale, die zweite Finanzkrise innerhalb von zehn Jahren und der durch den IPCC-Bericht zur Tatsache gewordene Klimawandel waren nur der längst überflüssige Beweis dafür, dass diese Art des Wirtschaftens Mensch und Umwelt teuer zu stehen kommt: Laut der McKinsey-Studie 2007[171] vertrauen nur 7,3 Prozent der deutschen Verbraucher darauf, dass internationale Großkonzerne im besten Interesse der Gesellschaft handeln – und mehr als ein Drittel der deutschen Konsumenten schätzt den Beitrag, den große Unternehmen zur Gesellschaft leisten, als negativ ein.

Seit den 80er Jahren nehmen Umweltschutz- und Menschenrechtsorganisationen Konzerne ins Visier und klären mit Kampagnen über deren Machenschaften auf – mit dem Ziel, Verhaltensänderungen seitens der Konsumenten und Konzerne zu bewirken und mithilfe öffentlicher Empörung die Regierungen zur Durchsetzung verbindlicher Regeln zu zwingen, die diesem zerstörerischen Einfluss ein Ende setzen. Seit den 90er Jahren häufen sich Enthüllungsberichte in den Massenmedien über Kinderarbeit, Ausbeutung und Unterdrückung in den Sweatshops, die Verwicklung in Kriege und Konflikte, die Zusammenarbeit mit Diktaturen, die Nichteinhaltung und Aushöhlung der Menschenrechte, Diskriminierung, die Zerstörung regionaler Strukturen durch Preisdumping, den Kampf um Wasser, über Börsenspekulationen, Massenentlassungen, Steuerbetrug, die Überfischung der Meere, den dreckigen Handel mit Ressourcen, das Schmelzen der Polkappen – kurz: die Zerstörung der Lebensgrundlagen weltweit. Bislang war deren Inkaufnahme ebenfalls eine Win-win-Strategie – jedenfalls für Käufer und Konzerne. Erstere haben aufgrund des Preiskampfs zwischen den Konkurrenten die volle Auswahl und Entscheidungsfreiheit, Letztere machen den Profit.

Dass dieses System womöglich hochgradig unfair und kriminell ist und hinter den sympathischen Marken »böse« Konzerne stecken, war bis dahin nur einer vergleichsweise kleinen, konsumkritischen und politisierten Gruppe von Menschen bekannt.

Das Thema erreichte eine breite Öffentlichkeit, als die Proteste gegen die Globalisierung bei Weltwirtschaftsgipfeln und vor allem die Ausschreitungen des gewaltbereiten so genannten »schwarzen Blocks« für spektakuläre Fernsehbilder sorgten. Kurz nach den medienwirksamen Protesten gegen die Konferenz der World Trade Organisation (WTO) in Seattle im Dezember 1999 – den Demonstranten war es gelungen, durch die Besetzung der Zufahrtswege die Mächtigen daran zu hindern, zum Veranstaltungsort zu gelangen – erschien das globalisierungskritische Buch *No Logo!* der kanadischen Journalistin Naomi Klein, das den Zusammenhang zwischen dem westlichen Konsum und der Macht der Markenkonzerne aufzeigt. Naomi Klein beschreibt, wie diese Konzerne nur noch mit der Konzeption von Image beschäftigt sind, während die tatsächliche Herstellung der Produkte in Freihandelszonen oder steuerbefreite Schwellenländer verlegt wurde, in denen außerdem niedrige oder gar keine Sozial- und Umweltstandards gelten. In diesen für den westlichen Konsumenten unsichtbaren Fabriken, die zum Teil von kurzfristigen Vertragspartnern kurzfristig eingerichtet werden und in denen es weder Sicherheitsstandards gibt noch Betriebsräte und selbstredend keine ordentliche Bezahlung, werden die Konsumartikel hergestellt, mit denen der Käufer des reichen Westens seinen Lebensstil demonstriert und seine Identität formt. Es war das erste Buch dieser Art, das es zum weltweiten Bestseller brachte: Es wurde in 28 Sprachen übersetzt, und die *New York Times* bezeichnete es gar als »Bibel einer Bewegung«.

Etwa zeitgleich, im Jahr 2000, formierte sich das 1998 in Frankreich gegründete globalisierungskritische Netzwerk Attac auch in Deutschland. Die Organisation, die sich als Bildungsbewegung versteht und ihren Ansatz schon im Motto »Eine andere Welt ist möglich« darlegt, verbreitet die Zusammenhänge des Finanz- und Konzernkapitalismus und die Gefahren der Globalisierung durch intensive Pressearbeit, Kampagnen, Aktionen und Demonstrationen. Der Begriff Globalisierung und seine Bedeutung für die ganze Welt, fand dann eine breite deutsche Öffentlichkeit, als der *Spiegel* im Juli 2001 mit der Zeile »Kampf um den Global-Kapitalismus« titelte. Das Cover zeigte Hände, die nach der Erdkugel greifen, und stellte die Frage:»Wem gehört die Welt?« Als das Heft an einem Julimontag erschien, war gerade der G-8-Gipfel in Genua zu Ende gegangen, der von den bislang blutigsten Auseinandersetzungen zwischen Staatsmacht und Demonstranten bei einem Wirtschaftsgipfel begleitet worden war. Tagelang bestimmten Bilder des Kampfes zwischen

Demonstranten und der mit äußerster Härte vorgehenden italienischen Militärpolizei die Medien. Und als sich die Menschen vor dem Fernseher noch fragten, was genau an diesem Gipfel denn so schlimm sei und was diese jungen Leute eigentlich wollten, wurde der 21-jährige Demonstrant Carlo Giuliani von einem Polizisten per Kopfschuss getötet. Nach dem *Spiegel*-Titel stieg die Mitgliederzahl bei Attac rapide an, und in einer Umfrage gaben 70 Prozent der Deutschen an, mit den Anliegen der Globalisierungskritiker prinzipiell einverstanden zu sein.[172]

2001 erschien *No Logo* mit dem verschärften Zusatz »Der Kampf der Global Players um Marktmacht – ein Spiel mit vielen Verlierern und wenigen Gewinnern« in Deutschland. Die Kampfschrift gegen die Großkonzerne bildete den Auftakt zu einer ganzen Reihe von Enthüllungsbüchern über das Wirken einzelner Unternehmen, Branchen oder des Konzernkapitalismus als solchen. Eines der erfolgreichsten ist das *Schwarzbuch Markenfirmen. Die Machenschaften der Weltkonzerne* von Klaus Werner-Lobo und Hans Weiss, das inzwischen als Standardwerk gilt. Die beiden Autoren decken darin die Machenschaften und Verstrickungen von nahezu allen Weltkonzernen auf und machen in der Reihung deutlich, dass es nicht nur ein paar schwarze Schafe sind, die sich aus Gelegenheit und Gier ab und an zu solchen Untaten hinreißen lassen. Sondern dass dies zum wirtschaftlichen Handlungsprinzip gerade der gängigen, bekanntesten und auch beliebtesten Marken gehört, die den Alltag der allermeisten Konsumenten bestimmen. Adidas, Coca Cola, Disney, H&M, Kraft, Nestlé, Levi's, Ikea, Aldi, Chiquita, Tchibo – sie alle haben demnach ihren Massenerfolg und Profit nur durch Menschenrechtsverbrechen und Umweltzerstörung erreicht.

Allein im deutschsprachigen Raum verkaufte sich das Buch, das 2006 in einer Neuauflage erschienen ist, 150 000-mal, in Mexiko und Argentinien stand das Enthüllungswerk, das in zwölf Sprachen übersetzt wurde, wochenlang auf der Bestsellerliste.

Dokumentarfilme zu denselben Themen werden mit Preisen überhäuft und locken neuerdings hunderttausende Zuschauer ins Kino: Rund 500 000 Europäer sahen sich im Kino Hubert Saupers Dokumentation *Darwins Alptraum* über den Zusammenhang zwischen Waffenhandel im bürgerkriegsgebeutelten Ruanda und dem Verzehr des Viktoriabarschs in Europa, im Kino an. Erwin Wagenhofers *We Feed the World* über die Massenproduktion von Nahrungsmitteln und deren Folgen für die Welt wurde mit rund 600 000 Besuchern der erfolgreichste österreichische Dokumentarfilm aller Zeiten. Und wer heute wissen will, was hinter den Konzernen steckt, die seine Marken und Produkte herstellen, der braucht nicht das Zeug zum investigativen Rechercheur, sondern nur einen Internetzugang: Es genügen wenige Klicks im Internet, um auf Konsumentenforen und den Seiten der Umwelt- und Sozialbewegungen, NGOs und Protestkampagnen alle relevanten und schockierenden Informationen zu finden. Es bedarf im Gegenteil vermutlich einer größeren Anstrengung, nichts von alldem mitzubekommen.

»Ein Kind, das heute an Hunger stirbt, wird ermordet«, sagt der ehemalige UN-Sonderberichterstatter für das Recht auf Nahrung und Mitglied im Ausschuss des UN-Menschenrechtsrates, Jean Ziegler, in *We Feed the World* in die Kamera. Laut UNO leidet eine Milliarde Menschen weltweit an

Hunger, obwohl die Erde mit all ihren Ressourcen doppelt so viele Menschen, als auf ihr leben, nämlich zwölf Milliarden, ernähren könnte. Trotzdem sterben jährlich fast neun Millionen Menschen an den Folgen des Hungers.[173] Die 500 reichsten Menschen haben nach Angaben der UN-Entwicklungsbehörde UNDP ein höheres Jahreseinkommen als die ärmsten 416 Millionen Erdenbürger zusammen. Zwei Prozent der weltweiten Privathaushalte besitzen mehr als die Hälfte des Geld- und Privatvermögens, den reichsten zehn Prozent gehören 85 Prozent.[174] Mit nur 300 Milliarden Dollar könnten die schlimmsten Formen der Armut weltweit verhindert werden[175] – die USA halten doppelt so viel und die Bundesrepublik Deutschland fast eineinhalbmal so viel zur Rettung der Banken und zur Bekämpfung der Folgen der Kapitalmarktanarchie bereit.

»Ein Kind, das heute an Hunger stirbt, wird ermordet.« Jean Ziegler, selbst Autor globalisierungs- und konzernkapitalismuskritischer Bücher[176], sagt diesen drastischen Satz bei vielen seiner Vorträge. Denn er bringt deutlich zum Ausdruck, was Zahlen allenfalls abstrakt vermögen: Armut und Hunger sind kein Schicksal, sondern ein Verbrechen. Wo es Verbrechen gibt, gibt es Schuld – und wir hängen mit drin. Aber wie?

Im Zentrum der Schuldzuweisungen stehen vor allem die Konzerne und ihre Marken. Denn was im Positiven als Strategie funktioniert, funktioniert umgekehrt auch im Negativen. Den Wert einer Marke bestimmt ihr Image, gleichwertige Konsumgüter unterscheiden sich nur durch den emotionalen Mehrwert, mit dem sie aufgeladen sind. Das Prinzip Marke taugt aber eben auch gerade deswegen so gut zur Moralisierung und zur Einteilung in gut und böse durch ihre Konsumenten.

Gerade weil die Marketingabteilungen den Marken eine positive Persönlichkeit verliehen haben, die zur Ergänzung und Überhöhung der Individualität ihrer Käufer dienen soll, sind Fallhöhe und Enttäuschung besonders groß, wenn mit den schicken Turnschuhen, Jeans oder Handys nicht mehr Coolness, Freiheit, Vorsprung und Sportlichkeit verbunden sind, sondern Ausbeutung, Diskriminierung, sexueller Missbrauch von Frauen in südostasiatischen Sweatshops oder wenn das Kinderblut aus den Tantal-Minen oder von Kindersoldaten an den Handys klebt, erleidet das Image der Marke Schaden.

Das Markenimage aber ist das Kapital der Konzerne. Durch Enthüllungen und Aufklärung von Journalisten und Nichtregierungsorganisationen kann es anhaltend beschädigt werden, die darauf folgende geringere Nachfrage oder gar Boykotte führen wiederum zu Gewinneinbußen und schädigen die Unternehmen. Das wurde im Sommer 2009 wieder deutlich, als der Ölkonzern Shell 15,5 Millionen Dollar Entschädigung an die Witwe des nigerianischen Schriftstellers Ken Saro-Wiwa zahlte, um zu verhindern, dass 14 Jahre nach dessen Hinrichtung durch die nigerianische Militärjunta die Diskussion über eine mögliche Mitschuld des Konzerns neu aufflammte.[177]

Nichts, so sagen Konsumkritiker, Globalisierungsgegner und Aktivisten, fürchten Unternehmen mehr als einen Imageschaden. Unmoralisches Handeln eines Konzerns mittels Kaufverweigerung abzustrafen und damit besseres Handeln zu erzwingen ist die Grundidee von Konsumentenmacht und dem damit verbundenen kritischen bzw. strategischen Konsum.

Diese moralische Aufforderung spiegelt das aus den Fugen geratene Verhältnis, den Vertrauensbruch zwischen Anbieter und Käufer. Denn vom schlechten Ruf der Marken sind ja auch deren Konsumenten betroffen, die sich mit ihnen identifizieren und über sie identifiziert werden. Und wer möchte schon mit den Bösen in Verbindung gebracht werden?

Laut einer Studie der Unternehmensberatung Sempora sind gut drei Viertel der deutschen Konsumenten der Meinung, dass unethisches Verhalten von Unternehmen bestraft und deren Produkte boykottiert werden sollten: 40 Prozent der Befragten sind zu einem Boykott bestimmter Marken und Unternehmen bereit und würden auch anderen vom Kauf dieser Produkte abraten. Und mehr als 90 Prozent der Befragten sind der Meinung, dass Unternehmen in der Pflicht ständen, wirtschaftlich, gesellschaftlich und ökologisch verantwortlich zu handeln.[178] »Konsumenten bringen ihre Meinungen und Werte zunehmend in die Kaufentscheidung ein«, sagt Thomas Tochtermann, Chef des McKinsey-Büros in Hamburg. Unternehmen müssten genau hinhören, was ihre Kunden wollten, sich dazu gesellschaftlich verantwortlich verhalten und das kommunizieren – die Unternehmen, denen das gelinge, hätten einen klaren Wettbewerbsvorteil.[179]

Moral-Tool CSR

Corporate Responsibility – kurz *CR* – ist das Moral-Tool der Konzerne, seit auf ihr Gewinnstreben Begriffe wie Schuld und Verantwortung, gut und böse angewendet werden. »Unternehmensverantwortung« soll zum Ausdruck bringen, dass sich ein Konzern der Auswirkungen seiner Tätigkeit auf Gesellschaft, Beschäftigte, Umwelt und das wirtschaftliche Umfeld bewusst ist und die Verantwortung dafür trägt. CR ist gleichbedeutend mit einer Unternehmensphilosophie, die beinhaltet, dass Transparenz, ethisch korrektes Verhalten und Berücksichtigung der Belange der *Stakeholder* zum Geschäftsprinzip gehören und über dem Profitinteresse stehen.

Der Begriff Corporate Social Responsibility wiederum beschreibt das freiwillige Engagement der Unternehmen, sich für soziale und ökologische Belange einzusetzen. Damit gibt sich das Unternehmen als »guter Bürger« aus (*Corporate Citizenship*), der seine gesellschaftlichen Pflichten ernst nimmt – indem er sich etwa ehrenamtlich engagiert.

Einer Studie des Marktforschungsinstituts Forsa von 2006 zufolge geben deutsche Unternehmen jedes Jahr insgesamt 10,3 Milliarden Euro für gemeinnützige Zwecke aus. Ein Viertel der 1 000 Unternehmer gab an, das Engagement für öffentliche Aufgaben verstärkt zu haben.[180]

Corporate Citizens spenden Geld oder Dinge an Umwelt- oder Sozialorganisationen oder öffentliche Einrichtungen wie Kindergärten, Heime, Schulen, Krankenhäuser oder Museen. Unternehmensabteilungen streichen Kindergärten neu oder stiften Computer für Schulen, sie lassen Bäume pflanzen oder Solarzellen auf ihr Firmendach schrauben. Sie richten Kinderheime in armen Ländern ein, bauen Brunnen, fördern Frauen in der Dritten Welt, vergeben Mikrokredite, versorgen medizinische Einrichtungen – sie machen all das, wofür der Staat zuständig wäre oder die Entwicklungshilfe. Mitarbeiter anständig zu behandeln, Frauen zu fördern, Weiterbildung, Betriebskindergärten und Gesundheitsvorsorge im eigenen Betrieb anzubieten, das alles gehört ebenso zur CSR, wie Kultursponsoring, Bildung, Kooperationen mit Nichtregierungsorganisationen oder die Gründung gemeinnütziger Stiftungen.

Seit der Bedrohung durch den Klimawandel hat, vor allem in Deutschland, das freiwillige Engagement für den Umwelt- und Klimaschutz an Bedeutung gewonnen: Unternehmen setzen sich etwa CO_2-Reduktionsziele, verbessern ihre Energiebilanz, recyceln Verpackungen, stellen umweltfreundliche Produkte (auch die Unterstützung nachhaltigen Konsums gehört zur CSR) oder Verpackungen her oder fördern Umweltprojekte und -organisationen. Ihr Engagement, ihre Ziele und Ergebnisse machen sie in Nachhaltigkeitsberichten der Öffentlichkeit zugänglich. Diese Unternehmen gelten als Beweisschrift dafür, dass Ökonomie und Ökologie, wirtschaftliches und soziales Handeln, sich nicht ausschließen und dass Nachhaltigkeit und Verantwortung den langfristigen Erfolg eines Unternehmens sichern.

Nach einer Studie des Zentrums für Corporate Citizenship in Deutschland gehört es inzwischen bei etwa 70 Prozent der größeren Gesellschaften, aber auch bei kleinen und mittelständischen Unternehmen zum Selbstverständnis, sich freiwillig für das Gemeinwohl einzusetzen.[181] Dem Mittelstandspanel 2007 des Bundesverbands der Deutschen Industrie (BDI) zufolge zählt bürgerschaftliches Engagement bei 90 Prozent der Erfolgsunternehmen zu den Firmenaufgaben, während es bei den weniger Erfolgreichen gerade mal bei etwas mehr als der Hälfte in der Unternehmenskultur verankert ist.[182] Eigentlich steht das ohnehin im Grundgesetz, Art.14, §2: »Eigentum verpflichtet. Sein Gebrauch soll zugleich dem Wohle der Allgemeinheit dienen.«

»Verantwortung« und »Nachhaltigkeit« sind Worte, die seit ein paar Jahren inflationär gebraucht werden – und sie stehen in engem Zusammenhang. Beide sind moralisch positive Begriffe, die vorausschauendes und bewusstes Handeln suggerieren. »Der Ruf nach Verantwortung wird immer laut, wenn herkömmliche Handlungsweisen zu etwas Nachteiligem geführt haben. Es ist ein Kompensationsphänomen, ein Reparaturprinzip«, erklärt Ludger Heidbrink. Der Verantwortungsphilosoph ist Direktor des Center of Responsibility Research am kulturwissenschaftlichen Institut und Professor für Corporate Responsibility und Corporate Citizenship an der Universität Witten-Herdecke. Der Verantwortungsbegriff, so Heidbrink, sei ein gesellschaftliches Ordnungskonzept, wie es früher einmal die Vernunft war: »Er spielt die Rolle eines Steuerungsmediums in einer steuerungslosen Zeit.«

Verantwortung gelte als zu erstrebender Wert, er habe den Begriff der Schuld abgelöst. Denn während Schuld voraussetzt, dass eine Person vorsätzlich oder fahrlässig gegen bestehende Normen verstoßen hat, bleibt die Verantwortung auch gültig, wenn ein als korrekt angesehenes Verhalten – aus welchen Gründen auch immer – negative Folgen zeitigt.

Verantwortungszuweisung entspricht einer Schuldsuche: Es ist die alltagsmoralische Idee, dass derjenige die Scherben aufkehren soll, der den Schaden verursacht hat. Sie impliziert die Vorstellung, dass jemand haftbar gemacht werden kann im Fall der Fälle – und sei es nur moralisch. Sie dient der Beruhigung: Alles soll seine Ordnung haben, und wir möchten uns darauf gern verlassen können.

»Mithilfe dieses Prinzips entlasten wir uns von den Schwierigkeiten, beim Umgang mit komplexen, hochgradig komplizierten Prozessen so etwas wie Verantwortlichkeit noch dingfest zu machen. Anders ausgedrückt: Wir reden umso mehr über Verantwortung, je weniger wir sie haben«, sagt Heidbrink.

Dass die Unternehmen Verantwortung übernehmen und moralische Versprechen abgeben, finden die Konsumenten toll: Je nach Umfrage schätzen mittlerweile 75 bis 90 Prozent der Konsumenten Unternehmen als sympathisch ein, die sich für Soziales, die Umwelt und Menschenrechte engagieren.

In der ersten internationalen Konsumstudie »Good Purpose«[183], die die PR-Agentur Edelmann 2007 durchführte, gaben weltweit 86 Prozent der Befragten an, sie seien bereit, ihr Konsumverhalten zu ändern und andere Marken als bisher zu kaufen, wenn sie dadurch helfen würden, die Welt zu verbessern. In Deutschland wollen 85 Prozent der Konsumenten in dieser Form zu einer besseren Gesellschaft und Umwelt beitragen. Und 58 Prozent der Befragten finden es völlig legitim, dass die Produzenten von Marken Engagement zeigen und damit Geld verdienen.

Weil Kunden der moralische Mehrwert beim Kauf so wichtig geworden ist, bezieht auch die Stiftung Warentest bei ihren Produkttests CSR-Faktoren des Herstellers mit ein und macht diese öffentlich. Das *Manager-Magazin* legt ein CSR-Ranking auf, und Unternehmen bekommen Auszeichnungen und Preise für besonders nachhaltiges und verantwortliches Wirtschaften.

Das schon erwähnte Cause Related Marketing (vgl. S. 135) ist ebenfalls eine Spielart von CSR und funktioniert unmittelbar: Es lädt das Produkt mit Werten auf, mit denen sich der Konsument sofort identifizieren kann. Es lässt Unternehmen, die mit namhaften NGOs zusammenarbeiten, als Akteure erscheinen, denen die Rettung des Regenwaldes, Trinkwasser oder die Bildung afrikanischer Schulkinder sehr am Herzen liegt. Und es suggeriert dem Konsumenten, dass er mit dem Kauf einen wichtigen Beitrag zur gesellschaftlichen Verantwortung leistet. In Shamsey Olokos Studie zum Cause Related Marketing in Deutschland gaben fast 60 Prozent der Befragten an, sich für das Produkt mit dem daran gekoppelten guten Zweck zu entscheiden, wenn zwei qualitativ gleiche Produkte zur Auswahl stünden. Die Mehrheit der Konsumenten gab an, dass Unternehmen ihrer Ansicht nach Verantwortung hätten, und bewerten Cause Related Marketing als ein adäquates Marketinginstrument (56,8 Prozent), diese Verantwortung wahrzunehmen, wenn denn die Kampagne glaubwürdig sei.

Mythos und Wahrheit

Die Krombacher-Brauerei ist ein Familienunternehmen mit Sitz in der nordrhein-westfälischen Kleinstadt Kreuztal. Das Städtchen im Siegerland liegt, von bewaldeten Hügeln umgeben, am Fuß des Rothaargebirges. Wer an Krombacher denkt, der hat einen Flötenton im Ohr; die nette kleine Melodie des Simple-Minds-Stücks »Belfast Child« ertönt jeden Sonntagabend vor und nach dem Tatort, der ebenso wie manche Sportübertragung von Krombacher präsentiert wird. Man sieht einen in der Sonne glitzernden See mit einer bewaldeten Insel in der Mitte, rundherum erstreckt sich das Grün bis zum Bildschirmrand. Unberührte Natur, so weit man schaut, wie es sie so vielleicht noch in Kanada, Norwegen, Russland gibt – oder in der Fantasie von Mediengestaltern. »Eine Perle der Natur« ist der Slogan, und nein, das Bild ist nicht computergeneriert, nur geschönt. See und Insel existieren wirklich, sie gehören zur Wiehltalsperre 25 Kilometer westlich von Kreuztal. »Wir werben mit der Natur, und daher war es für uns Verpflichtung, etwas für den Schutz der Natur zu tun,« sagt Krombacher-Marketingchef Grabias. Und: »Klar wollen wir auch mehr Bier verkaufen, der Markt ist hart umkämpft.«[184]

Ist der Wohlfahrtsgedanke eines Unternehmens nur dann gültig, wenn er altruistisch ist? Ist es nicht egal, woher das Gute kommt, wenn es seinen Zweck erfüllt?

Immerhin, die Regenwaldaktion hat dem WWF bislang 4 Millionen Euro eingebracht, Krombacher hat auch selbst gespendet und ruft zu Spenden an die Stiftung auf. Mit dem Geld kann der WWF im zentralafrikanischen Dzanga-Sangha mittlerweile 83 Millionen Quadratmeter schützen. Derzeit wird dort aus Sondermitteln eine Solaranlage eingerichtet, die das Hauptcamp mit umweltfreundlichem Strom versorgt. Auch vor der eigenen Haustür engagiert sich Krombacher für die Umwelt: Die Brauerei unterstützt ein Wiederaufforstungsprojekt der Organisation »Wald in Not« im Stadtwald Brilon, wo der Orkan Kyrill arge Schäden hinterlassen hat. Im Zuge der Wirtschaftskrise hat sich die Brauerei ein kombiniertes Konjunktur- und Umweltprogramm auferlegt, Beschäftigte mit Wohneigentum können ein zinsloses und zweckgebundenes Darlehen in Höhe von 5 000 Euro beantragen, um die eigenen vier Wände mit Energiesparvorrichtungen zu versehen; das Umweltdarlehen steht auch heimischen Mittelstandsfirmen zur Verfügung. All das nutzt Umwelt, Unternehmen und Mitarbeitern gleichermaßen.[185]

83 Millionen Quadratmeter geretteter Regenwald, das klingt enorm, fast nach dem ganzen Schutzgebiet. Was aber nach einer gigantischen Fläche klingt, ist einem kleinen Formulierungstrick geschuldet: 83 Millionen Quadratmeter sind 83 Quadratkilometer. Das ist ein bisschen mehr als der Chiemsee (79 Quadratkilometer) und macht gerade mal 2 Prozent des 4000 Quadratkilometer großen Schutzgebietes im Kongobecken aus. Tatsächlich wird umgerechnet in fünf Stunden weltweit so viel Wald vernichtet, wie die seit 2002 laufende Krombacher-Kampagne schützt.[186] Um mittels Biergenuss 10 Euro an den WWF zu spenden, müsste man 142 Kästen kaufen. Denn pro Kasten werden nur etwa 4 Cent an den Fond weitergereicht. Und obendrein ist in dem Schutzgebiet vor allem die Wilderei an bedrohten Waldelefanten das Problem, nicht so sehr die Regenwaldabholzung. Seit eine Holzfirma, die die Menschen zum Einschlag in den Dschungel lockte, ihre Pforten schloss, macht man das Geld eben mit Elefantenfleisch. In einer Reportage des SWR von 2008 gingen Journalisten der Arbeit des WWF nach.[187] 2007 fielen geschätzt 100 der 870 Tiere Wilderern zum Opfer, das Fleisch lässt sich auf dem Markt außerhalb des Schutzgebiets gut verkaufen. »Wilderei gibt es außerhalb der Schutzgebiete wesentlich mehr als innerhalb der Schutzgebiete«, sagt der WWF-Wildtierexperte Christoph Heinrich in dem SWR-Bericht. »Wir würden niemals abstreiten, dass dort gewildert wird.« Die fünfzig Parkranger machen das Jagen zwar schwerer, verhindern können sie es aber nicht – es gibt kaum Strafen für Wilderei. Ein ortsbekannter Wilderer lebe gar neben dem WWF-Zentrum. »Da verschließen wir nicht die Augen vor, und da wird auch seitens des Projektes extrem stark gegen vorgegangen.«, heißt es aus dem Hause Krombacher.[188]

Krombacher unterstützt nicht nur den Regenwald, sondern auch die Formel 1. Die Brauerei präsentiert seit 1998 das Autorennen bei RTL. Seither gibt es auch ein Gewinnspiel: eine Flugreise zum Großen Preis von Shanghai – für zwei Personen. 464 Tonnen CO_2 bläst die Formel 1 pro Saison in die Luft – ein Flug von Deutschland nach Hawaii macht etwa 6 Tonnen CO_2 pro Person aus. Das bindet andere Kundenschichten an das Unternehmen, denen man mit Regenwaldrettung gar nicht erst zu kommen braucht. Und es zeigt, wie wenig ernst es Krombacher mit dem Umweltschutz ist.

Als ich im Juli 2008 in *Neon*, dem jungen Magazin vom *Stern*, einen Kommentar zum Thema karitativer Konsum schrieb, machte ich auf dieses Paradox aufmerksam – und wurde nach Veröffentlichung von Hans-Jürgen Grabias angerufen. Er sei, sagte Grabias, enttäuscht und auch persönlich verletzt, das Regenwaldprojekt sei eine gute Sache mit großem Erfolg, er sagte das sehr ruhig und freundlich, wie eben jemand, dem eine Sache wirklich wichtig ist, ein Anliegen: »Wir gehören nicht zu den Bösen«, sagte Grabias mehrmals, »wir haben immer gesagt, dass wir damit Bier verkaufen wollen. Und wenn man das noch mit etwas Gutem verbinden kann – umso besser.« Und, angesprochen auf das Regenwald-Formel-1-Paradox: »Sie sind doch auch eine hybride Persönlichkeit – das sind wir als Unternehmen eben auch.«

Wenn aber die Verantwortung für das Gute und das Schlechte in der Welt tatsächlich bei den Unternehmen liegt – darf man ihnen dann derartige Hybride zugestehen, die eigentlich Paradoxien sind? Wie widersprüchlich darf ein Unternehmen agieren? Und was ist noch vereinbar, was nicht? Kann man Unternehmen moralisch bewerten? Wann ist ein Unternehmen gut, wann ist es böse? Anders gefragt: Können böse Unternehmen Gutes tun? Und gute Unternehmen Schlechtes? Und vor allem: Wofür und wie viel Verantwortung kann ein Unternehmen überhaupt übernehmen? Wie hängen wir als Verbraucher mit drin? Was können wir fordern von den Konzernen – und was bekommen wir dafür? Ist es denn schlecht, wenn Unternehmen mit so genanntem Sozialmarketing Geld verdienen? Oder kann man sie am Ende nur durch die Aussicht auf Profit dazu bringen, tatsächlich verantwortlich zu handeln?

>»Die Entwicklung der Kultur und Industrie überhaupt hat sich von jeher so
tätig in der Zerstörungen der Waldungen gezeigt, dass dagegen alles,
was sie umgekehrt zu deren Erhaltung und Produktion getan hat,
eine vollständig verschwindende Größe ist.«
Karl Marx, Das Kapital, 2. Band[189]

2. Greenwashing: Bäume pflanzen mit Toyota

Es ist einer dieser verschwenderisch strahlenden Frühlingstage: Was blühen kann, blüht. Die Vögel zwitschern gegen den Verkehrslärm an, und die Sonne am knallblauen Himmel verleiht dem üppigen Grün des Berliner Tiergartens einen goldenen Schimmer. Es ist der »Tag des Baums«[190], und man könnte fast glauben, die Natur wolle an diesem 25. April 2009 – hier, bitte schön, Welt! – voller Stolz unter Beweis stellen, was sie alles kann. Das trifft sich hervorragend, denn heute werden ihr ein Autokonzern und eine Reihe von Kindern etwas Gutes tun.

Über die Wiesen vor dem Reichstag schlendern Familien und Kindergruppen zum Tipi am Kanzleramt, sie tragen weiße T-Shirts mit stilisierten Bäumen drauf.

Drinnen beginnt gleich das »Pressefrühstück« anlässlich der »Baumparty« zu seinem Geburtstag. Das Motto lautet: »Eine Million Bäume für Deutschland, 100 000 Bäume für Berlin«.

Eine Million Bäume für den Klimaschutz – »Trees for Climate Justice« – zu pflanzen ist ein Ziel von Plant-for-the-Planet. Diese Initiative wurde 2003 vom Umweltprogramm der Vereinten Nationen (UNEP) mit dem Ziel gestartet, Gemeinden und Kindern das Aufforsten und die Sorge um Bäume nahezubringen. Die Idee, zusammen mit anderen Kindern und Schulen in Deutschland bis Ende 2009 eine Million Bäume zu pflanzen, stammt von dem Schüler Felix Finkbeiner. Hauptsponsor des Projekts ist der Automobilkonzern Toyota. Auch die Deutsche Post DHL, die ihre Zustellungen per Luftfracht und Straßenverkehr ausliefert, Unternehmen der Papierindustrie und Utopia.de (ein Baum pro Einkauf im Öko-Online-Shop) gehören zu den Unterstützern, in Kooperation mit der Utopia bietet sogar die GLS-Bank eine Kreditkarte an, mit der Plant for the Planet unterstützt wird.

»Erwachsene sind manchmal schwer zu verstehen: Die Sonne schickt uns täglich mehr Energie, als wir brauchen, trotzdem führen sie Krieg um Öl. Wir fliegen zum Mars, aber benutzen immer noch Glühbirnen, eine über hundert Jahre alte Technik. Als ich geboren wurde, haben sie versprochen, Autos zu bauen, die ganz wenig CO_2 produzieren, aber heute fahren Geländewagen auf der Autobahn. Ein Flug nach London zum Shoppen kostet 19 Euro, aber uns Kinder kostet es unsere Zukunft«, sagt Felix Finkbeiner. Er ist elf Jahre alt, souverän steht er auf der Zeltbühne zwischen den Männern im Anzug, die verzückt lächeln, wenn der Junge mit der Brille und dem zu großen Plant-for-the-Planet-T-Shirt solche Dinge mit kindlichem Ernst in das Mikrophon spricht. Wie schön, dass Kinder so leicht zu verstehen sind.

Auch Felix Finkbeiner hat eine Erweckungs- und Erfolgsgeschichte zu erzählen, die den Erwachsenen gut gefällt und wiederum die unendliche Macht des Einzelnen zeigen soll, denn wenn schon ein Kind Großes und Gutes anstoßen kann, also bitte. Zur Vorbereitung eines Schulreferates über den Klimawandel sei er, der damals Neunjährige, auf der UNEP-Homepage auf die Geschichte der Kenianerin Wangari Maathai gestoßen, die in 30 Jahren 30 Millionen Bäume in zwölf Ländern Afrikas gepflanzt hat und 2004 mit dem Friedensnobelpreis ausgezeichnet wurde. »Da habe ich mir gedacht, dann können wir das auch schaffen, eine Million Bäume zu pflanzen«, sagt Felix Finkbeiner ins Mikrofon.

Es klingt mehr routiniert denn kämpferisch, er hat diese Geschichte schon Dutzende Male vor Erwachsenen und Kindern erzählt. Mit dem Referat, das mit diesem Aufruf endete, wurde der Schüler, der mit seinen Eltern und Schwestern in der Nähe des Starnberger Sees lebt und dort eine Privatschule besucht, von der Lehrerin und Direktorin in andere Klassen und Schulen geschickt. Im Juni 2008 sprach Felix Finkbeiner auf der UNEP-Kinderkonferenz im norwegischen Stavanger und begeisterte die Kinder mit dem Aufruf: »Lasst uns weltweit Millionen Bäume pflanzen. Jeder Baum ist ein Symbol für Klimagerechtigkeit, denn wer mehr CO_2 rauspustet als ein anderer, muss auch dafür zahlen!« Die 700 Kinder aus mehr als 100 Ländern wählten ihn zum UNEP-Kindervorstand, weltweit wollen sie sieben Milliarden Bäume pflanzen.

Längst redet der Kinderstar der Weltrettung – dass auch seine beiden Schwestern die Initiative mitbegründeten, ist irgendwie in den Hintergrund getreten – auf größeren Podien. Er steht dann wie ein Motivationstrainer mit Headset auf dem kleinen Kopf vor etwa 1 200 Konzernvertretern beim Toyota-Auditorium oder beim UNEP-Daimler-Environmental Forum für Klimagerechtigkeit und sagt zum Beispiel: »Wenn wir über die Straße gehen, nehmen uns unserer Eltern bei der Hand. Wenn es darum geht, etwas für unsere Zukunft zu tun, also für den Klimaschutz, müssen wir Kinder unsere Eltern bei der Hand nehmen.«

Natürlich wird auch Felix Finkbeiner an der Hand genommen, wo Felix ist, ist auch sein Vater Frithjof Finkbeiner nicht weit, schon um seinen Sohn rechtzeitig auf die Bühne zu schubsen. Der Wirtschaftswissenschaftler und Bauunternehmer ist seit 15 Jahren in Sachen Weltrettung unterwegs. Nach einer Begegnung Mitte der 90er Jahre mit Al Gore, der Ikone moderner Weltrettung, verkaufte er seine Baustoff-Firma und kümmerte sich fortan um die Verwirklichung des »Global Marshall Plans« der Vereinten Nationen. Die »Global Marshall Plan Initiative«, dessen Mitbegründer er ist, kämpft für die Durchsetzung der UN-Millenniumsziele[191] und für eine globale ökosoziale Marktwirtschaft, natürlich auch mit Unterstützung der Wirtschaft und der Welthandelsgesellschaft WTO. Finkbeiner ist Koordinator der Initiative in Deutschland und Mitbegründer der Global Compact Initiative Foundation (Stiftung Weltvertrag). Mehr als 100 Vorträge hält der Rotarier auf Kongressen, Tagungen und Workshops, manche von ihnen zusammen mit Sohn Felix. Die Vortragshonorare fließen zu 100 Prozent in die Stiftung.

Umrundet von anderen Kindern – mehr als zwanzig Berliner Schulen nehmen an dem Projekt teil –, steht Felix auf der Bühne der »Baumparty« und wiederholt seinen Vortrag. Gleich werden hier im Tiergarten zum Auftakt der Aktion drei Eichen gepflanzt. Es moderiert der Fernsehjournalist (ZDF) und Naturfilmer Dirk Steffens, man kennt ihn unter anderem aus dem Krombacher Regenwaldspot, wo Steffens aus dem Dzanga-Sangha-Schutzgebiet berichtet. Steffens Arbeit wurde früher vom Toyota-Konkurrenten Nissan unterstützt.

Rund um die Bühne sind große Werbetafeln von Toyota aufgestellt, die das Engagement des Autokonzerns für den Umweltschutz betonen. »Toyota sieht sich als Unternehmen in der Verantwortung: Die Umwelt zu schonen und zugleich zu einer nachhaltig lebenden Gesellschaft beizutragen.« Daneben stehen Stellwände mit anrührenden, von Kindern gemalten Bildern, auf denen Bäume, Schmetterlinge und die liebe Sonne zu sehen sind, darauf kleben Fotos von Felix Finkbeiner und das Logo von Plant for the Planet.

»In kaum einem Land gibt es so viele Lieder und Gedichte über Bäume und den Wald. Das spricht uns emotional an. Drum waren wir von Toyota in Deutschland schnell begeistert von der Idee«, sagte Lothar Feuser, Geschäftsführer der Toyota Deutschland GmbH, bei der Pressekonferenz. Was könnte wohltuender sein für die deutsche Seele als Kinder, unsere Zukunft, die Bäume in die Welt pflanzen, auf dass man darin weiter Auto fahren kann?

Die Idee klingt einfach: Ein Baum, etwa eine Buche, nimmt pro Jahr geschätzte 10 Kilo CO_2 auf – die CO_2-Emission des Durchschnittsdeutschen liegt bei 11 Tonnen pro Jahr. Ein Pkw[192] mit 140 Gramm CO_2-Ausstoß pro Kilometer und einer Laufleistung von 10 000 Kilometern bläst pro Jahr 1,4 Tonnen CO_2 in die Luft, macht 140 Bäume pro Autojahr. Es ist das Prinzip der Emissionskompensation: Sie ermöglicht, die klimaschädlichen Gase, die bei der Herstellung, dem Konsum oder der Anwendung eines Produkts oder einer Dienstleistung entstehen, an anderer Stelle wieder einzusparen. Es ist das, was hinter dem inflationär gebrauchten Begriff »klimaneutral« steckt, der super klingt, aber an sich eine Lüge ist: Nichts ist klimaneutral, nicht mal ein- und ausatmen. Oder hat im Ernst jemand daran geglaubt, es könnte möglich sein, dass ein Skigebiet, eine Fernreise oder ein produzierendes Unternehmen keinen Einfluss auf das Klima hat?

Plant for the Planet ist nicht das einzige Aufforstungsprojekt, das die CO_2-Emissionen ausgleichen soll. Bäume pflanzen ist mittlerweile ein gängiges Instrument des Milliardengeschäfts CO_2-Ablasshandel, eine Vielzahl der kommerziellen und nicht kommerziellen Anbieter weltweit macht von dieser einfachen und kostengünstigen Möglichkeit Gebrauch. Auch Flugkompensationen und Emissionszertifikate beruhen teilweise darauf.

Der Verein Prima Klima[193] etwa wirbt damit, seit 1991 10,2 Millionen Bäume auf 5 700 Hektar gepflanzt zu haben, die 42 000 Tonnen CO_2 pro Jahr einsparen. Über Prima Klima lassen Getränkehändler pro Getränkekiste ihre Kunden Bäume pflanzen, Unternehmen kompensieren den CO_2-Ausstoß ihrer Dienstreisen und -wagen und lassen dies in ihre Umweltberichte einfließen, Bahn-Bonus-Kunden können ihre gesammelten Punkte dafür spenden, Papierhersteller und Zeitschriftenverlage spenden ebenfalls für mehr Bäume.

Selbst die Münchner Firma X-Leasing, die den »Mythos Auto als Ausdrucksmittel für Individualität, Status und Lebensfreude«[194] verkauft, kooperiert mit dem Verein und wirbt auf ihrer Internetseite mit Autos, die aus Regenwaldbildern zusammengebastelt sind, für den Ablasshandel – obwohl Prima Klima überwiegend in Deutschland Bäume pflanzt und mit dem Erhalt des Regenwaldes überhaupt nichts zu tun hat. Mit einer kombinierten Baumspende für 227,52 Euro kann man dann guten Gewissens drei Jahre lang Porsche Cayenne (Verbrauch: 15,3 Liter/100 Kilometer, CO_2-Ausstoß: 361 g/km) fahren – natürlich nur, wenn man das möchte, denn die Klimaabgabe ist freiwillig.

Da ist sie wieder, die Win-win-Situation für Verbraucher und Unternehmen, die so tun, als sei der eigentliche Gewinner das Weltklima. Aber wieder einmal geht die Rechnung nicht auf. CO_2-Kompensation mittels Bäumepflanzen ist umstritten. Denn während wir heute CO_2 in die Luft blasen, sind neu gepflanzte Bäume erst nach Jahrzehnten in der Lage, genug CO_2 aufzunehmen. Ernst-Detlef Schulze, Direktor am Max-Planck-Institut für Biogeochemie in Jena, sagt, dass ein Baum, der in unseren (noch) gemäßigten Breiten eingepflanzt wird, sechzig Jahre stehen muss, bis er der Atmosphäre netto Kohlendioxid entzieht.[195] Bis der Baum groß genug ist, steigen die Treibhausgasemissionen netto einfach weiter an. Während der Baum über seine Blätter Kohlendioxid aus der Luft aufnimmt, setzt er aber an den Wurzeln den im Boden gespeicherten Kohlenstoff bei der Aufnahme von Nährstoffen frei – vor allem in jungen Jahren. Umstritten sind solche Projekte auch, weil für große Aufforstungsflächen in Entwicklungsländern das Landrecht indigener Völker bedroht ist. Und auf die Verschwendung von Ressourcen hat das Pflanzen von Bäumen überhaupt keinen Einfluss. Darüber hinaus gibt es keine Garantie, dass die Bäume überhaupt so lange stehen – denn die Gefahr von Waldbränden steigt weltweit mit der Erwärmung des Klimas. Und wenn die Bäume brennen, blasen sie genau die Menge CO_2 auf einmal wieder in die Luft, die sie über Jahre gebunden haben. Ein Teufelskreis, denn der Raubbau an tropischen und sibirischen Wäldern durch den Menschen ist zurzeit für schätzungsweise 20 Prozent der klimaerwärmenden Emissionen verantwortlich: Die Waldfläche verringert sich weltweit um jährlich etwa 13 Millionen Hektar.[196]

Allein der Holzhandel vernichtet laut Weltbank pro Jahr fünf Millionen Hektar Regenwald. Deutschland gehört zu den Hauptimportländern von Tropenholz – und das, obwohl die Bundesrepublik zu einem Drittel mit Wald bedeckt ist und die Menge an Holz pro Bundesbürger die größte in Europa ist. 120 Millionen Kubikmeter kommen Jahr für Jahr hinzu, und nur rund die Hälfte davon wird genutzt.[197] Aber Tropenholz, aus dem nicht nur günstige Gartenmöbel hergestellt werden, sondern auch Bleistifte, Pressspanplatten, Papier und Taschentücher, ist billiger. Die Bäume müssen nicht erst angepflanzt werden, sondern stehen schon da, der Lohn in den Schwellenländern, wo der Regenwald wächst, ist niedrig, und illegaler Einschlag wird praktisch nicht geahndet. Angesichts dieser Tatsache ist es geradezu zynisch zu glauben, man rette Welt und Wald mit noch mehr Bäumen in Deutschland. Denn die Hauptschuld am Waldschwund tragen die Industrie mit ihrem gigantischen CO_2-Ausstoß und der Verwendung von Palmöl (das in den Ölpalmenplantagen, die auf gerodetem Regenwaldboden wachsen, zur Herstellung von Kosmetik, Reinigern und Nahrungsmitteln gewonnen wird[198]), die Energiekonzerne mit ihrem Verbrauch fossiler Energien und der Konsument mit seinen Flugreisen, Autofahrten, dem Papierverbrauch (250 Kilo Papier und Pappe verbraucht der Deutsche im Schnitt pro Jahr) und seinem Fleischverzehr, weil das Futter für die Tiere da wächst, wo einmal Regenwald stand.

»Wenn die Welt morgen unterginge, so würde ich noch heute ein Apfelbäumchen pflanzen«[199]: Bäume pflanzen als sentimentaler Ausdruck von Zukunftsoptimismus hat natürlich mehr symbolische Strahlkraft als das Autofahren oder gar den Fleischkonsum einzuschränken. Mehr als 50 Toyota-Vertragsautohändler haben für Plant-for-the-Planet bereits 140000 Bäume von Schülern pflanzen lassen oder das Versprechen dazu abgegeben. Ein Toyota-Autohaus in Niedersachsen etwa ließ für jeden Werkstattauftrag einen Baum und für jedes gekaufte Auto hundert Bäume pflanzen, die Kunden bekamen einen Aktionsaufkleber auf das Auto. Die meisten, so Toyota, waren stolz darauf. Schon klar, es fährt sich mit reinerem Gewissen, wenn einem der Autohändler eine Bescheinigung aufs Heck klebt, dass man mit dem Autofahren der Umwelt etwas Gutes tut.

Die Plant-for-the-Planet-Kooperation hilft vor allem Toyota, die eigene Position als weltgrößter Autokonzern und gefühlter Umweltengel unter den Automarken zu stärken. Im Januar 2009 fand das Bremer Beratungsunternehmen Brands & Values in seine Studie »Ethical Brand Monitor« heraus, dass sich Automarken mit dem Image der Nachhaltigkeit besser verkaufen. 21 Prozent der Verbraucher ließen demnach ethische Aspekte in ihre Kaufentscheidung einfließen. Einer Umfrage der Unternehmensberatung Roland Berger im März 2009 zufolge gaben 55 Prozent der befragten deutschen, englischen und französischen Autofahrer an, sie hielten Toyota für den Autohersteller, der sich von allen am meisten bemühe, umweltfreundliche PKW-Antriebe zu entwickeln.[200]

Seit sich die Automobilkonzerne ein Wettrüsten in Sachen umweltverträglicher Technikinnovationen liefern und, vor allem mittels Greenwashing[201], um ihr Öko-Image konkurrieren, muss selbst Hybrid-Pionier Toyota um seinen Vorsprung durch den Prius fürchten. Dieser wurde von umweltbewegten Hollywood-Stars wie Julia Roberts, Leonardo DiCaprio und George Clooney zum Weltrettungsmobil erkoren. In Deutschland bewirbt neuerdings Heike Makatsch, eine Art werblicher Günther Jauch der Generation Grün, den Toyota Prius. Auch Umweltminister Sigmar Gabriel fährt einen, und Grünen-Fraktionschefin Renate Künast forderte gar: »Leute, kauft Hybridautos von Toyota!«[202] Das sei die einzige Lösung, wenn es deutsche Autobauer nicht hinbekämen, umweltfreundliche Autos zu bauen, sagte Künast und sorgte damit für einen Sturm der Entrüstung. Nicht etwa bei den Bürgern – obwohl diese Aussage Ausdruck von Kapitulation der Politik vor der Wirtschaft ist, denn wer, wenn nicht die Politik, kann durch Auflagen dafür sorgen, dass Autobauer umweltfreundliche Technologien entwickeln? –, sondern von Seiten der deutschen Autokonzerne. Tatsächlich verkaufte sich das teure und aufwändig produzierte Nischenprodukt Prius seit 2004 weltweit nur 1,7 Millionen Mal.[203] Zum Vergleich: Der VW Golf V verkaufte sich allein im Jahr 2008 knapp 600 000 Mal.[204]

Seit 2004 steht der Toyota Prius auf Platz eins der Auto-Umweltliste des alternativen Verkehrsclub Deutschland (VCD), seit 2008 führt das Unternehmen auch das VCD-Ranking des Umweltengagements an. Das macht leicht vergessen, dass Toyota nicht nur den halbwegs umweltfreundlichen Prius, sondern auch Spritfresser und materialintensive, riesige Geländewagen herstellt. »Mehr Leistung bei weniger Emissionen«, beschönigte Toyota das Modell RX 400h, einen SUV mit Hybrid-Antrieb der hauseigenen Luxusmarke Lexus.

Eine schiere Behauptung: 2005 etwa ließ *Auto-Bild* den Luxusgeländewagen mit Hybridantrieb gegen einen ähnlich riesigen Mercedes (ML 320 CDI) mit Dieselmotor antreten. Lediglich im Stadtverkehr verbrauchte der Lexus (8,2 Liter Super) weniger als der Mercedes (11,5 Liter Diesel). Auf der Landstraße schluckten beide etwa gleich viel – der ML 8,8 Liter Diesel/100 km und der Lexus 9 Liter Super – und auf der Autobahn der »emissionsarme« Lexus 23,2 Liter und der Mercedes nur 14,4 Liter.[205] »Heuchelhybride« nannte das *Greenpeace-Magazin*[206] solche Zwei-Tonnen-Autos mit Hybridantrieb – denn je schwerer und leistungsstärker ein Fahrzeug ist, desto größer ist sein Spritverbrauch und desto höher auch der CO_2-Ausstoß. So kommt der Lexus RX 400h auf 192 Gramm – das entspricht etwa dem durchschnittlichen Ausstoß der Oberklassemarken Mercedes und BMW.[207] »Die Hybridtechnologie wird inzwischen genutzt wie andere Effizienz steigernde Innovationen zuvor«[208], konstatierte die *New York Times* – nämlich dazu, Autos zu entwickeln, die schneller beschleunigen und fahren. Laut einer Untersuchung der Universität von Connecticut[209] ist die Öko-Bilanz des Toyota Prius sogar schlechter als die der Super-Umweltsau-SUV Hummer: Durch die Verwendung von Leichtmetall und die großen Batterien braucht der Prius bei der Herstellung doppelt so viel Energie wie der Hummer. Die Lebenserwartung eines Hummer ist ebenfalls höher: Der Prius hat eine Laufleistung von rund 160 000 Kilometern, der Hummer eine von 480 000 Kilometern.

Toyota Prius hin oder her: 2007 schaffte es die Marke in einem Emissions-Ranking hinsichtlich der durchschnittlichen CO_2-Emissionen ihrer Fahrzeuge von 163 Gramm pro Kilomter nur auf den 13. Platz – die ersten drei belegen Smart (119 g), Fiat (140 g) und Citroen (145 g).[210] Und auch der Hersteller VW, der 2009 den Deutschen Nachhaltigkeitspreis bekommen hat, schaffte es gerade mal auf Platz 12 (161 g).

163 Gramm pro Kilometer liege deutlich über dem CO_2-Ausstoß von 130 Gramm, den die EU-Kommission ab 2012 als Grenzwert verordnen will. Die EU beschloss, dass bis 2005 der CO_2-Ausstoß auf 120 Gramm/Kilometer reduziert werden soll – die Autokonzerne wehrten sich gegen die Auflage und erreichten eine Verlängerung der Frist bis 2010. Bundeskanzler Gerhard Schröder hebelte das Gesetzesvorhaben der EU 1998 aus und überließ es der Autoindustrie, die Emissionen freiwillig auf 140 Gramm/Kilometer bis 2008 zu reduzieren. Diese baute stattdessen immer schwerere und schnellere Autos. Im Jahr 2006 lag laut dem Umwelt- und Prognose-Institut (UPI) der durchschnittliche CO_2-Ausstoß der Benziner bei 171,8 Gramm pro Kilometer.[211] Seit 2007 soll deshalb die CO_2-Reduktion wieder gesetzlich verankert werden – auf 120 Gramm/Kilometer bis 2012. Doch auf Druck der Autokonzernlobby knickten die EU-Politiker abermals ein und korrigierten den Durchschnittswert um 10 Gramm nach oben.

Laut Deutscher Umwelthilfe waren von den 38 neuen Fahrzeugmodellen, die Toyota auf der Internationalen Automobilausstellung IAA 2008 zeigte, neun »Klimakiller« mit einem CO_2-Ausstoß von sogar mehr als 210 Gramm. Und obwohl die Autoindustrie es in mehr als zehn Jahren nicht hinbekommen hatte, emissionsarme Autos zu entwickeln, forderten die europäischen Autofirmen im Oktober 2008 einen zinsfreien Kredit über 40 Milliarden Euro zur Investition in zukunftsfähige Autos, um den EU-Forderungen gerecht zu werden.[212]

Es ist nur ein weiteres sinnfälliges Paradoxon, dass manche an Plant-for-the-Planet-Aktionen beteiligten Toyota-Händler zur Verpflegung der fleißigen kleinen Umweltschützer die örtlichen Metzger gewinnen konnten, die selbstverständlich gern für die »gute Sache« Gulaschsuppe und Bratwürste spendierten und sich damit zum Komplizen machten. Bei der Pressekonferenz zur Baumparty in Berlin gab es außerdem Pfirsiche, Weintrauben und Erdbeeren, die zu dieser Jahreszeit nur tausende Kilometer entfernt, zum Beispiel in Andalusien und Südafrika, wachsen und eingeflogen werden müssen und Pressemitteilungen auf nicht recyceltem, aber »klimaneutral« bedrucktem Papier. Außerdem wurde Kaffee aus dem Hause Nestlé ausgeschenkt. Und Nestlé, der weltgrößte Nahrungsmittelkonzern, der seit Jahrzehnten von NGOs aller möglichen Menschenrechtsvergehen und Umweltverbrechen bezichtigt wird – unter anderem der verbotenen Vermarktung von Babynahrungsmitteln in Entwicklungsländern, des ausbeuterischen Kaffeehandels und der Privatisierung und Monopolisierung von Wasser –, ist außerdem in hohem Maße für die Zerstörung des Regenwaldes in Indonesien und Malaysia verantwortlich. Auf den gerodeten Flächen werden Ölpalmen gepflanzt, Palmöl wiederum ist die Grundlage von Kosmetik, Waschmitteln, Süßigkeiten und Fertiggerichten. Nestlé, Unilever und der Chemiekonzern Henkel gehören zu den drei größten Verbrauchern von Palmöl. Auf Druck der Umweltorganisationen, etwa des WWF, haben die Konzerne 2003 zugegeben, »dass die indonesischen Regenwälder und die dort heimischen Elefanten, Tiger und Orang-Utans durch den Anbau von Ölpalmen bedroht sind«[213]. Sie erklärten ihre Bereitschaft zur Teilnahme an »internationalen Verhandlungen mit anderen Großunternehmen, um Standards für die ökologische und sozial gerechte Produktion von Palmöl zu entwickeln und danach auf Basis dieser Ergebnisse geeignete Maßnahmen einzuleiten«[214].

Eine freiwillige Entscheidung der Konzerne, die daraufhin mit anderen Firmen, Investoren, Bankern, sämtlichen Ölproduzenten, -anbauern, -verkäufern vor Ort und dem WWF dem 2001 gegründeten *Roundtable on Sustainable Palmoil* (RSPO) zum nachhaltigen Anbau von Palmöl beitraten. Doch Präsident ist ausgerechnet Unilever-Manager Jan Kees, dessen Konzern mit 1,6 Millionen Tonnen Palmöl pro Jahr der weltgrößte Verbraucher dieses Rohstoffs ist.

Sechs Jahre stritten die 340 Mitglieder der »einzigartigen Plattform für pragmatische Zusammenarbeit«[215] über die Standards zur Zertifizierung. Das Ergebnis: Wald darf weiter gerodet werden, nur nicht »besonders erhaltenswerte Wälder«. Werden diese aber etwa von einem Holzproduzenten gerodet, darf ein Ölplantagenbetreiber diese Flächen kaufen oder pachten und Ölpalmen darauf anbauen – das dort gewonnene Palmöl erhält ebenfalls ein Unbedenklichkeitssiegel. Die Einhaltung der kaum vorhandenen, weil selbst gewählten Standards ist nicht überprüfbar, Umweltschutzgruppen machten immer wieder Verstöße selbst gegen diese Minimalauflagen aus. In einer Erklärung vom Herbst 2008 stellten 250 Umwelt- und Sozialorganisationen, darunter Greenpeace und der BUND, fest, dass das RSPO-Siegel nichts als Greenwashing sei, das dem Raubbau am Regenwald nur einen grünen Anstrich verpasse. RSPO-zertifiziertes Palmöl aus Malaysia und Indonesien bildet im Übrigen auch die Basis der neuen Öko-Putz- und Waschmittelserie Terra Activ von Henkel. Und natürlich klingt das Engagement für »nachhaltige Palmölwirtschaft« des Konzerns, der wegen Terra Activ von Utopia.de als besonders verantwortungsvoll geadelt und zum Partner gemacht wurde, in einer ausführlichen Erklärung unter der Rubrik »Nachhaltigkeit-CSR/Umfassende Verantwortung«[216] wesentlich, tja, euphorischer. »Mit der ›gesellschaftlichen Verantwortung von Unternehmen‹ verhält es sich ungefähr so wie mit Zuckerwatte: je kräftiger man reinbeißt, umso schneller löst sie sich in Nichts auf«, schreibt der Wirtschaftswissenschaftler und ehemalige US-Arbeitsminister Robert Reich, in seinem Buch *Superkapitalismus. Wie die Wirtschaft die Demokratie untergräbt.*[217]

Dieser kleine Exkurs soll nicht etwa belegen, dass hier ein paar wenige und besonders böse Firmen (»schwarze Schafe«) mafiös unter einer Decke stecken. Man kann solche Testreihen der Heuchelei und Widersprüchlichkeit mit jedem transnationalen Unternehmen durchführen, indem man die Versprechen der CSR-Sektion etwa mit den Berichten von NGOs vergleicht.

Die Beispiele stehen nicht für Ausnahmen, sondern für ein Prinzip: Global agierende Konzerne sind nach wie vor die größten Verursacher von Umweltzerstörung, Armut und Leid. Sie stellen ihre Produkte so kostengünstig wie möglich her, um sie so teuer wie möglich verkaufen zu können – und viele der Produkte, mit denen diese Konzerne sehr viel Geld verdienen, sind nicht und werden niemals »grün«, »gut« oder »verantwortungsvoll« sein. Die Konzerne müssten ihre

Produktionsprozesse, den Ressourcenverbrauch, ihre Handelsbeziehungen und Preispolitik radikal umgestalten, um ihrer »Verantwortung«, die sie meist schon auf der Startseite ihrer Internetpräsenz betonen, tatsächlich gerecht zu werden.

Doch das liegt kaum im Interesse global agierender Unternehmen. Im Zuge der Globalisierung wurden weltweit die Handelsschranken abgebaut, ohne dass neue, global gültige Umwelt- und Sozialstandards eingeführt wurden. So wurde die Welt ein einziger freier Markt, auf dem gekauft und produziert werden kann, wo es am billigsten ist. Das ist immer dort der Fall, wo sehr wenige oder keine Gesetze und Regeln herrschen. So profitieren fast alle großen Unternehmen von der Produktion in Billiglohnländern: Während zum Beispiel Adidas bis in die 80er Jahre hinein noch am Firmenstandort im fränkischen Herzogenaurach produzieren ließ und sich an die hiesigen Sozial- und Umweltstandards hielt, also etwa gerechte Löhne samt Sozialleistungen zahlen musste, kann die Firma seit der Globalisierung wesentlich mehr Geld verdienen: Ein Paar Turnschuhe, das im Geschäft rund 100 Euro kostet, lassen solche Unternehmen in Fabriken in China oder Indonesien für umgerechnet 40 Cent pro Paar zusammennähen.

»Die soziale Verantwortung der Wirtschaft ist es, ihre Profite zu vergrößern.«
Milton Friedman

3. Die Rolle der Weltwirtschafts-organisationen

Den weltweiten freien Handel und die Möglichkeiten zur Privatisierung von Allgemeingut haben die Großkonzerne mithilfe der drei mächtigen Wirtschaftsorganisationen Weltbank, Weltwährungsfonds (IWF) und Welthandelsgesellschaft (WTO) zu ihren Gunsten vorangetrieben. Die WTO basiert auf dem neoliberalen Grundsatz, dass nur der Freihandel weltweit zu Wirtschaftswachstum führe, was schließlich für Wohlstand sorge, und dient so der Durchsetzung von Handels- und Finanzinteressen. Eines ihrer Ziele ist, internationale Vorschriften zum Schutz von Menschenrechten und Umwelt möglichst zu verhindern, sofern diese den Profit der Unternehmen schmälern könnten. Die WTO hat 151 ständige Mitglieder, darunter globale Banken- und Konzernvertreter sowie die Repräsentanten großer transnationaler Wirtschaftslobbyinstitutionen. Die WTO-Abkommen berühren nationales und europäisches Recht, da die Mitgliedsstaaten sich grundsätzlich verpflichtet haben, ihre nationalen Gesetze ihren Verpflichtungen aus den Welthandelsverträgen anzupassen.

Die Mitglieder der WTO werden nicht etwa gewählt, sondern von den Regierungen entsandt. Zwar vertreten die drei Organisationen fast alle Länder der Welt, das Sagen haben aber die reichen Industriestaaten, in denen die multinationalen Konzerne ihren Sitz haben. Die meisten Abstimmungen fallen zugunsten der reichen Industrieländer aus.

Jedes Mitglied hat eine Stimme – gibt ein Mitglied keine ab, zählt dies als »Ja«. Sofern ihre Stimmen nicht ohnehin mit Investitions- und Kreditversprechen erkauft wurden, trauen sich die von den reichen Ländern abhängigen armen Länder meist nicht, gegen diese zu stimmen. Die Dritte Welt ist hoch verschuldet – insgesamt mit 2600 Milliarden Dollar. Die Zinsen für diese Schulden sind mit 125 Milliarden Dollar pro Jahr viermal so hoch wie das Aufkommen der weltweiten Entwicklungshilfe.[218]

Der IWF, der sich ebenfalls der Wirtschaftsförderung verschrieben hat (das Wirtschaftswachstum soll angeblich dafür sorgen, dass die armen Länder ihre Schulden abbezahlen können), leiht den verschuldeten Ländern Geld – mit der Auflage, dass die Staaten ihre öffentlichen Ausgaben senken müssen. Was wiederum der Privatisierung Vorschub leistet, von der die Industriemultis profitieren. Reiche Länder zerstören die Wirtschaft der Schwächeren auch deshalb, weil sie ihre Waren mittels hoher Exportsubventionen in armen Ländern so billig verkaufen können, dass sie die Preise vor Ort unterbieten. So setzt etwa die EU ihre Lebensmittel aus Überproduktionen zu Billigstpreisen auf dem Weltmarkt ab und zerstört damit die Lebensgrundlage von Kleinbauern in Entwicklungsländern. Ein Beispiel: Die europäischen Konzerne exportieren jedes Jahr 10000 Tonnen Tomatenmark nach Ghana und verkaufen sie dort für rund 29 Cent. Die Hersteller vor Ort müssen die Dose aber für 35 Cent anbieten, wenn sie von ihrer Produktion leben wollen. Die Europäer können sich den niedrigen Preis leisten, weil die EU die Tomatenproduzenten jährlich mit 380 Millionen Euro unterstützt.[219]

Eine demokratische Kontrolle dieser Organisationen gibt es indes nicht: Die Handelsabkommen und Gesetzesvorschläge werden unter Ausschluss der Öffentlichkeit ausgearbeitet. Solche Abkommen sind rechtlich bindend. Verstöße von Regierungen werden vor dem Schiedsgericht der WTO verhandelt. Die WTO kann mit Handelssanktionen Regierungen dazu zwingen, die Abkommen einzuhalten und sogar Gesetze abzuschaffen.

Ein paar Beispiele: Die USA klagte 2003 vor der WTO gegen die EU, weil diese sich darauf geeinigt hatte, gentechnisch veränderte Lebensmittel nicht in den Verkehr zu bringen. Begründung: Ein Gentechnikverbot würde für die US-Konzerne einen Verlust von 500 Millionen Dollar pro Jahr bedeuten. Das WTO-Gericht beschloss unter Androhung von Strafen, die EU müsse den Konzernen entgegenkommen. Und das, obwohl die Mehrheit der EU-Bürger gegen die Anwendung von Gentechnik in der Landwirtschaft und Lebensmittelproduktion ist.

Im April 2009 klagte Vattenfall vor dem Schiedsgericht der Weltbank gegen die Bundesrepublik, und zwar wegen wasserrechtlicher Auflagen zum Bau des Kohlekraftwerks in Moorburg. Der Hamburger CDU-Senat hatte den Bau des Kraftwerks 2007 mit Vattenfall ohne diese Auflagen beschlossen. Die Bürgerschaftswahl 2008 führte zu einer schwarz-grünen Koalition. Die grüne Umweltsenatorin Anja Hajduk – die es, man kann es nicht oft genug erwähnen, nur deshalb in den Senat geschafft hat, weil ihre Partei im Wahlkampf versprochen hatte, das Kraftwerk zu verhindern – genehmigte das Kraftwerk. Und zwar unter jenen Umweltauflagen, gegen die Vattenfall wegen Investitionsbehinderung vor das Schiedsgericht zog. Vattenfall wollte der Elbe pro Sekunde 64 000 Liter Wasser zum Kühlen entnehmen. Das entspricht etwa dem Achtfachen dessen, was die gesamte Industrie Hamburgs derzeit benötigt. Das Kraftwerk müsse folglich weniger Strom produzieren, forderte Hajduk. Sie verpflichtete den Konzern, seine Leistung an 250 Tagen im Jahr zu drosseln.[220] Die neuen Auflagen würden hohe Zusatzkosten für den Konzern erfordern und einen nach eigenen Worten »signifikanten Wertverlust«bedeuten: Wegen eines geringeren Stromverkaufs durch die Auflagen würde sich der »Cashflow des Konzerns« verringern.[221] Die Baukosten seien bereits – laut Konzernangaben – durch die Verzögerung von 2,0 auf 2,6 Milliarden Euro gestiegen.

Der Konzern beruft sich auf die Energiecharta, die 52 Staaten unterzeichnet haben – auch Deutschland. Der Vertrag schützt ausländische Investitionen: Er verlangt eine »faire Behandlung« des Investors. Wird dieser »enteignet«, muss er entschädigt werden. Vattenfall argumentiert, dass der Hamburger Senat sich bei der Genehmigung des Großkraftwerks in Hamburg-Moorburg »unvereinbar« gegen internationale Abkommen verhalten habe. In der Klageschrift steht, dass die Bundesrepublik an Vattenfall Kompensationszahlungen für Investitionsverzögerungen in Höhe von »1,4 Milliarden Euro plus Zinsen« zu zahlen habe.[222]

Sollte Vattenfall diesen Investitionsstreit gewinnen, so wäre es der Wirtschaft gelungen, sich mithilfe internationaler Handelsabkommen über nationale Umweltgesetze hinwegzusetzen.

Neben dem Freihandelsabkommen (GATT) gibt es auch das TRIPS-Abkommen über geistige Eigentumsrechte, das die

Patentierung von Saatgut, technischen Innovationen oder Medikamentenwirkstoffen weltweit rechtlich bindend macht, so dass jeder, der das Wissen anwendet, dem Konzern, der die Patentrechte hält, sehr viel Geld bezahlen muss. Das gilt auch für Saatgut, Pflanzen und Heilpflanzenwirkstoffe, die zuvor niemandem gehört haben – man nennt das dann Bio-Piraterie.

Arme Länder, die etwa günstige Generika von Aids-, Krebs- oder Malariamedikamenten entwickeln wollen, um eben diese Krankheiten kostengünstig bekämpfen zu können, müssen mit hohen Strafen oder Verboten seitens der Pharmamultis rechnen. So verklagte der weltgrößte Chemiekonzern Bayer zusammen mit 38 anderen Pharmakonzernen im Frühjahr 2001 die südafrikanische Regierung wegen Verletzung des Patentrechts: Das Kabinett hatte 1997 ein Gesetz erlassen, das die Behandlung von Aids-Patienten mit einem solchen günstigen Generikum erlaubte.[223] Diese Klage ließen die Konzerne allerdings fallen, weil sie einen Imageschaden durch den massiven Protest von Menschenrechtsgruppen fürchteten. Im Februar 2009 wiederum verklagte Bayer die indischen Behörden, die einem preiswerten Nachahmerprodukt des Bayer-Krebsmittels Nexavar die Zulassung erteilt hatten.

»Unsere technische und wirtschaftliche Kompetenz ist für uns mit der Verantwortung verbunden, zum Nutzen der Menschen zu arbeiten, uns sozial zu engagieren und einen nachhaltigen Beitrag für eine dauerhafte und umweltgerechte Entwicklung zu leisten. Denn Ökonomie, Ökologie und soziales Engagement sind für uns gleichrangige Ziele innerhalb unserer Unternehmenspolitik.« Das steht unter dem Stichwort »Verantwortung« auf der Bayer-Seite. Das Versprechen ist keinen Tropfen der Internettinte wert, mit der es auf die Homepage von Bayer geschrieben ist. Denn die Liste der Vorwürfe gegen den Weltkonzern (Import von Rohstoffen aus Kriegsgebieten, Mitschuld an Kriegsverbrechen, Finanzierung von Medikamentenversuchen, Handel mit HIV-verseuchten Blutkonserven, Vertrieb gefährlicher Pflanzengifte, Ausbeutung von Arbeitern und Kinderarbeit bei Rohstofflieferanten, Umweltvergehen und Medikamentenskandale mit Todesfolge, Verstöße gegen das Kartellrecht, illegaler Anbau genmanipulierter Pflanzen und so weiter und so weiter) ist so lang, dass sie Bücher füllen könnte. Seit dreißig Jahren kämpft etwa die NGO »Coordination gegen Bayer-Gefahren«[224] nur gegen die Machenschaften dieses einen Konzerns.

Bayer rühmte sich 2006 dafür, in den vergangenen fünfzehn Jahren seine CO_2-Emissionen freiwillig um 70 Prozent verringert zu haben. Die Coordination gegen Bayer-Gefahren fand jedoch heraus, dass diese große Zahl nur buchhalterischen Tricks geschuldet sei: Hatte Bayer im Jahr 1992 noch 83 Prozent des Energiebedarfs selbst erzeugt, so habe das Unternehmen in der Folge die Energiegewinnung auf externe Lieferanten ausgelagert. Im Unternehmensbericht habe Bayer diese einfach unterschlagen.[225] 2007 stellte Bayer sein »Bayer Climate Program« vor – darin war dann nur noch von 36 Prozent Einsparung in fünfzehn Jahren die Rede.[226] Derzeit plant Bayer zusammen mit dem Energieversorger Trianel ein überdimensioniertes Kohlekraftwerk für das Werk in Krefeld, das jährlich 4,4 Millionen Tonnen CO_2 in die Atmosphäre blasen würde.

In der CSR-Abteilung hingegen brüstet sich das Unternehmen, das 32,4 Milliarden Euro jährlich umsetzt, damit, bis 2010 eine Milliarde Euro in Klimaschutzprojekte investieren zu wollen, und macht sich angeblich für den weltweiten Zugang zu Medikamenten und für den Erhalt der Bio-Diversität stark.[227] Das Klimaprogramm des Konzerns wurde im Juni 2009 mit dem European Risk Management Award in der Kategorie Best Environmental Initiative ausgezeichnet.[228]

Und in Indien hat Bayer unter dem Motto »Hilfe für die Schwächsten« gleich mehrere Wohltätigkeitsprojekte laufen: »Die Initiative ›Voice‹ widmet sich der Ausbildung von Straßenkindern, ›Anand Ashram‹ versorgt Waisen oder ausgesetzte Kinder mit dem Nötigsten, ›Mobile Creches‹ hält Krippenplätze für die Kinder berufstätiger Mütter aus den Slums bereit. Mit großem Einsatz unterstützte Bayer den Kampf gegen die Kinderlähmung (›Pulse Polio‹). In der Nachbarschaft der Produktionsstätten in Thane initiierte Bayer zudem in Zusammenarbeit mir mehreren Schulen ein Programm zur Förderung der Naturwissenschaften. In der Region Andhra Pradesh wird mit dem Projekt ›Learning for Life‹ Kindern der Schuleinstieg ermöglicht.«[229] Nachweislich bis 2006 aber hatte die Bayer-Tochter Proagro geschätzt 500 Kinder auf ihren Baumwollfeldern in Indien arbeiten lassen.[230]

»Die Regeln der WTO geben Banken und Multis das Recht, Marktkräfte zu ihrem Vorteil zu manipulieren, nationale Institutionen zu destabilisieren, einheimische Produzenten in den Bankrott zu treiben und schließlich die Kontrolle über ganze Länder zu übernehmen. Mit einem Satz: Sie leisten der Rekolonialisierung Vorschub«, schreibt Michel Chossudovsky, Professor für Wirtschaftswissenschaften an der Universität Ottawa, in seinem Buch *Global Brutal. Der entfesselte Welthandel, die Armut, der Krieg.*[231]

Die WTO sichert Konzernen und Banken nicht nur den uneingeschränkten Zugang zu allen lokalen Märkten und die Möglichkeit zur Privatisierung von Allgemeingut, sie erleichtert auch die Monopolisierung durch Fusionen der Unternehmen zu mächtigen transnationalen Konzernen: Zwischen 1980 und 2004 stieg die Zahl solcher Konzerne von 17 000 auf 70 000. Die 500 größten Firmen der Welt haben etwa 70 Prozent des weltweiten Handels unter Kontrolle, ihr Umsatz machte 2005 beinahe ein Drittel des Bruttoinlandsproduktes (BIP) der Welt aus. Unter den Wirtschaftsmächten der Welt befinden sich fast ebenso viele Konzerne wie Staaten.[232] So liegt etwa der reichste und mächtigste Konzern der Welt, Wal-Mart, mit seinem jährlichen Umsatz von 351 Milliarden US-Dollar vor Polen (BIP: 339 Mrd. US-Dollar), Österreich (322), Saudi-Arabien (310) Argentinien (214) und Finnland (209), Toyota (205) vor Portugal (193) und Hongkong (190).[233]

Und weil das Budget der großen Konzerne das vieler Staatshaushalte übersteigt, haben diese großen Einfluss auf die Regierungen. Multinationale Konzerne sind daran interessiert, Strukturen, die ihnen ihr verantwortungsloses Wirtschaften ermöglichen, zu erhalten, weil nur dieses ihnen Profit beschert. Ihr Vermögen verleiht ihnen die Macht, Druck auf Regierungen auszuüben: Entweder, indem sie in den USA den Wahlkampf der wirtschaftsfreundlichen Republikaner finanzieren[234], oder, indem sie in Schwellenländer »investieren«, wo sie gigantische Projekte wie etwa Staudämme oder Atomkraftwerke bauen (an denen nur Konzerne wie Siemens wirklich verdienen). Sie können damit drohen, Handelsbeziehungen zu stoppen oder die ohnehin schon katastrophalen Arbeitsplätze in noch ärmere Länder zu verlegen, die zu sämtlichen Zugeständnissen bereit sind. Faktisch haben die bereits erwähnten 500 größten Unternehmen durch ihre Zusammenschlüsse weltweit Arbeitsplätze zerstört, anstatt welche zu schaffen – sie beschäftigen nur 0,05 Prozent Arbeitnehmer weltweit.[235]

Weniger Staat für mehr Wirtschaft

Auch in Deutschland und Europa ist die ständige Drohung von Unternehmen, »ins Ausland abzuwandern«, wo die Produktion günstiger ist, äußerst wirksam.

Aus Angst vor noch weniger Steuereinnahmen und hoher Ausgaben infolge der Arbeitslosigkeit werden dann zugunsten der Wirtschaft (die umso mehr Profit macht, je weniger Menschen sie bezahlen muss) Arbeitnehmerrechte geschwächt, Steuern gesenkt und Umweltgesetze verwässert, hintangestellt oder gar gekippt. Und manchmal hagelt es Subventionen obendrauf: So bekam 2005 Deutschlands Spitzenautobauer BMW 363 Millionen Euro EU-Subventionen, nachdem er damit gedroht hatte, einen Teil der Produktion nach Tschechien zu verlagern – das erleichterte dann die Entscheidung für den Produktionsstandort in Leipzig.[236] 2005 steigerte BMW den Umsatz um 5,2 Prozent auf 46,66 Milliarden Euro.[237]

Und als die Bundesregierung nach wochenlangem Zögern im Juni 2009 endlich die Empfängerliste der milliardenhohen EU-Agrarsubventionen in Brüssel vorlegte, fanden sich darauf eine Menge Industrieriesen: etwa Südzucker, die Marketinggesellschaft der deutschen Agrarwirtschaft CMA, die deutsche Filiale des größten europäischen Geflügelkonzerns Doux, der Molkereikonzern Campina, der Schokoladenhersteller Storck oder der Fleischkonzern Tönnies, der Energie-konzern RWE, die Lufthansa ebenso wie die Großkonzerne Bayer, BASF, Merck oder Thyssen-Krupp.[238]

Der Staat bremse Markt und Wirtschaft mit seiner lähmen-den Bürokratie; die hohen »Lohnnebenkosten« (die absicht-lich negativ gedrehte Bezeichnung für Sozialleistungen) seien »Wachstumsbremsen« für den »Standort D«, Wirtschafts-wachstum sei nur mit einem »schlanken Staat« zu machen – all das durfte sich die deutsche Öffentlichkeit jahrelang von den Wirtschaftsbossen, Industrie- und Arbeitnehmervertre-tern und neoliberalen Politikern von Gerhard Schröder bis Friedrich Merz anhören. Etwa in der Talkshow von Sabine Christiansen, die bis 2007 an 447 Sonntagabenden den Wirt-schaftslobbyisten ein Forum für die »Sachzwangargumente« für den Rückzug des Staates aus der Wirtschaft bot.

Entschuldigung, es geht eben nicht anders: Der Soziologe Pierre Bourdieu nennt dieses Muster, nach dem Entscheidun-gen in der Öffentlichkeit gerechtfertigt werden, »TINA (There is no alternative)-Prinzip«: eine Propaganda, die Dis-kussionen unterbinden soll.

Zwischen 2000 und 2005 sind die Gewinne von Unterneh-men und die Einkommen aus Vermögen in Deutschland um 31 Prozent gestiegen, die darauf gezahlten Steuern aber um rund zehn Prozent gesunken. Zwischen 1980 und 2007 sank die Körperschaftssteuer in der EU von 45 auf 24 Prozent, der Spitzensteuersatz fiel in dieser Zeit von 62 auf 48 Prozent.[239]

Doch selbst das reicht den Profiteuren nicht: So wurden während der so genannten Liechtensteiner Affäre, dem bis-lang größten deutschen Steuerskandal, im Februar 2008 gegen hunderte Verdächtige der Wirtschaftselite ermittelt.

Zusammen sollen sie dem Staat 3,4 Milliarden Euro vorenthalten haben. Das entspricht beinahe dem Betrag, den die Bundesregierung jährlich für Entwicklungshilfe ausgibt. Dass ausgerechnet der Vorstandsvorsitzende der Deutschen Post AG und Bundesverdienstkreuzträger Klaus Zumwinkel dem Skandal ein Gesicht gab – er brachte es nur durch die Privatisierung des ehedem zum Volkseigentum gehörenden Konzerns zu einem derartigen Reichtum –, ist ein weiteres Indiz dafür, wie es um das Verhältnis von Demokratie und Wirtschaft steht.

Und wenn es den Konzernen passt, gehen sie einfach trotzdem »ins Ausland«. Wer sollte sie daran hindern? So beschloss etwa im Januar 2008 der finnische Mobilfunkhersteller Nokia (der zuvor schon einen Vorteil daraus zog, dass er in Deutschland offenbar gewinnträchtiger agieren konnte als am Standort des Mutterkonzerns in Finnland), sein Werk in Bochum zu schließen, um kostengünstiger in Rumänien produzieren lassen. Für die Werkseröffnung in Bochum hatte der Konzern 60 Millionen Euro vom Land und 23 Millionen Euro vom Bund kassiert.[240] Nokia selbst hatte ein Jahr zuvor einen Rekordgewinn zu verzeichnen: Das Unternehmen steigerte 2007 den Nettogewinn um 67 Prozent, Reinerlös: 7,2 Milliarden Euro.[241]

Und die Politiker, die ihren Wählern unermüdlich Arbeitsplätze mittels Wirtschaftswachstum versprechen? Riefen empört zum Nokia-Boykott auf.

Wieder einmal ging das Versprechen der CDU »Vorfahrt für Wachstum und Arbeit« nicht auf. Denn Wirtschaftswachstum bedeutet kaum zusätzliche Arbeitsplätze, weil Unternehmen umso besser wachsen können, je mehr sie rationalisieren.

Wer zahlt, bestimmt. Deswegen haben die Wirtschaftsmultis ein großes Interesse daran, das Gefälle zwischen Arm und Reich zu erhalten. Die weltweite Armut ist nicht nur ein Wirtschaftsvorteil, sondern auch Grundlage ihrer Macht.

Die Vereinten Nationen, gegen deren Charta die WTO-Entscheidungen meist grundlegend verstoßen, verfügen nicht über die wirtschaftliche Macht, wie sie die WTO besitzt.

In ihrem mächtigsten Gremium, dem UN-Sicherheitsrat, sitzen die ständigen Mitglieder China, Russland, Frankreich, Großbritannien und USA. Ohne deren Zustimmung können weder wirtschaftliche noch militärische Sanktionen beschlossen werden, um Menschenrechtsverstöße zu ahnden. Und diese Länder stimmen Sanktionen immer dann nicht zu, wenn die wirtschaftlichen Interessen eines Landes und seiner Konzerne bedroht sind.

Es ist ein trauriger Beleg für die Machtlosigkeit der UN, dass ihr Generalsekretär Ban Ki-moon beim World Business Summit on Climate Change in Kopenhagen nur um mehr Engagement der Unternehmen für den Umweltschutz bitten konnte.[242]

»Wenn die Unternehmen es wirklich ernst meinen würden, dann gäbe es keine Win-win-Situationen, sondern eine ganz klare Win-lose-Situation«, sagt Peter Fuchs, Mitarbeiter der Nichtregierungsorganisation World, Economy, Ecology & Developement (WEED) und Mitbegründer von CorA – Corporate Accountability. Netzwerk für Unternehmensverantwortung. Eine Win-Situation für Natur, Mensch und Klima wäre nämlich gleichbedeutend mit einer Lose-Situation für die Konzerne und die Renditeerwartung seiner Aktionäre.

Der Wettbewerbsvorteil »ethischen« oder »grünen« Wirtschaftens, der sich durch die moralischen Kundenanforderungen ergibt, geht nur auf das Konto der Konzerne und seiner Shareholder. Denn die Konzerne richten ihr Engagement nicht danach aus, was Umwelt, Klima und die Arbeits- und Lebensbedingungen der Menschen in ärmeren Ländern ändern oder verbessern würde. Sondern danach, welches Instrument dazu geeignet ist, einerseits das gewinnbringende wirtschaftliche Handeln beibehalten oder verbergen zu können und andererseits daraus zusätzlichen Profit zu schlagen.

Soziales Engagement und Umweltschutz sind für Unternehmen nur dann interessant, wenn sie ökonomisierbar sind. Auf dem Deutschen CSR-Forum – Forum EnviComm im April 2009 in Stuttgart, einer der zahlreichen Veranstaltungen für Unternehmen zum Modethema CSR – war auch Felix Finkbeiner mit seinem Plant-for-the Planet-Projekt zu Gast. Die Kinder waren ein Hauptact der Veranstaltung – und in dieser Logik nichts weiter als ein CSR-Produkt: So kann sich jedes Unternehmen das Weltrettungsmaskottchen Felix Finkbeiner als Moral-Tool kaufen.

Moralische Empörung ist aber keine Haltung, sondern eine emotionale Kategorie. Sie formuliert punktuelles Unrechtsempfinden, stellt jedoch kein System infrage. Moralische Empörung ist außerdem mehrheitsfähig: Sie äußert sich deshalb immer dann, wenn allzu offensichtlich gegen allgemein anerkannte Basiswerte verstoßen wird. Anlässlich der Bankenkrise im Herbst 2008 stimmten sogar jene in den Chor moralischer Entrüstung über die Gier und Skrupellosigkeit der Manager und Banker ein, die für die Bankenkrise mitverantwortlich sind, weil sie ihr politisch den Weg geebnet haben. So etwa der SPD-Politiker Peer Steinbrück: »Das wahnsinnige Streben nach immer höherer Rendite muss ein Ende haben.«[243] Dabei hatte die wirtschaftsfreundliche Politik der rot-grünen Regierung jene gefährlichen Hedgefonds legalisiert. Und SPD-Generalsekretär Hubertus Heil sprach im Zusammenhang der Liechtensteiner Steueraffäre scheinbar hilflos von »neuen Asozialen«.

»Wer moralisiert, blendet strukturelle Zusammenhänge aus und sucht in der Person, in deren Motiven oder gar in deren schlechtem Charakter eine Erklärung«, stellt der Soziologe Dirk Baecker fest.[244] Es befriedigt das moralische Empfinden, wenn man jemanden persönlich haftbar machen kann. Aber natürlich war es kein einzelner Banker oder Manager, der die Finanzkrise persönlich zu verantworten hat, weil er den Hals nicht vollkriegen konnte, sondern das System Konkurrenzwirtschaft: Wenn Aktionäre bei einem Unternehmen nicht möglichst schnell möglichst hohe Rendite erwirtschaften, dann legen sie ihr Geld eben woanders an. Die hohen Boni sind in diesem System eine strukturelle Notwendigkeit.

Zur moralischen Empörung gehört die Schuldfrage: Beide verlangen einfache und direkte Antworten auf komplizierte Vorgänge, ohne sie infrage zu stellen. Da aber sehr viele Regeln und Gesetze zur Regulierung des Finanzmarktes mit dessen Liberalisierung abgeschafft worden sind, kann auch niemand rechtlich zur Verantwortung gezogen werden. So sind die Staatshilfen für die Banken nicht etwa deshalb an eine Obergrenze der Managergehälter gebunden, weil dies zur Lösung der Finanzkrise beitragen würde. Das gesellschaftlich offenbar gerade noch akzeptable Gehalt von 500 000 Euro, das die Vorstände von Banken erhalten sollen, deren Unternehmen auf Staatshilfen angewiesen sind, trägt dem diffusen Volksempfinden von Gerechtigkeit Rechnung. Es ist gewissermaßen ein Strafersatz, der eine gesellschaftliche Harmonie wiederherstellen soll.

Der Begriff der Verantwortung lässt sich aber nur auf Individuen anwenden, nicht auf Strukturen oder Systeme wie Konzerne. Mit der ständigen Betonung der eigenen Verantwortung, mit der Selbstbezeichnung als »Corporate Citizens« geben sich Konzerne als Individuen aus, als gleichberechtigten Teil der demokratischen Zivilgesellschaft. Der »Dialog«, den Unternehmen mit Bürgern und Politik dazu einfordern, rückt dabei an die Stelle von Gesetzen, um die Unternehmen wirklich zur Verantwortung zu ziehen. Denn natürlich sind juristische Personen, wie es Unternehmen sind, etwas fundamental anderes als Privatpersonen. Die Selbstdefinition als Corporate Citizen soll nur verdecken, dass sie selbst ein System sind und innerhalb von Strukturen. Die selbst auferlegte »Verantwortung« entspricht dabei der individuellen »Eigenverantwortung« der Bürger, die selbst entscheiden können, ob und wie sie einen Beitrag zum Wohle der Gesellschaft leisten. Nur deshalb sind Begriffe wie »gut« und »böse« auf Unternehmen überhaupt anwendbar – und nur deshalb ist es im Wettbewerb für Unternehmen ein Vorteil, als »gut« dazustehen.

CSR ist ein freiwilliges Instrument ohne Rechtsgrundlage. Man kann es von Unternehmen nicht einfordern. Nur deshalb bekennen sich so viele dazu. Man muss also einfach mal, wie Robert Reich in seinem Buch, diese simple Frage stellen: »Warum also sollte die Privatwirtschaft plötzlich bereit sein, Fragen aufzugreifen, die sie in der Politik nach

Kräften blockiert hat?«[245] Und auch die Antwort ist denkbar einfach: Sie zieht die Konsumenten – denen sie außerdem die Dienstleistung »Konsum mit gutem Gewissen« anbietet – auf ihre Seite und erweckt den Eindruck, dass sie selbst viel mehr unternimmt, als der Gesetzgeber verlangt. Die Privatwirtschaft lenkt so die Aufmerksamkeit der Bürger von dringend notwendigen Reformen ab, indem sie so tut, als wüsste sie am besten, was gut ist für die Gesellschaft. »Nicht die G8-Demonstranten retten die Welt, sondern unsere Unternehmen mit ihren Ressourcen und Kompetenzen«, sagte CDU-Wirtschaftsstaatssekretär Hartmut Schauerte.[246] Und der ehemalige Metro-Vorstandschef Hans-Joachim Körber konstatierte, dass soziales Wirtschaften nicht die »Domäne von langhaarigen Weltverbesserern mit rot-weiß-kariertem Palästinensertuch, sondern von nüchtern kalkulierenden Managern« sei.[247]

Dass sich wiederum die Wirtschaft als Weltretter aufspielt, die mit ihrem Know-how im Gegensatz zu den ideologisch vernagelten Gutmenschen pragmatische Lösungen anbieten kann, verdeckt weiterhin, dass nur politische Lösungen – nämlich verbindliche Gesetze und wirtschaftsunabhängig kontrollierbare Standards – wirklich für Gerechtigkeit, Klima- und Umweltschutz weltweit sorgen.

»Unternehmen, die Werte leben, sind nicht in der Schusslinie«, sagt Peter Kromminga von der CSR-Organisation »Unternehmen: Partner der Jugend« (UPJ)[248], die Firmen etwa zur Kindergartenrenovierung, für Computerkurse in Schulen oder zur Sanierung von Spielplätzen anwirbt. Dass sich Unternehmen innerhalb der Zivilgesellschaft unentbehrlich machen, indem sie mittels »bürgerschaftlichen Engagements« Aufgaben übernehmen, für die eigentlich die öffentliche Hand zuständig wäre – die aber wegen zu geringer Steuereinnamen und zu großzügiger Wirtschaftsförderung leider kein Geld mehr dafür hat –, ist so bitter wie gefährlich. So bieten Konzerne wie etwa Coca-Cola, BP[249] und McDonald's[250] sogar Unterrichtsmaterialien für Schulen zu Themen wie Wasser- und Klimaschutz oder Ernährung an. Kostenlos, versteht sich, man kann sich das aufwändig erstellte und reich bebilderte Material zumeist auf der Homepage herunterladen. Unter der Schirmherrschaft von Bundesumweltminister Sigmar Gabriel, der übrigens auch die Schirmherrschaft für die Plant-for-the-Planet-Akademien übernommen hat, wurde das bundesweite »Bildungsprojekt« »Wasser macht Schule« des Coca-Cola-Konzerns mit Schülerwettbewerb eingeführt.[251] BASF wiederum spendiert Chemikaliennachschub und Arbeitsblätter[252], und Nestlé bereitete anlässlich der Frankfurter Buchmesse in Kooperation mit der Stiftung Lesen Schulkindern ein »Lesefrühstück«[253].

So können Unternehmen ihr gutes Image schon in den kleinen Köpfen ihrer künftigen Kunden zementieren und erlangen noch dazu die Deutungshoheit über die wichtigsten Themen und Bedrohungen unserer Zeit.

»Austauschprozesse sind eine Möglichkeit, um diesen Staat
zu bewegen.«

Holger Meinel, ehemaliger Daimler-Chrysler-Manager, zum Regierungsprogramm
»Seitenwechsel« zwischen Wirtschaft und Politik.[254]

4. Wie sich die Politiker zu Marionetten der Konzerne machen lassen

Es ist besonders fatal, dass sich auch die Politik der Förde-
rung der unternehmerischen Gesellschaftsverantwortung ver-
schrieben hat. Unter der Schirmherrschaft von Bundespräsident
Horst Köhler gründeten die großen deutschen Industriever-
bände, der Bundesverband der Deutschen Industrie (BDI),
die Bundesvereinigung der Deutschen Arbeitgeberverbände
(BDA), der Deutsche Industrie- und Handelskammertag
(DIHK), der Zentralverband des Deutschen Handwerks
(ZDH) und die Zeitschrift *Wirtschaftswoche* die »Initiative
Freiheit und Verantwortung«.

Die Betonung liegt dabei natürlich auf Freiheit – »zu den
Grundsätzen gehören Freiwilligkeit, Effizienz und Nachhaltigkeit des Engagements« –, denn eine Einmischung der
Politik in die selbst gewählten Aktivitäten etwa durch Stan-
dardisierungen verbittet sich die Industrie. Auf der Internetseite der Initiative schreibt *Wirtschaftswoche*-Chef Christian
Ramthun:

»Selbst die Politik weiß die Übernahme gesellschaftlicher Verantwortung von Unternehmen zu schätzen, auch in der aktuellen Krise. So wollte das Bundesministerium für Arbeit und Soziales (BMAS), das im Namen der Bundesregierung eine CSR-Strategie ausarbeitet, im Frühjahr noch mit dirigistischen Maßnahmen die Wirtschaft auf den rechten Pfad zwingen. Geplant waren ein CSR-Label, ein CSR-Pranger im Internet, CSR-Vergabekriterien und ein CSR-Stakeholderforum. Bald musste die Bundesregierung aber anerkennen, dass die Wirtschaft ihr CSR-Engagement seit Jahren auf- und ausbaut und dass der Staat nicht die CSR-Definitionshoheit besitzen kann. Konsequenz: Nun scheint sich die Bundesregierung mit einem Stakeholderforum begnügen zu wollen.«[255] Mit dem Versuch, die gesellschaftliche Verantwortung der Unternehmen durch »staatliche Bevormundung« zu regeln, würden »die Prinzipien unserer sozialen Marktwirtschaft infrage gestellt und die unternehmerische Freiheit zunehmend bedroht«, warnte gar Arbeitgeberpräsident Dieter Hundt.

Anstatt die Industrie zu verpflichten, gibt sich die Bundesregierung lieber als Dialogpartner der Wirtschaft. Sie übernimmt Schirmherrschaften für CSR-Initiativen, lässt aufwändige Studien zu den Möglichkeiten von CSR oder Broschüren mit Empfehlungen für gute Unternehmenspraxis herstellen. Sie initiiert »runde Tische« unter Beteiligung der Industrie – etwa den 2001 gegründeten Nationalen Rat für nachhaltige Entwicklung oder das 2009 installierte CSR-Forum des Bundesministeriums für Arbeit und Soziales (BMAS), das sich der Förderung und Verbreitung von CSR verschrieben hat: »In dem CSR-Forum arbeiten Persönlichkeiten aus Wirtschaft, Zivilgesellschaft, Gewerkschaften, Wissenschaft und Politik. Es berät die Bundesregierung bei der Entwicklung einer nationalen CSR-Strategie. Damit will die Bundesregierung die gesellschaftliche Verantwortung von Unternehmen in der Öffentlichkeit besser sichtbar machen und ein positives Umfeld für CSR schaffen«[256], heißt es etwa in der Beschreibung der Initiative, die die Freiwilligkeit als Grundlage von CSR weiter betont.

»Folgenlose Diskussionsrunden« nennt Peter Fuchs von CorA solche Veranstaltungen, die im Grunde nichts anderes seien als Foren für Wirtschaftslobbyisten, in denen die Politik allenfalls die Rolle des Moderators spiele. Denn wo es einen »Dialog« gibt, gebe es keine Debatte.

Das Netzwerk zur Unternehmensverantwortung CorA, eine NGO, die sich zum Ziel gesetzt hat, die Politik in die Pflicht zu nehmen, Unternehmen für ihr Handeln zur tatsächlichen Verantwortung zu ziehen, war ebenfalls zum CSR-Forum eingeladen, lehnte die Mitwirkung allerdings ab: »Gesellschaftliche Probleme wie z.B. die Finanzkrise, der Klimawandel, Menschenrechtsverletzungen, Armut, Umweltzerstörung oder zunehmende Konflikte um knapper werdende Ressourcen können nicht dadurch beseitigt werden, dass einige Unternehmen nach Gutdünken beschließen, dort punktuell Verantwortung zu übernehmen, wo es ihnen aus einzelwirtschaftlicher Sicht sinnvoll erscheint, während die übrigen Unternehmen weiter zur Verschärfung der Probleme beitragen«, schrieb CorA in einem offenen Brief an Staatssekretär Günther Horzetzky vom Bundesministerium für Arbeit und Soziales.[257]

Die EU hatte 2005 gar zum CSR-Jahr ausgerufen und »Leitlinien« erarbeitet – die nichts weiter waren als eine

Orientierungshilfe für Unternehmen und ihre CSR-Bericht-erstattung. Im »Grünbuch Europäische Rahmenbedingungen für die soziale Verantwortung der Unternehmen der EU (CSR)« von 2001 wird CSR definiert als »ein Konzept, das den Unternehmen als Grundlage dient, auf freiwilliger Basis soziale Belange und Umweltbelange in ihre Unternehmenstätigkeit und in die Wechselbeziehung mit ihren Stakeholdern zu integrieren. Sozial verantwortlich handeln heißt nicht nur, die gesetzlichen Bestimmungen einzuhalten, sondern über die bloße Gesetzeskonformität hinaus ›mehr‹ zu investieren in Humankapital, in die Umwelt und in die Beziehungen zu anderen Stakeholdern.«[258] In Abschnitt II (Das Prinzip der Freiwilligkeit) heißt es: »Freiwilligkeit ist das Grundprinzip für CSR und muss es bleiben.«

Ziel der 2006 gegründeten Europäischen Allianz für soziale Verantwortung der Unternehmen ist es, die Verbreitung von CSR europaweit »anzuregen« und die »Unterstützung und Anerkennung von CSR als einem Beitrag zur nachhaltigen Entwicklung und zur Strategie für Wachstum und Beschäftigung zu verstärken«[259].

Günter Verheugen, Vizepräsident der Europäischen Kommission und zuständig für Unternehmen und Industriepolitik, der das Ziel hatte, die EU bis 2010 zum stärksten Wirtschaftsraum der Welt zu machen. Das gehe aber nur, wenn man den Unternehmen keine zusätzlichen »Soziallasten« aufbürden würde, etwa in Form von Leitlinien.[260]

Verheugen sagte anlässlich der Bündnisgründung: »Das Bündnis wird dazu beitragen, dass die wirtschaftlichen, sozialen und ökologischen Zielsetzungen Europas miteinander in Einklang gebracht werden. Die Kommission hat sich für ein Konzept der Freiwilligkeit entschieden, das effizienter und weniger bürokratisch ist. Und da es bei CSR um ein freiwilliges Tätigwerden der Unternehmen geht, können wir nur dazu anregen, indem wir mit den Unternehmen zusammenarbeiten.«[261]

Wirtschaftsbosse an Ministerschreibtischen

Dabei funktioniert die Zusammenarbeit mit Unternehmen doch schon ganz hervorragend in Brüssel. In ihrem Buch *Der gekaufte Staat. Wie Konzernvertreter in deutschen Ministerien sich ihre Gesetze selbst schreiben* stellen die beiden Autoren Sascha Adamek und Kim Otto fest, dass in Brüssel geschätzte 15 000 Industrielobbyisten arbeiten, während im Europaparlament gerade mal 785 demokratisch gewählte Abgeordnete sitzen: »Auf jeden EU-Abgeordneten kommen also fast 20 Lobbyisten.«[262] Und das nicht mal illegal oder versteckt: Sie arbeiten dort ganz offiziell als so genannte »Abgeordnete Nationale Sachverständige« (ANS) oder »Temporary Administrators«, also Beamte auf Zeit, an den Gesetzen mit.

Die Organisation CSR Europe, die in den ersten Jahren nach ihrer Gründung noch Zuschüsse von der EU-Kommission bekam, erhebt jetzt einen jährlichen Obolus von 17 000 Euro auf die Mitgliedschaft.[263] Dafür verspricht sie den Unternehmen Zugang zur EU-Kommission.

Auf ihrer über achtzig Einträge umfassenden Mitgliederliste befinden sich unter anderem Vattenfall, Toyota, Unilever, Microsoft, Novartis, L'Oréal, Danone, Nestlé, IBM, Coca-Cola, Procter&Gamble, BASF, KPMG und PriceWaterhouseCoopers.

Bei ihren Recherchen stießen Adamek und Otto auf einen »zeitweiligen Beamten« aus dem Hause BASF, der an der Neufassung der REACH-Verordnung (Registration, Evaluation and Authorisation of Chemicals) mitarbeitete – sowohl in der EU-Kommission als auch im Bundeswirtschaftsministerium. Gemäß der vorherigen Fassung von REACH hätten Chemiekonzerne ab einer bestimmten Jahresproduktion die sichere Verwendung von etwa 100 000 chemischen Stoffen nachweisen und mengenmäßig Chemikalien in allen Konsumprodukten angeben müssen.

»Doch der Lobby gelang es, den betroffenen Stoffkreis über die Jahre mächtig zu reduzieren und die Anforderungen an die verbliebenen Stoffe mit wenigen Ausnahmen herunterzuschrauben.« Jetzt müssen bestimmte Mindestdaten nur noch bei 16 000 Stoffen vorgelegt werden.[264]

In Deutschland war es die rot-grüne Regierung, die für die Industrie die Tore weit aufmachte. Der damalige Bundesinnenminister Otto Schily (SPD) initiierte das »Personalaustauschprogramm Seitenwechsel« zusammen mit dem Personalvorstand der Deutschen Bank, Tessen von Heydebreck. Es startete im Oktober 2004. Damit Politik und Privatwirtschaft schneller zueinander fanden, durften Vertreter von Konzernen Schreibtische in Ministerien beziehen, und Bundesbeamte sollten wiederum in die Unternehmen gehen. »Die bestehenden Grenzen zwischen den Sektoren sollen abgebaut und Wissenstransfer ermöglicht werden. Wissenschaft, Wirtschaft und Politik wollen einen Mentalitätswandel einläuten. Beschäftigte sollen Prozesse und Strukturen der Gegenseite kennen lernen. So soll Verständnis für deren Belange und Interessen erhöht werden«, heißt es in der Erklärung der Bundesregierung.[265] Zu den Teilnehmern der Wirtschaft gehörten Großkonzerne wie unter anderem Deutsche Bank, Siemens, BASF, SAP, Lufthansa, ABB, Daimler-Chrysler, Volkswagen, AOK, EADS, Deutsche BP, Bayer, Deutsche Telekom, IBM. Die Teilnahme am Programm war freiwillig – und erfreute sich großen Zulaufs vonseiten der Wirtschaft. Warum sollte gerade diese ein so großzügiges Angebot mit umfangreichen Gestaltungsmöglichkeiten ablehnen?

Elf Bundesministerien stellen seitdem zwischen drei und zwölf Monate Schreibtische und Telefone mit eigener Durchwahl für die Industriellen zur Verfügung, denn der Austausch kann, so die Bundesregierung, »nur klappen, wenn die Mitarbeiterinnen und Mitarbeiter vollständig in das Tagesgeschäft eingebunden werden«[266].

Die Vertreter der Wirtschaft wurden weiter von ihrem Arbeitgeber bezahlt – für den galt das Vordringen ins Innerste des Staates als gute Investition. Der Austausch soll dem »Wissenstransfer« dienen: Die Wirtschaft möge ihr (interessengeleitetes) Wissen dem Staat übertragen, dieser wiederum seine Informationen der Wirtschaft zur Verfügung stellen, »zum Zwecke der ›Chromosomenpaarung‹, der Entstehung eines großen Ganzen«.[267]

Mehr als hundert Vertreter sitzen oder saßen seither an Schreibtischen in Bundesministerien und arbeiten an Projekten mit. Dagegen haben aber nur zwölf Bundesbeamte einen Ausflug in die Wirtschaft unternommen. Eine gesetzliche Regelung für externe Mitarbeiter oder unabhängige Kontrolle gibt es nicht, ein erster Bericht des Innenministeriums wurde erst fünf Jahre nach Programmstart vorgelegt. Zuvor existierte nur eine Studie der Hertie School of Governance, der zufolge »viele Erwartungen erfüllt wurden. Insbesondere der Wunsch, nützliche Kontakte zu knüpfen und neue Fachkompetenzen zu erwerben«[268].

In der Öffentlichkeit wurde der Vorgang kaum bekannt. 2007 fand die Organisation Lobbycontrol, die zur linksorientierten Bewegungsstiftung gehört, heraus, welche Unternehmens- und Verbandsvertreter in welchen Regierungsstellen saßen. So arbeiteten etwa Beschäftigte von e.on und BP im Außenministerium mit – und zwar in dem Referat, in dem über strategische Energiepolitik entschieden wird. Die Lufthansa und der Rüstungskonzern EADS schickten Firmenangehörige ins Auswärtige Amt. Im Bundesfinanzministerium saßen Vertreter der Deutschen Bank, der Dresdner Bank, der Kreditanstalt für Wiederaufbau und der Deutschen Börse.[269] In einem Beitrag von Ralph Hötte, Kim Otto und Markus Schmidt im ARD-Politmagazin *Monitor* vom … 2006 sagte der Verwaltungsrechtler Hans Herbert von Arnim: »Es ist für mich etwas ganz Neues und Überraschendes. Die Betreffenden sind zwar in die Ministerien eingegliedert, ihre Loyalität gehört aber denen aus der Wirtschaft, die sie bezahlen, und die tun das nicht für Gotteslohn, sondern weil sie sich davon etwas versprechen, nämlich die Förderung ihrer Interessen, die bevorzugte Information, die sie auf diese Weise bekommen. Das ist eine besonders gefährliche Form des Lobbyismus, ja es bewegt sich sogar im Dunstkreis der Korruption.«[270]

Zwar bekam das Autorenteam den Grimme-Preis für die Aufdeckung dieses Politskandals. Einen Aufschrei in den Medien oder in der Bevölkerung gab es indes nicht. Und das, obwohl die von ihr gewählten Politiker die Demokratie untergraben und ihre Aufgabe, dem Gemeinwohl zu dienen und die Interessen des Volkes zu vertreten, zugunsten der Industrie aufgegeben haben.

So gibt es auch zur freiwilligen Unternehmensverantwortung ein paar internationale Regeln, diese wiederum sind ebenfalls in wirtschaftsdominierten Runden entstanden, sie sind freiwillig und nicht rechtlich bindend.

So gibt es etwa den Global Compact, ein CSR-Netzwerk unter dem Dach der Vereinten Nationen, das 1999 auf dem Weltwirtschaftsforum in Davos von Kofi Annan angestoßen wurde. Mittlerweile sind darin 5 000 multinationale Unternehmen versammelt, die sich freiwillig dazu verpflichten, zehn Prinzipien einzuhalten, darunter die Beachtung der Menschenrechte, die Rechte ihrer Beschäftigten anzuerkennen, an der Abschaffung von Kinderarbeit mitzuwirken, Zwangsarbeit auszuschließen, Diskriminierung zu unterlassen, die Umwelt nicht zu gefährden, gegen Korruption einzutreten.

Die Einhaltung dieser Prinzipien ist freiwillig, und wenn ein Unternehmen diese Ziele nicht erreicht hat, gibt es keine Sanktionen. Die einzige Verpflichtung der Teilnehmer ist es, einmal im Jahr einen Bericht über die Entwicklung der Unternehmen in dieser Hinsicht zu verfassen. Die einzige Sanktion: Wenn ein Unternehmen einen solchen Bericht nicht vorlegt, wird es auf der Global-Compact-Seite unter »Non-Communicating Participants«[271] aufgeführt, beim zweiten Versäumnis wird die Teilnahme beendet. Derzeit finden sich 1057 Mitglieder auf dieser schwarzen Liste. Niemand überprüft die Unternehmen oder ihre Berichte; ob ein Unternehmen die Richtlinien einhält oder nicht, bleibt offen. Der Global Compact empfiehlt seinen Mitgliedern lediglich, ihre Berichte nach dem Leitfaden der Global Reporting Initiative (gegründet von UNEP und der US-amerikanischen NGO Coalition for Environmentally Responsible Economics, CERES) zu erstellen. Dadurch sollen die CSR-Berichte vollständiger und transparenter, glaubwürdiger und vergleichbarer werden und sich an das Niveau von Finanzberichten annähern. 1100 Mitglieder haben sich der Global Reporting Initiative verpflichtet. Weiterhin spricht die Organisation für wirtschaftliche Entwicklung und Zusammenarbeit (OECD) Leitsätze und Empfehlungen für verantwortungsvolles Wirtschaften aus, die nicht mehr Bindendes vorgeben, als die Verpflichtung, sich an Gesetze zu halten. Rund 40 Länder haben dies unterschrieben. Auch diese Prinzipien sind freiwillig, die Nichteinhaltung kann nicht sanktioniert werden. Bei Verstößen kann allerdings bei einer Kontaktstelle (in Deutschland das Bundesministerium für Wirtschaft und Technologie) Beschwerde eigelegt werden, die wiederum nur die Einhaltung der Leitsätze empfiehlt, nicht aber etwa ein Unternehmen rechtlich bindend zur Verantwortung zieht.

CSR als Instrument der Krisen-PR

Um sich branchenübergreifend über besonders effiziente Möglichkeiten der CSR auszutauschen, finden sich Unternehmen in zahlreichen privatwirtschaftlichen CSR-Foren, Thinktanks und Netzwerken zusammen, etwa in der Initiative Freiheit und Verantwortung, Ecosense, UPJ oder dem Zentrum für Wirtschaftsethik. Tipps gibt es auf zahlreichen Konferenzen und Tagungen; Unternehmensberatungen wie Roland Berger, KPMG, PriceWaterhouseCoopers, Deloitte oder McKinsey bieten ihre Dienste nicht mehr nur zur Rationalisierung mittels Zerschlagung und Verschlankung von Unternehmen an, sondern zur Implementierung von »Verantwortung« und »Unternehmensethik«. Beratungsfirmen, die sich auf CSR spezialisiert haben, schießen wie Pilze aus dem Boden: »Im Kampf um Kunden unterscheidet sich die CSR-Beraterzunft mitunter keinen Deut von den Drückerkolonnen, die Zeitschriftenabos an der Haustür verkaufen«, schrieb etwa *Wirtschaftswoche*-Chef Christian Ramthun.[272] Und es gibt wohl kaum mehr einen Businessstudiengang, der ohne Pflichtkurs in Sachen Unternehmensethik auskommt.

Der simulierte Wettbewerb um Anständigkeit und Unternehmensethik findet seinen stärksten Ausdruck in den CSR-Ranglisten und verliehenen Nachhaltigkeitspreisen, die fast ausschließlich unter der Beteiligung von Industrievertretern vergeben werden. Es gibt fast keinen Großkonzern, der nicht schon einmal einen Preis gewonnen oder es auf diversen Rankings weit nach oben geschafft hätte. So landete etwa beim Deutschen Nachhaltigkeitspreis 2008[273] der Chemiekonzern BASF auf dem dritten Platz der nachhaltigsten Unternehmen, Henkel auf Platz eins und VW auf Platz drei der nachhaltigsten Marken. Die schwammigen Begründungen der Jury entsprechen meist den ebenso schwammigen Verantwortungskampagnen der Konzerne selbst – dabei trifft es sich gut, dass der Begriff nachhaltig nicht eindeutig definiert ist. Unter den Jurymitgliedern des Nachhaltigkeitspreises befanden sich unter anderem der Geschäftsführer des Markenverbandes Jens Plachetka, der Präsident des Deutschen Marketing-Verbandes Bernd M. Michael, Maximilian Grege, Vorsitzender des Bundesdeutschen Arbeitskreises für umweltbewusstes Management[274], aber auch Christa Liedtke vom Wuppertal Institut für Klimaforschung und Olaf Tschimpke vom Naturschutzbund Deutschland, der seinerseits unter dem Motto »Mobil für Mensch und Natur« seit Jahren mit VW kooperiert.[275] Gesponsert wurde der Preis unter anderem von Coca-Cola, McCafé und dem Gesamtverband der Aluminiumindustrie.[276]

Natürlich werden die Unternehmen nicht danach bewertet, wie ihr Engagement die Welt tatsächlich verändert – nämlich gar nicht. Die Strategie und das gewählte CSR-Instrument werden isoliert betrachtet, oft wird, wie im Nachhaltigkeitsranking, nur die Berichterstattung für das eigene Engagement geehrt.[277] Denn mit den Auswirkungen des Hauptgeschäfts auf Mensch und Umwelt haben die CSR-Strategien gar nichts zu tun – sie lenken schlicht von den Produktionsbedingungen und Geschäftspraktiken ab. CSR ist nichts anderes als Krisen-PR und eigentlich Greenwashing. Der Unterschied ist marginal. Während Greenwashing dem umweltschädigenden Konzern durch Verdrehung von Tatsachen, das Aufbauschen von Nischenprodukten oder durch falsche Behauptungen einen grünen Anstrich verleiht, gibt es die CSR-Projekte wirklich. Beides aber sind Instrumente der Verschleierung.

Der Amerikaner Jeff Ballinger war einer der Ersten, die Konzernverbrechen weltweit aufdeckten. In einem Gespräch mit dem *Schwarzbuch-Markenfirmen*-Autor Klaus Werner-Lobo sagte er, dass sich an der Handlungsweise der Multis rein gar nichts geändert habe. »Im Gegenteil: Die Konzerne geben ihr Geld nun für teure CSR-Kampagnen aus, statt endlich faire Löhne zu bezahlen und die Situation in den Produktionsländern zu verbessern. Und für uns ist es schwieriger geworden, diese furchtbaren Zustände zu kritisieren, weil viele KonsumentInnen und Medien den Firmen ihre CSR-Lügen glauben. Wenn jede Arbeiterin 75 Cent mehr bekäme, wäre das Problem gelöst. Doch das würde Konzerne wie Nike 210 Millionen Dollar kosten. Stattdessen zahlen sie lieber 10 Millionen, damit ihre CSR-Leute von Konferenz zu Konferenz reisen und ihre Firma als verantwortungsvolles Unternehmen präsentieren können.«[278]

CSR, und das ist besonders perfide, erweckt, etwa durch die Berichterstattung, sogar noch den Eindruck der Transparenz, die es leider nicht gibt. So kann ein Konzern sein Engagement einfach beenden, wenn es ihm nichts bringt, ohne eine Sanktion fürchten zu müssen.

Im Dezember 2005 etwa ging der Sportartikelhersteller Puma eine Kooperation mit der Kampagne für saubere Kleidung (CCC) ein, die den Konzern wegen seiner Sweatshop-Produktion zuvor heftig kritisiert hatte. Das zunächst auf ein Jahr begrenzte Pilotprojekt in Zusammenarbeit mit lokalen Frauen-, Arbeits- und Menschenrechtsgruppen sollte die Bedingungen bei der Fertigung in den Fabriken in El Salvador und Mexiko verbessern. Zunächst sollten diese Organisationen nur die Einhaltung der Verhaltenskodizes überprüfen, denen sich Puma mit der Mitgliedschaft in der Fair Labor Association[279] verschrieben hatte. Währenddessen gab es zwar einige Verbesserungen (die sexuelle Belästigung nahm ab, Überstunden wurden freiwillig abgeleistet), Probleme gab es aber weiterhin bei der Bildung von Gewerkschaften, existenzsichernde Löhne wurden weiterhin nicht bezahlt. Weil die zweite Fabrik ausstieg, einigten sich die Projektteilnehmer auf einen Zulieferer aus Mexiko – doch den Aufpreis, den diese Änderung bedeutete, war Puma nicht bereit zu zahlen und beendete das Projekt im November 2006.[280] Die Kampagne für saubere Kleidung äußerte den Verdacht, dass Puma das Projekt lediglich dazu benutzte, im Vorfeld der Fußball-WM 2006 als vorbildliches deutsches Unternehmen dazustehen. Natürlich betont Puma weiterhin das soziale Engagement auf seiner Internetseite.[281]

2006 untersuchte die britische unabhängige Verifizierungseinrichtung »Ethical Trading Initiative« erstmals die Wirkungen selbst auferlegter Verhaltenskodizes von 25 Unternehmen in ihren Zulieferbetrieben in Südafrika, China, Indien, Vietnam und Costa Rica. Die Studie stellte zwar kodexbezogene Fortschritte fest (bessere Gesundheitsstandards und Verbot von Kinderarbeit). Doch weder konnten Arbeiter ohne weiteres Gewerkschaften bilden, noch wurde die Diskriminierung am Arbeitsplatz abgeschafft. Verhaltenskodizes fänden außerdem keine Anwendung bei Saisonarbeiterinnen und Migranten. Zudem würden die Fabriken Unterlagen fälschen. Denn die Verhaltenskodizes seien so uneinheitlich, dass sie den Handel behindern würden.

Der Handelskonzern Metro – zu dem Real, Saturn, Media-Markt und Kaufhof gehören – unterstützt die Ausbildung von Mädchen in der Türkei und Kinderheime in der Ukraine.

Im Mai 2009 deckte die Kampagne saubere Kleidung (CCC) verheerende Bedingungen beim Zulieferer R.L. Denim in Bangladesch auf: Die Näherinnen arbeiten bis zu 97 Stunden pro Woche für einen Monatslohn von umgerechnet 50 US-Dollar, Schwangere werden entlassen, Löhne manchmal nicht ausbezahlt. Im Dezember 2008 starb die 18-jährige Fatema Akter infolge der Überarbeitung – als sie sich krank melden wollte, schlug ihr der Vorarbeiter ins Gesicht und

»erlaubte« ihr, sich auf einem Stück Karton auf dem Boden auszuruhen. Als die ohnmächtige junge Frau schließlich ins Krankenhaus gebracht wurde, war es zu spät.[282]

Nachdem CCC den Skandal veröffentlicht hatte, zog sich Metro aus dem Vertrag mit der Fabrik in Bangladesch zurück. Eine häufige Reaktion von Konzernen, wenn solche Fälle ans Licht kommen, die, so Christiane Schnura von der CCC Deutschland, nur »die Spitze des Eisbergs sind«. Sie werden vor allem deshalb so selten aufgedeckt, weil gerade in der Bekleidungsindustrie die Lieferantenkette kaum nachzuverfolgen ist. So weiß manches noch so bemühte Unternehmen wie etwa der Otto-Konzern selbst nicht, welcher Händler wo die Waren bezieht. Zieht sich ein Unternehmen aufgrund der Empörung und der Anschuldigungen zurück – was wiederum nur dem Harmoniebedürfnis der Öffentlichkeit zugutekommen soll –, verbessert das die Situation der Arbeiter keineswegs. Nur unter Druck von CCC und Ver.di versprach Metro, der Fabrik unter hohen Auflagen weitere Aufträge zukommen zu lassen.[283] Wie es mit deren Einhaltung ist – das lässt sich weiterhin kaum überprüfen.

»An freiwillige Selbstverpflichtung hält sich sowieso niemand, wenn es hart auf hart kommt«, sagt Klaus Wiegandt, der ehemalige Chef des Handelskonzerns Metro. In einem Interview mit dem *Greenpeace-Magazin* gesteht Wiegandt: »Ja, ich war einer der Sünder und Verbrecher.«[284] Klaus Wiegandt sagt, er habe angefangen, ein Unbehagen zu entwickeln, als der Metro-Konzern mit dem weltweiten Handel nach den Gesetzen der Globalisierung begann: »Ich bekam erste Zweifel, ob Wirtschaftswachstum und Nachhaltigkeit langfristig kompatibel sind. Heute sage ich: Nein, das lässt sich wohl nicht in Einklang bringen, weil eine Entflechtung von Wirtschaftswachstum und Ressourcen- und Energieverbrauch sich nicht verwirklichen lässt.«

Wiegandt stellt im Rückblick fest, dass er als Konzernchef gerade mal 30 Prozent dessen hätte tun können, was er heute für richtig halte und was notwendig wäre in Sachen Nachhaltigkeit. »Einen Konzern auf ökologischen Kurs zu bringen, ohne dass sich die Rahmenbedingungen ändern, das geht nicht. Man würde seine Wettbewerbsvorteile aufs Spiel setzen. Das ist in der Marktwirtschaft ein Gesetz, an dem kommen Sie nicht vorbei.« Nach seinem Ausscheiden aus der Metro hat Wiegandt die Stiftung Forum für Verantwortung gegründet, welche die Wissenschaft und Bildung fördern soll, »um Menschen ein Handeln aus Einsicht und Verantwortung zu ermöglichen«[285].

Unternehmen könne man nicht zur Verantwortung zwingen. »Natürlich gibt es Gruppen, die alles tun werden, um den Übergang zur Nachhaltigkeit zu vermeiden. Nur: die müssen wir nicht überzeugen. Wir müssen Menschen überzeugen, die die politische Willensbildung bestimmen. Wenn wir eine kritische Masse von etwa 20 Prozent unserer Bevölkerung – nämlich die Multiplikatoren – erreichen, dann strahlt das aus. Heute sind es ja ganz kleine Führungsschichten, die eine Gesellschaft leiten – und uns in die falsche Richtung steuern.«

Wer allen Ernstes glaubt, man könne Unternehmen »von unten aufrollen« oder zur freiwilligen Kurskorrektur bewegen, der stimmt nur ein in den Chor derer, die sagen, dass allein der Markt für Gerechtigkeit sorge. Der arbeitet mit am Erhalt ihrer Struktur und stärkt die Macht der Konzerne, anstatt diese mit politischen Mitteln zu schwächen.

Denn was nutzt es, wenn Lidl ein bisschen Bio im Regal stehen hat und Frauenprojekte in Peru unterhält, ansonsten aber sklavenähnliche Bedingungen auf südeuropäischen Obst- und Gemüseplantagen mit der Dumpingpreispolitik befördert? Was nutzt es, wenn McDonald's in einer schwedischen Filiale kostenlose Ladestationen für Elektroautos anbietet, Bionade verkauft und Kinderkrankenhäuser in den USA unterstützt, wenn das Unternehmen nach wie vor der größte Verarbeiter von Rindfleisch ist und das Plastikspielzeug der Kindermenüs von Kindern in China herstellen lässt? Was nützt es, wenn Reebok einen Preis für Menschenrechte verleiht, wenn der Konzern in denselben Sweatshops Schuhe nähen lässt wie andere Turnschuhhersteller auch? Was nützt es, wenn Danone pro Flasche Wasser Brunnenwasser für Äthiopien spendet, wenn der Konzern sich für die Privatisierung von Wasser starkmacht? Was nützt ein Öko-Putzmittel, das den Regenwald zerstört? Warum eigentlich ist die Welt nicht besser geworden, obwohl Konzerne teilweise schon seit Jahren »Verantwortung« übernommen haben?

Kapitel IV
Das Ende der Illusionen

»Let me take you down,
'cause I'm going to strawberry fields.
Nothing is real
and nothing to get hung about.
Strawberry fields forever.«
The Beatles, Strawberry fields Forever

1. Der rote Wahnsinn:
Erdbeerplantagen in Andalusien

Felipe Fuentelsaz bremst die zügige Fahrt und lenkt seinen
Geländewagen in den Sand jenseits der Hauptstraße, die
vom andalusischen Städtchen Almonte nach Matalascañas
führt, in das Touristenzentrum an der Costa de la Luz. Ein
selbstverständlicher Vorgang, möchte man meinen, denn wie
aus dem Nichts tut sich hier nach kilometerlanger Fahrt
durch karges Land mit Gewerbegebieten, Pinienwäldchen
und Obstplantagen ein überwältigendes Postkartenszenario
auf. Direkt neben der Straße liegt das Marschland, am Ufer
erhebt sich leuchtend weiß die Ermita del Rocio, die mächtige alte Kathedrale des kleinen Wallfahrtsortes El Rocio mit
seinen breiten Straßen aus Sand, die das Dorf mit den wei-

ßen, zweistöckigen Häusern und ihren Holzveranden aussehen lassen wie eine Westernkulisse. Pfingsten brechen eine
Million Pilger über das 800-Seelen-Örtchen herein, um die
Heilige Jungfrau von El Rocio, die Paloma Blanca, zu ehren
und ihre reich geschmückte Statue durch die Straßen zu tragen. Das restliche Jahr schläft das Dorf einen Dornröschen-
schlaf – so wie jetzt im April.

Schnell aussteigen, Felipe Fuentelsaz ist stets in Eile. Der
WWF-Mann ist zuständig für die Region Huelva, es gibt viel
zu tun hier und heute und jeden Tag, aber so viel Zeit muss
sein, denn hier, an der Mündung des Flüsschens La Rocina,
das sich in der Marsch verliert, beginnt der Nationalpark
Coto de Doñana mit seiner Schönheit – aber auch seinen
Problemen.

Wir stehen im aufgewirbelten Staub und schauen auf das
Wasser. Der leichte Atlantikwind kräuselt die Oberfläche,
und die frühe Morgensonne macht sie goldrosa glitzern; *el
rocio* heißt übersetzt Tau. Man kann die Pferde auf den
Feuchtwiesen grasen und schnauben hören, so still ist es,
wenn nicht gerade Obstlaster auf der Straße vorbeidonnern.
Man sieht Kormorane, Reiher und vereinzelt ein paar Flamingos, zur blauen Stunde, wenn sich der Wind gelegt hat,
werden es tausende sein.

»Dieses Jahr haben wir Glück, es hat viel geregnet«, sagt
der Naturschützer. Nur deshalb stehe das Wasser in den Ma-
rismas, den Feuchtgebieten, so hoch, wie es soll. »Wir haben viele Probleme in der Gegend, sehr viele Probleme«, sagt
Fuentelsaz, »aber das größte Problem ist das Wasser.«

Im dauertrockenen, wasserarmen Andalusien ist Regen
ein Glücksfall, jedenfalls für die Doñana, das 50000 Hektar
große, streng geschützte Areal zwischen der Küste und dem

Guadalquivir, dem längsten Fluss Andalusiens. Seit 1969 ist die Doñana Nationalpark, der WWF hat es damals geschafft, dass Küste und Marschland noch während des Franco-Regimes unter den Schutz der Regierung gestellt wurden. Mittlerweile zählt der Nationalpark, der von 53 000 Hektar frei zugänglichem Naturpark umgeben ist, zum Unesco-Weltkulturerbe.

»Wasser ist der Motor der Doñana«, sagt Fuentelsaz. Es speist die Feuchtgebiete und Lagunen des größten Vogelschutzgebiets Europas, das für viele südeuropäische und afrikanische Wasservögel eine Brutstätte ist und für sechs Millionen Zugvögel ein Winterquartier. Das Marschland, die Flüsschen, die Sanddünen, das Heideland, die Büsche, die Ölbäume und uralten Korkeichen bieten 360 Vogelarten – darunter so seltenen wie Kaiseradler, Purpurhuhn und Marmelente – eine Heimat. Hier leben Schildkröten und seltene Fledermausarten, Dachse, Fischotter, Mungos und Ginsterkatzen, ungezählte Amphibien und Reptilien. Auch den vom Aussterben bedrohten Iberischen Luchs gibt es in der Doñana. Die Raubkatze mit den Pinselohren ziert reihenweise Souvenirs vom Aschenbecher bis zum Bleistiftspitzer: Der Luchs ist das heimliche Wahrzeichen der Region, obwohl die wenigsten Menschen dort jemals in ihrem Leben dieses Tier zu Gesicht bekommen – es sei denn tot, überfahren auf der Straße.

Doch der Park ist bedroht. Schuld daran ist eine kleine rote Frucht, die den Menschen in den kälteren Gegenden Europas schon im Februar eine süße Vorfreude auf den Sommer beschert: Die Erdbeere gräbt der Doñana das Wasser ab. In der Provinz Huelva, zu der der Nationalpark gehört, wachsen auf 6 000 Hektar jedes Jahr zwischen 200 000 und 300 000 Tonnen der durstigen Früchte. Ein Hektar Erdbeerfeld braucht 4 000 Kubikmeter Wasser pro Saison, macht 24 Millionen Kubikmeter insgesamt. Das entspricht in etwa dem jährlichen Wasserverbrauch einer 300 000-Einwohner-Stadt.

Rund drei Viertel der südspanischen Erdbeeren sind für den Export bestimmt, zwischen 100 000 und 150 000 Tonnen werden nach Deutschland gebracht. Und weil der Appetit auf die so genannten Früherdbeeren hier und in anderen Ländern Mittel- und Nordeuropas immer größer wurde, hat sich die Anbaufläche in den vergangenen 20 Jahren verzehnfacht.

Die Saison geht von Februar bis Mai und ist ein fantastisches Geschäft für diese arme Region, die eine Arbeitslosenquote von 16 Prozent aufweist: 10 000 Euro lassen sich pro Saison und Hektar verdienen. Vor allem, wenn man für das viele Wasser nichts und für den Grund nur wenig zahlen muss: Geschätzte 70 Prozent des Wassers stammen aus illegal gebohrten Brunnen, 2 000 Hektar der Erdbeerfelder befinden sich auf nicht für die Landwirtschaft vorgesehenem Boden dicht am Nationalpark. 500 000 illegale Brunnen gibt es in ganz Spanien, geschätzte 10 000 in Andalusien, rund 1 700 sind es in der Provinz Huelva.

Wir fahren, vorbei am Besucherzentrum des Nationalparks »El Acebuche«, hinein in die Pinienwälder Richtung Erdbeeren, Richtung Brunnen. Vier Störche fliegen über das Autodach. Von der Hauptsraße weisen gut zehn Schilder zu den *fresas* und *frutas*, teils handgeschrieben und an Bäume genagelt oder an Holzpflöcken in die trockene Erde am Straßenrand gerammt. Obwohl diese Felder überwiegend illegal sind, muss sich kein Erdbeerbauer verstecken. Die Gemeinden haben großes Interesse daran, dass alles so bleibt, wie es ist.

»Wasser ist das größte Problem«

Felipe Fuentelsaz hält auf einer Brücke an der Mündung des kleinen Flusses Rocina. Unter dem Gestrüpp kann man es leise glucksen hören. Der Fluss, der nur noch ein Bach ist, wurde einst »Mutter der Marsch« genannt, weil er bis in den September hinein, kurz bevor der Oktober den Herbstregen brachte, Wasser führte. Jetzt versiegt er bereits im Juni. In den vergangenen dreißig Jahren, sagt Fuentelsaz, habe sich sein Wasserspiegel halbiert. Und ausgerechnet hier, in der hochsensiblen Flussnähe, liegt ein großer Teil der illegalen Erdbeerfelder.

Langsam lässt Felipe den Geländewagen über die notdürftig asphaltierten und mit Schlaglöchern übersäten Straßen rollen, auf denen die LKWs und Lieferwagen trotzdem schneller fahren können als auf Feldwegen. Auch die Zufahrtswege zu den Anbaugebieten rund um die Doñana sind teilweise illegal angelegt und geteert – ein zusätzlicher Schlag für die wasserarme Gegend, denn wo der Boden versiegelt ist, gelangt der Regen nicht ins Grundwasser, sondern verdunstet einfach. Aber in Sachen *fresas* herrscht hier Anarchie.

Hier rechts: ein Erdbeerfeld, dahinter auch eines und hier links, hinter dem Hügel und zwischen den Pinien, ebenfalls Erdbeeren. Die Felder scheinen sich ins Unendliche zu erstrecken. Die gleißende Mittagssonne lässt den Horizont mit den weißen Flächen verschmelzen; man kann kaum erkennen, wo die Folientunnel aufhören und der Himmel beginnt. Die Erdbeeren wachsen nicht etwa unter der spanischen Sonne, sondern unter Plastikplanen. Die Früchte reifen so schneller, und außerdem könnten sie ohne Schutz faulen, wenn es einmal doch regnen sollte.

4500 Tonnen Folie werden pro Saison verbraucht. Früher warfen die Bauern das Plastik einfach in den Wald oder verbrannten es auf dem Feld. Jetzt gibt es Sammelstellen für die Folien und die Dünger- und Pestizidkanister, die recycelt werden. Wer seinen Müll in den Wald schmeißt, muss mit Bußgeld rechnen. Ein Problem weniger von den vielen: »Es gibt viele Probleme hier, sehr viele Probleme«, wiederholt Felipe Fuentelsaz, »aber das Hauptproblem ist das Wasser.« Man kann es nicht oft genug sagen. Trotzdem trägt der Wind Plastikfetzen durch die Gegend, wickelt sie um Bäume und Sträucher oder bläst sie in den Straßengraben, wo sie vor sich hin stauben.

An der Böschung vor einem Erdbeerfeld wachsen verschiedene Büsche und Sträucher, ein paar junge Bäume stehen dazwischen, im Boden steckt ein handbeschriebenes Schild aus Holz. Hier hat die spanische Umweltorganisation *Ecologistas en Accion* aus Protest ein Stückchen Grund bepflanzt, auf dem zuvor Wald stand, der einem Erdbeerfeld gewichen ist. Eine symbolische Aktion, die Schrift auf der Gedenktafel ist kaum mehr lesbar.

Es gab Zeiten hier, da brannte an einem Tag der Wald, und schon wenige Tage später steckten Erdbeerpflänzchen im Boden. Das Brandroden hat so gut wie aufgehört, viel zu gefährlich und unkontrollierbar bei der zunehmenden Trockenheit. Vor dem Autofenster zieht eine Fläche mit Baumstümpfen vorbei. Bald wird auch hier der Wind sanfte Wellen über ein weißes Plastikmeer schicken, anstatt in den Pinien zu rauschen.

Wir parken in einer Einfahrt und laufen in den Wald. Die trockene Erde ist aufgerissen, die Piniennadeln knacken unter den Schuhen wie Eierschalen. Ein schwarzes Stromkabel führt auf dem Boden zu einer brummenden Konstruktion aus blauen Plastikkanistern und Rohren, eines davon endet hinter einem Maschendrahtzaun und spuckt einen dünnen Strahl Wasser in ein Bassin.

»Was meinst du: legal oder illegal?«, fragt Felipe.

»Sieht nicht besonders professionell aus. Also ich denke, illegal.«

Felipe nickt. Mit einem wütenden Handgriff reißt er die lose Plastikfolie über dem Loch weg und bückt sich nach einem Stein. »Hör genau hin«, sagt er und lässt den Stein ins Dunkel fallen. Eins, zwei, drei, vier, fünf, sechs und platsch. Zwischen 40 und 80 Meter tief sind die Brunnen mittlerweile gebohrt, das Grundwasser ist um 40 Meter gesunken. Felipe zeigt auf das Stromkabel: »Wenn ein Tier das anknabbert, dann gibt es einen Kurzschluss und einen Waldbrand.«

Die Brunnen zu finden ist einfach, man muss nur den Kabeln und Rohren folgen, die von den Feldern in den Wald führen. Ein Blick aus dem Autofenster reicht schon, um sie zwischen den Bäumen zu sehen, die umzäunten Bassins, Holzverschläge und Plastikhaufen. Wenn man über die kleinen Straßen Richtung Huelva nahe der portugiesischen Grenze fährt und von dort Richtung Küste, kann man dutzende der Brunnen zwischen den Baumstämmen hervorblitzen sehen. Bei Palos de la Frontera ist die Ebene zum Meer eine einzige weiße

Fläche, die man auf den Satellitenbildern von Google Earth sehen kann. *Strawberry fields forever*. Östlich grenzt der die Doñana umgebende Naturpark an die europäische Erdbeerhauptstadt; er erstreckt sich bis zur Küste. Die Erdbeerfelder reichen auch hier in den Park hinein, vor allem da, wo es Wasser gibt, kann man es weiß blitzen sehen. An den Ufern der vom Meer abgeschnittenen Laguna de las Madres grenzen die Erdbeerfelder auf dem gerodeten und ausgehobenen Waldboden direkt ans Wasser, die dicken, schwarzen Wasserschläuche führen von den Pumpstationen direkt in die Lagune. Lagunen sind wertvolle Öko-Systeme für Wasservögel, Amphibien, Fische und Pflanzen. Die Laguna de las Madres ist hier nur noch ein kostenloser Bewässerungsteich für Früherdbeeren.

Bis 1985 war es legal, auf dem eigenen Grund nach Wasser zu bohren. Auch dass die Erdbeerfelder auf Flächen angelegt sind, die nicht für die Landwirtschaft bestimmt sind, hat eine legale Ursache: Nach dem Bürgerkrieg stellte die Regierung den Spaniern öffentliches Land zur Verfügung, damit die Menschen dort für ihre Selbstversorgung Gemüse anbauen konnten. Noch heute verpachten Kommunen Land und Wald an die Bürger und verdienen nicht schlecht daran. Der Erdbeeranbau hat Wohlstand in die Gegend gebracht. Die Provinz Huelva hat das höchste Pro-Kopf-Einkommen in Spanien.

Erdbeeren sind der wichtigste Wirtschaftsfaktor der Region. Man drückt die Augen zu, wo es nur geht – und so kommt es auch, dass das extrem giftige und die Ozonschicht schädigende Pestizid Methylbromid, dessen Einsatz in der EU seit 2004 verboten ist, in Huelva seit 2006 per Ausnahmeregelung erlaubt ist. 200 Kilo pro Hektar spritzen die konventionellen Farmer in den Boden, um dort alles abzutöten, was den Erdbeerpflänzchen schaden könnte.

Es ist nicht nur das Gift, das über das Grundwasser in den Nationalpark gerät – zusammen mit Düngern und anderen Pestiziden. Und es ist nicht allein das schwindende Wasser, das ausgetrocknete Flussläufe und Lagunen als traurige, grasbewachsene Senken im Park hinterlässt und Bodenerosionen und Waldbrände begünstigt. Es ist auch so, dass die großen Plantagenflächen zwischen den Wäldern den Wildtieren den Weg abschneiden. Die Tiere brauchen aber einen möglichst zusammenhängenden Lebensraum. Nicht nur zur Ernährung, sondern ebenfalls, um ihr Erbgut weiträumig zu streuen. Können Otter oder Luchs das nicht, so gefährdet das ihr Überleben. Ein Problem bedingt das nächste, und das übernächste ist, dass Luchse über die Straße rennen, um zum anderen Geschlecht und zum Futter zu gelangen, und dabei überfahren werden. Im Nationalparkzentrum El Acebuche werden Luchse deshalb in Gefangenschaft gezüchtet; zeitweise kommen mehr Tiere unter Autoräder als auf die Welt. Weiblichen Kadavern werden Eizellen entnommen, um sie einzufrieren.

Und das alles nur, weil zu viele Menschen andernorts nicht einfach die Paar Monate abwarten können, bis bei ihnen die Erdbeeren reif sind. Es scheint ein ungeschriebenes Gesetz zu sein, dass man sich in den wohlhabenden Ländern alles zu jeder Zeit kaufen können muss: den Spargel im Dezember, die Weintrauben, Pfirsiche und Melonen im Januar, die Erdbeeren und Himbeeren im Februar. Geht nicht gibt's nicht. Ob da die Nachfrage das Angebot bestimmt oder andersherum, das ist kaum mehr zu sagen.

»Von selber unternehmen die Farmer nichts«

»Ich glaube nicht, dass die Konsumenten eine Ahnung davon haben, was hier passiert«, sagt Felipe Fuentelsaz.

»Es wäre das Beste, die Leute würden im Winter einfach keine Erdbeeren essen, nicht wahr, Felipe?«

»Nein, um Gottes willen, nein«, erwidert der Naturschützer und erklärt: Die Leute müssten nur die richtigen Erdbeeren kaufen. Denn Erdbeeranbau und Naturschutz würden sich sehr wohl vertragen – allerdings unter radikal anderen Bedingungen. Seit den 80er Jahren untersucht der WWF die Auswirkungen des Erdbeeranbaus auf die Doñana, ein Plan des WWF zur Lösung des Problems liegt der Regionalregierung vor. Die Naturschutzorganisation will die Zerstückelung der Landschaft rückgängig machen und zwischen den Erdbeerfeldern ökologische Korridore anlegen, die den Nationalpark wieder mit der umgebenden Natur verbinden. Zwischen den Erdbeerfeldern soll es wieder grünen, die Wanderrouten der Wildtiere sollen so gesichert werden. Dazu müssten einige Felder durch Flurbereinigung verlegt werden, die gut 1400 illegalen Plantagen ganz verschwinden und die Flächen wieder aufgeforstet werden. Auf den übrigen Plantagen müsste eine Wasser sparende Technik zum Einsatz kommen.

Der Plan findet die Zustimmung der Wasserbehörde des Guadalquivirbeckens, von Biologen und regionalen Agrar- und Umweltbehörden. Passiert ist bislang – nichts. Ob der Plan jemals umgesetzt wird, ist ungewiss. »Von selber unternehmen die Farmer nichts«, sagt Felipe Fuentelsaz, der seit Jahren den Bauern ins Gewissen redet. Manche würden wütend, wenn sie ihn bloß sehen. Warum auch sollten sie etwas ändern: Der Umbau kostet, der illegale Anbau bringt Geld. Da ist selbst eine Behörde wie die »Confederación Hidrográfica del Guadalquivir« nahezu machtlos. Seit 2005 verfolgt das Wasseramt Verstöße – doch in den ersten zwei Jahren wurden gerade mal zweihundert Anzeigen erstattet und nur zwanzig illegale Brunnen auf richterliche Anordnung zubetoniert, während an anderer Stelle neue entstanden sind.

Selbst die Regierung unterstützt den roten Irrsinn: Es gab Jahre, da wurden, um die Preise für die Einkäufer niedrig zu halten, so viele Erdbeeren produziert, dass der Staat bis zu einem Drittel der Ernte aufkaufte – um sie zu vernichten.

In seinen jahrelangen Recherchen und Berechnungen ist die Naturschutzorganisation WWF zu dem Ergebnis gekommen, dass die Menge Wasser, die zum Erhalt des Gebiets notwendig ist, in etwa mit der Menge übereinstimmt, die illegal gefördert wird. Nun versucht die Umweltschutzorganisation auf anderem Weg, Wasser einzusparen. In einem Pilotprojekt wenden Landwirte auf legalen Feldern mit legalem Wasserzugang ein Bewässerungssystem an, mit dem bis zu 25 Prozent Wasser eingespart werden. Um sich das leisten zu können, sind die Bauern allerdings darauf angewiesen, auf Dauer einen fairen Preis für ihre Erdbeeren zu bekommen. Der WWF will dafür große Supermärkte gewinnen, die solche Verträge mit den Farmern abschließen. Bislang konnten sie zwei europäische Ketten dazu bewegen, in das Projekt einzusteigen: die niederländische Supermarktkette Albert Heijn und Rewe in Deutschland. Seit 2007 existieren befristete Verträge mit elf Erzeugern in der Huelva-Region, die insgesamt 500 Hektar legale Anbaufläche mit legalem Wasser bewirtschaften. In den deutschen Rewe-Supermärkten gibt es diese Früherdbeeren mit dem Panda-Logo des WWF und der Aufschrift »Best Alliance – Genuss mit gutem Gewissen«. Rewe hat das Projekt mit 250 000 Euro unterstützt und Studien zu Öko-Toxologie, Wasser- und CO_2-Verbrauch finanziert. Das ist auch gut für das Image, denn bei einem Pestizidtest, den Greenpeace 2007 an Obst und Gemüse vornahm, das deutsche Supermärkte verkaufen, schnitten Rewe, Edeka und Tengelmann am schlechtesten ab. Bei zu vielen Waren sei die zulässige Höchstmenge überschritten gewesen, in einigen Früchten hätten sich gefährliche Giftcocktails befunden – teilweise auch verbotene Substanzen. Rewe wies einige Vorwürfe zurück und kündigte an, Gemüse und Obst mit nur noch maximal 70 Prozent der jeweils zulässigen Höchstdosis zu verkaufen. Die Umweltorganisation hatte die Verbraucher dazu aufgerufen, Protestmails an die Unternehmen zu schicken.

Best Alliance ist das Rewe-Label für Vertragsanbau, den der Supermarkt für Erdbeeren und Paprika in Südspanien und für Weintrauben in Italien, Argentinien und Brasilien unterhält. Die Landwirte sind durch den Global Gap zertifiziert, eine freiwillige, privatwirtschaftliche Organisation zur Förderung nachhaltiger Landwirtschaft. Die vorgegebenen Mindeststandards erlauben den Einsatz von Pestiziden aus einer »Positivliste«. Neben dem WWF gehören auch die Konzerne BASF und Bayer Crop Science zu den Global-Gap-Mitgliedern. Bayer Crop Science ist in den 120 Ländern, in denen das international agierende Unternehmen Niederlassungen unterhält, Marktführer für Agrochemikalien und hat mit seinen Pestiziden einen Weltmarktanteil von 20 Prozent.[286] Im Greenpeace-Report *Die schmutzigsten Portfolios der*

Pestizid-Industrie identifiziert die Umweltschutzorganisation Pestizide von Bayer im internationalen Konzernvergleich als die gefährlichsten für Umwelt und Gesundheit, auf Platz drei des Giftrankings befindet sich BASF.[287]

Die »Best-Alliance«-Landwirte dürfen Pestizide einsetzen, die von Rewe, WWF und BASF freigegeben werden. Im Frühjahr 2009 untersuchte die Umweltorganisation Greenpeace Kirschen und Erdbeeren aus Spanien, die in deutschen Supermärkten erhältlich waren. 86 Prozent (24 Proben) der Erdbeeren aus konventionellem Anbau waren mit Pestiziden belastet, in 18 Proben fanden die Umweltschützer Rückstände von Pestiziden, die Greenpeace 2008 auf einer »schwarzen Liste« als besonders gefährlich einstufte. 79 Prozent (22 Proben) waren mit mehreren Giften gleichzeitig belastet.[288] In den »Best-Alliance«-Erdbeeren fand Greenpeace sechs verschiedene Pestizide, von denen die Umweltorganisation fünf als besonders giftig auf der »schwarzen Liste« führt.

Warum überhaupt Pestizide? Warum nicht Bio? »Der Naturschutz geht bei uns in dem Fall über den Verbraucherschutz«, sagt die WWF-Süßwasserexpertin Dorothea August. Sie sagt auch, dass der Global Gap sehr verbesserungswürdig sei. Um Bio-Erdbeeren anbauen zu können, müssen die vormals chemisch bearbeiteten Felder ein paar Jahre brachliegen, damit der Boden wieder sauber ist und nach den EU-Bio-Richtlinien bebaut werden darf. Damit braucht man Erdbeerbauern vermutlich erst mal nicht zu kommen. Abgesehen davon, dass sich Bio-Landbau für kleine Erdbeerbauern kaum lohnt, weil Bio-Erdbeeren 30 Prozent mehr Arbeit bedeuten.

Aber was ist dann mit den Bio-Erdbeeren, die man in Deutschland ebenfalls schon im Winter kaufen kann? Sind die nicht trotzdem besser? Rund fünf Prozent der Erdbeer-flächen seien Bio, schätzt Felipe Fuentelsaz. Das sei zwar gut für den Konsumenten, aber schlecht für die Doñana – denn auch Bio-Erdbeeren können auf illegalem Grund wachsen und mit illegalem Wasser versorgt werden. Das EU-Bio-Zer-tifikat enthalte keine Standards zur Legalität von Boden und Wasser und auch keine zum Wasserverbrauch. Und »Was-ser«, sagt Felipe Fuentelsaz noch einmal mit Nachdruck, »ist das größte Problem«.

»Die Lösung ist bio«

»Wenn nur die Doñana das Problem in Andalusien wäre, das wäre gut«, sagt Francisco Casero und lacht müde. »Wir haben viele Probleme hier, sehr viele.« Wasser sei nicht das Hauptproblem. Was dann? »Die Mentalität. Das Wichtigste ist, die Mentalität zu ändern. Die Politik ändert sich nur, wenn sich die Gesellschaft ändert.«

Franciso Casero ist Präsident und Mitbegründer des Komitees für ökologischen Anbau in Andalusien (CAAE). Der Kontrollverband zertifiziert Öko-Bauern und -Produ-zenten nach strengeren Richtlinien als das EU-Bio-Siegel. 784 000 der insgesamt 950 000 Hektar Öko-Land liegen in Andalusien, 714 663 arbeiten unter dem CAA-Siegel, 8 125 Bauern und weiterverarbeitende Produzenten wurden seit der Gründung der CAAE 1991 von dieser zertifiziert. Rund um die Doñana sind das 82 000 Hektar, der Großteil davon Weideland und Wälder, 6 000 Hektar werden mit Gemüse,

Beeren, Obst und Kräutern bepflanzt. Sechs Obst- und Gemüseproduzenten tragen das CAAE-Siegel, darunter der größte südspanische Bio-Erdbeer- und Obstanbauer S.A.T. Bionest. 123 Hektar Erdbeerfelder sind von der CAAE zertifiziert.

Francisco Casero ist jetzt sechzig. Mit zehn habe er angefangen, sich für Natur und Umweltschutz zu interessieren. Casero hat die eine Hälfte seines Lebens in der Diktatur verbracht, die andere in der Demokratie, er ist ein Umwelt- und Menschenrechtsaktivist der ersten Stunde, 42-mal sei er in seinem Leben verhaftet worden.

»Ich würde nicht hier sitzen, wenn ich keine Ideale hätte«, sagt er. Die Lösung, sagt er, sei Bio, das sei seine »globale Vision«. Das schütze nicht nur die Natur und die Böden, die Lebensgrundlage der Bauern, und erhalte die Bio-Diversität, sondern schaffe auch Arbeitsplätze. Zwar sei Bio-Landbau weniger ertragreich als intensive Landwirtschaft mit hohem Chemieeinsatz, man erhalte dafür aber bessere Qualität, die man teurer verkaufen könne. Weil der Bio-Anbau aufwändiger ist als konventioneller, schaffe er außerdem Arbeitsplätze – in der Landwirtschaft und in der Weiterverarbeitung. »Und wenn man mit Bio Arbeit schaffen kann, dann nimmt das den Druck von den Menschen.«

Unermüdlich versucht Francisco Casero die Bauern zur Änderung zu bewegen. Er sagt ihnen, dass sie mit der intensiven und monokulturellen Bewirtschaftung ihrer Anbauflächen und ihrem Einsatz von Düngern und Pestiziden den Boden so zerstören, dass sie in wenigen Jahren gar nichts mehr darauf anbauen können. Dann bleiben Brachen, die erodieren. Erdbeeren sind nicht das einzige Problem im Obst- und Gemüsegarten Europas.

»Die Mentalität muss sich ändern, das ist das Wichtigste«, wiederholt der 60-Jährige. Immer wieder muss er das Gespräch in der CAAE-Zentrale am östlichen Ende von Sevilla unterbrechen, weil er ans Telefon gerufen wird. Es gibt viel zu tun hier zur Erntezeit, vor allem für die, die die Obst- und Erdbeerbauern auf einen rechten Weg bringen wollen, solange nicht Gesetze den Anbau vernünftig regeln. Gestern sei er um fünf Uhr morgens aus dem Haus und um ein Uhr nachts zurückgekehrt, seit sechs Uhr morgens sei er heute im Büro, »das muss so sein, wenn man etwas erreichen will«. Er ist in ganz Spanien unterwegs, um mit Regionalregierungen, Bauernverbänden, Behörden und Produzenten zu reden. Dann freut sich der 60-Jährige ganz besonders, wenn die Bauern auf ihn zukommen – acht Anfragen habe er heute schon bearbeitet. In der Vitrine am Empfangstresen des CAAE stehen Pokale und liegen Urkunden, mit denen Casero für sein Engagement geehrt wurde.

Die Bauern hätten zu wenig Selbstvertrauen, die Chemische Industrie habe großen Einfluss und übe Druck auf die Regierung aus. Zwar liegt Spanien mit seinen 950 000 Hektar Öko-Landbau vor Deutschland, in Sachen Bio-Konsum aber weit hintendran. Es gibt kaum einen Binnenmarkt für Öko-Produkte: Nur 0,09 Prozent der Spanier kaufen sie.[289] Und das ist keine gute Basis für die Akzeptanz von Umwelt- und Naturschutz und die Unabhängigkeit vom Export. Mehr als 80 Prozent der Bio-Produkte bleiben nicht im eigenen Land, sondern werden exportiert. Das meiste Geld machen die Händler, die die Früchte in den Importländern verkaufen.

Das CAAE sieht sich deshalb nicht nur als Zertifizierungsorganisation, sondern als Aufklärer. Francisco Casero holt einen Nistkasten und Plakate mit Insekten und Blumen. Es ist das Schulungsmaterial für CAAE-Bauern. Das CAAE gibt zwei Öko-Magazine heraus, es veranstaltet Öko-Sommercamps und bietet Umweltbildung für Kinder und Schulen an.

Darüber hinaus lasse das CAAE Wasser sparende Technik testen, auch erneuerbare Energie werde eingesetzt. Illegale Bewässerung gebe es keine auf den CAAE-Feldern, sagt Francisco Casero, sie seien schließlich Mitglied der Wasserschutzkommission: »Wir können gar nicht mit illegalen Farmen arbeiten.«

Was ihn wirklich maßlos ärgere, erklärt der Spanier, sei, dass die Deutschen und die Engländer vor allem auf den Preis schauten anstatt auf die Qualität, dass sie so billig wie möglich einkaufen wollen. »Damit richten sie großen Schaden an!«

»Lieber Francisco Casero, wäre es nicht eigentlich besser, die Deutschen, Engländer, Holländer und Franzosen würden gar keine Erdbeeren im Winter essen?« Mit dieser Frage kann man so ziemlich jeden in der Huelva-Region auf die Palme bringen. Auch der CAAE-Präsident reißt die Augen auf und schüttelt heftig den Kopf: »Nein, sie sollen unsere Erdbeeren essen, aber die richtigen, die Bio-Erdbeeren, nur so kommen wir hier voran.«

»Ohne Erdbeeren explodiert der Tourismus«

José Juan Chans kommt aus dem weißen Gebäude der Nationalparkverwaltung, er lacht und schwingt seine Autoschlüssel: »Lust auf eine kleine Expedition?« Chans ist Vizedirektor des Nationalparks; er sagt, er sitze den ganzen Tag im Büro, da nutze er jede Gelegenheit, ins Gelände zu kommen, in seinen geliebten Nationalpark. Die geschützten 54 000 Hektar sind nicht frei zugänglich, sie können nur mit geführten Expeditionen der Parkverwaltung besucht werden. Chans, der eigentlich Lehrer ist, hat früher selbst im Park gearbeitet, Vogelnester kontrolliert und Eier gezählt, Boden- und Pflanzenproben entnommen. »Eine schöne Zeit war das«, schwärmt er, während wir im Geländewagen über die Sandpisten ruckeln. Rauchschwalbenschwärme flitzen knapp über den Heideboden, stahlblau glänzen ihre Rücken in der Sonne. Schmetterlinge tänzeln um Ginsterbüsche, darunter schiebt eine Schildkröte langsam ihren Panzer voran. Ein Wildschwein rennt über die Straße, und eines der Bio-Rinder des CAAE, die im Park frei herumlaufen, hebt verschreckt den Kopf. Eine Kolonie weißer Reiher sitzt in einer Korkeiche, Störche kreisen über Feuchtwiesen.

Wir halten an einer windgeschützten Lagune vor den Sanddünen, rosafarbene Flamingos stehen da im Wasser. José Juan Chans hebt eine winzige Glasscherbe auf und entdeckt einen schwarzen, reglosen Käfer am Boden, einen Pillendreher. »Es ist zu kalt für ihn«, sagt Chans und legt das Tier fürsorglich neben den wärmeren Kuhmist.

Was sagt also jemand, der den Park nicht nur kennt und liebt, sondern auch verwaltet, zu den Erdbeerplantagen? Erstaunlich wenig. Er windet sich. Es gebe viele Probleme hier, sehr viele Probleme. Die Erdbeeren? Das Wasser? Die Pestizide? José Juan Chans winkt ab.

Das Wichtigste sei, dass sich das Touristenzentrum nicht ausdehne. Wenn der Grund mit Obst, Gemüse und Erdbeeren bebaut sei, mit denen man Geld verdienen könne, dann würden andernorts keine Hotels und Häuser und Straßen entstehen.

Auch Chans sitzt, wie Fuentelsaz und Casero, in den verschiedenen Gremien zum Schutz der Doñana. Alle reden dort mit allen, oftmals laut und durcheinander: die Umweltschützer, die Bauern, die Parkbeauftragten, die Regionalregierung, die Behörden, die Genossenschaften, die Bauern, die mächtigen Farmerverbände. »Es geht ganz schön hoch her auf solchen Versammlungen.« Heraus kommt dabei wenig – zu viele unterschiedliche Interessen und Hoffnungen stoßen aufeinander. Chans muss sich noch auf ein solches Treffen vorbereiten, darum ist auch er, wie alle, in Eile. Und darum, der Vollständigkeit halber, auch noch an ihn die Frage: »Lieber José Juan Chans, wäre es nicht am besten, die Mittel- und Nordeuropäer würden im Winter keine Erdbeeren essen?«

Naturgemäß schüttelt auch er aufgeregt den Kopf. Nein, sie sollen essen und kaufen, unbedingt, ohne Export gibt es für die Menschen hier kein Geld. Und solange sich mit den Erdbeeren Geld machen lässt, kommen die Leute nicht auf die Idee, Hotels zu bauen und die Küste zu betonieren. Natürlich gehöre der Erdbeeranbau reguliert – aber immer noch besser, die Felder würden mit Obst und Beeren bebaut als mit Häusern. So bliebe das alles hier immerhin noch eine Landschaft, die man wieder renaturieren und dem Park zuführen könne.

2. Warum strategischer Konsum nie das große Ganze ändern kann

Tja. Und nun? Wie soll man sich in dieser Situation als verantwortungsvoller Konsument verhalten? Welche Konsumstrategie gilt es hier anzuwenden? Worin besteht die pragmatische Überwindung von Widersprüchen, die Win-win-Situation? Keine Erdbeeren essen, weil deren Anbau alles in allem eine riesengroße Katastrophe ist – und weil, auch das sei noch erwähnt, der Transport einer 500-Gramm-Schale Erdbeeren 440 Gramm CO_2 in die Luft bläst? Nur die WWF-Erdbeeren essen, die zwar Pestizide enthalten, aber weniger Wasser verbrauchen und den Vertragsanbau unterstützen? Oder doch die Bio-Erdbeeren, die zwar mehr Wasser trinken, aber dafür keine Pestizide enthalten, welche nicht nur ungesund sind, sondern auch den spanischen Boden und das Wasser ruinieren? Oder soll man ganz normale Erdbeeren aus Spanien essen, damit man nicht die Entstehung von Hotelburgen und Golfplätzen fördert, die ihrerseits vermutlich genauso viel Wasser verbrauchen?

Eine Antwort darauf gibt es leider nicht. Denn der strategische Konsum ist bei Weitem nicht so einfach, wie Öko-Konsum-Portale und die ungezählten Ratgeber zur Weltrettung mittels Konsum, die mittlerweile in den Buchläden stehen, behaupten. Es gibt nicht für jedes Produkt einen guten Ersatz, allenfalls die punktuell etwas bessere Alternative. Strategischer Konsum kann nicht mehr als kleine Ausschnitte wählen – ums große Ganze geht es dabei nie. Und manche Widersprüche lassen sich beim besten Willen nicht vereinbaren. »Der Konsument alleine kann sich eigentlich meistens nur für ein Kriterium entscheiden – und damit schließt er ein anderes aus«, sagt Jürgen Knirsch, Globalisierungs-, Konsum- und Wirtschaftsexperte von Greenpeace, »man kauft immer all das mit, was an jedem Produkt hängt«.

Wer zum Beispiel bei Lidl Bio kauft, der tut sich zwar selbst was Gutes und fördert den Bio-Konsum, gleichzeitig unterstützt er damit aber auch die schlechte Bezahlung und Behandlung der Mitarbeiter, den Preisdruck auf die Milchbauern, die Anbaubedingen auf den Plantagen in Südspanien und Nordafrika. Wer Body-Shop-Produkte kauft, der unterstützt damit den weltgrößten Kosmetikkonzern L'Oréal, an den die inzwischen verstorbene Body-Shop-Gründerin Anita Roddick ihre Marke für 940 Millionen Euro verkaufte. Wer sich Turnschuhe aus der Öko-Kollektion von Adidas kauft, die aus recycelten Autoreifen und Kork bestehen, verringert vielleicht den Ressourcenverbrauch, akzeptiert aber gleichzeitig die haarsträubenden Herstellungsbedingungen in den Sweatshops. Wer Bio-Baumwollenes bei H&M oder C&A kauft, der unterstützt vielleicht ein paar wenige Bio-Baumwollbauern und schützt seine Haut, kauft jedoch gleichzeitig die entsetzlichen Zustände auf den pestizidverseuchten Baumwollfeldern mit, von denen das Material für die Billig-T-Shirts in einer anderen Abteilung stammen. Und dass der Rohstoff bio ist, bedeutet auch leider überhaupt nicht, dass die Menschen, die ihn geerntet haben, oder die Frauen, die die Kleider weit entfernt vom Baumwollfeld in einem anderen Entwicklungsland zusammennähen, von ihrem Lohn leben können.

»Mit jedem ausgewählten Kriterium entscheidet man sich gegen ein anderes«, sagt Jürgen Knirsch. So könne man sich beim Kaffee entscheiden, ob man lieber möchte, dass die Kaffeebauern fair bezahlt werden, oder ob der Kaffee biologisch angebaut sei. »Dabei ist Kaffee noch ein einfaches Beispiel, denn es gibt inzwischen Angebote, die bio und fair sind.« Grundsätzlich ist bio nicht gleich fair, und fair ist nicht gleich bio: in den EU-Bio-Richtlinien sind keine Sozialstandards festgeschrieben, und das TransFair-Siegel wiederum, das Bauern in Entwicklungsländern einen existenzsichernden Lohn garantiert, enthält nur wenige ökologische Mindeststandards. Und nimmt man noch den CO_2-Verbrauch dazu, wird es vollends kompliziert: Wer weiß schon, dass es im Frühling klimaverträglicher ist, einen Apfel vom anderen Ende der Welt (also aus Neuseeland) zu kaufen, weil der Transport per Schiff klimafreundlicher ist als die Lagerung deutscher Äpfel in Kühlhäusern? Was also kann man als Verbraucher überhaupt entscheiden?

»Eigentlich kann der Verbraucher nur nach seinen eigenen Kriterien kaufen«, sagt Knirsch, »aber die Lösung der Probleme liegt auch nicht in der richtigen Hautcreme.« Mit dem Greenpeace-Einkaufsratgeber berät die Umweltschutzorganisation Verbraucher und klärt sie auf in Sachen Genfood, Pestizide, Holz, Textilien, Fisch und Klimafreundlichkeit. Doch Greenpeace will damit mehr erreichen, als Konsumenten zu befähigen, nach selbst ausgewählten Kriterien für sich persönlich alles richtig zu machen. »Wir brauchen die aufgeklärten Menschen als Unterstützer unserer politischen Ziele«, sagt Knirsch. Greenpeace hat klare Forderungen an die Politik: Essen ohne Gentechnik und Pestizide zum Beispiel, Gebrauchsartikel ohne Gift, ein Ver-

braucherinformationsgesetz, den Schutz der Meere, erneuerbare Energien. Das alles soll allgemeines Gesetz werden,
so dass alle Menschen etwas davon haben – und nicht nur
ein paar einzelne, für die solche Vorzüge ein Kaufargument
sind.

Es gibt kein richtiges Einkaufen im falschen Weltwirtschaftssystem

»Man kann sich zwischen einem blauen und einem grünen
Pulli entscheiden, aber nicht zwischen Umweltschutz und
Menschenrechten«, sagt der Attac-Mitbegründer und Euro-
paabgeordnete der Grünen, Sven Giegold. Damit bringt er
den Zynismus der »Konsumentendemokratie« nach dem
Motto »Einkaufen ist eine Wahl« auf den Punkt: Sie entlässt
die Probleme der Welt auf einen Markt, die Unternehmen
werfen ihre »Lösungsangebote« in Form von Produkten
dazu, und der König Kunde darf auswählen, ob er lieber
seinem Körper was Gutes tut (bio), den Bananen-, Kaffee-
oder Reisbauern in Entwicklungsländern (fair), dem Klima (»klimaneutral«) oder einfach nur seinem Geldbeutel
(billig).

Die Kommunikation verläuft allein zwischen Kunde und
Anbieter. Was aber tatsächlich zur Verbesserung der Lebensbedingungen in den Entwicklungsländern nötig wäre, was
wirklich das Klima und die Umwelt nachhaltig schützen
würde, was wirklich gerecht wäre, das kann man sich nicht
mit einem Produkt kaufen. Angebot, Nachfrage und reale
Probleme sind nicht deckungsgleich – es gibt kein richtiges
Einkaufen im falschen Wirtschaftssystem. Darin Dinge nur

punktuell verändern zu wollen (und mehr kann der strategische Konsum nicht), führt nicht zu einer Änderung, sondern im Gegenteil zur Zementierung des Systems.

Indem man die »schlechten« Produkte zugunsten der etwas besseren aus seinem Leben verbannt, tut man zwar was fürs Gewissen, nicht aber für die Näherin in Bangladesch, die dann nicht für einen selbst, aber eben für die Millionen anderen 90 Stunden die Woche für 175 Dollar im Monat die T-Shirts zusammennäht.

»Ich möchte nicht, dass mein T-Shirt in Sweatshops genäht wird«, das ist so ein typischer LOHAS-Satz. Ja, das klingt edel und verantwortungsvoll. Die Betonung liegt allerdings auf »ich« und »mein«. Und so bedeutet der Satz im Umkehrschluss, dass alle anderen das sehr wohl wollen. Es ist allerdings schwer vorstellbar, dass man, wenn man Kunden in einem Kik-Discounter oder einer Tchibo-Filiale danach fragen würde, die Antwort erhielte: »Ja, doch, Sweatshops finde ich ziemlich klasse, ich möchte gern, dass meine T-Shirts da genäht werden. Ausbeutung find ich richtig gut!«

Das gute Gewissen dient dem LOHAS zur Distinktion. Die Schlechtigkeit der »anderen« manifestiert ihn im konsumgetriebenen Moralwettbewerb als den Besseren. Am System ändert das freilich nichts. Deshalb entsprechen LOHAS und der strategische Konsum exakt den CSR-Strategien der Unternehmen. Kein Wunder, dass die Unterstützung nachhaltigen Konsums zur Unternehmensverantwortung gehört.

Und manchmal macht der strategische Konsum von Waren, die als solche besser sind als andere, die Dinge schlimmer statt besser.

Indische Waschnüsse zum Beispiel gelten als der Inbegriff ökologischen Waschens. Die Nüsse werden nicht in Plantagen geerntet, sondern von wild wachsenden Rithabäumen. Ihr Kern enthält einen seifenähnlichen Stoff, die Schale kann kompostiert werden. Einst kauften nur ein paar sehr überzeugte Ökos die Nüsse im Reformhaus, doch seit der Öko-Konsum boomt, greifen immer mehr zu dieser Alternative. In Indien, wo die Menschen traditionsgemäß ihre Kleidung damit waschen, ist wegen der großen Nachfrage aus Europa und Kanada der Preis so sehr gestiegen, dass sich die meisten Inder diese Nüsse nicht mehr leisten können. Anstatt sie selber zu klauben, zu entkernen und aufzukochen, zum eigenen Besten, tun sie dies nun für das gute Gewissen der westlichen Welt. Das Kilo Waschnüsse kostet in Deutschland zwischen 10 und 25 Euro. In Indien hat sich der Preis zwischen 2003 und 2008 versechsfacht, das Kilo kostet jetzt in Indien rund einen Euro. Seither benutzen die Inder das viel billigere und aggressive Waschpulver, das die Gewässer verschmutzt – der Preis dafür, dass bewusste Konsumenten anderswo in der Welt lieber auf die Chemiekeulen verzichten.[290]

Auch moralische Empörung, die sich nur gegen einzelne Machenschaften von Konzernen richtet, führt nicht zu einer dauerhaften Verbesserung. Als im Mai 1995 der Mineralölkonzern Shell seine Erdölplattform Brent Spar vor den britischen Shetlandinseln im Atlantik versenken wollte, besetzten Greenpeace-Aktivisten das schwimmende Öllager und sorgten damit für spektakuläre Bilder. Es gab ein riesiges Medienecho, Autofahrer in Dänemark, den Niederlanden und Deutschland fuhren nicht mehr zu Shell-Tankstellen, deutsche Behörden boykottierten die Firma, und sogar Politiker wie Hessens Roland Koch (CDU) fanden es selbstverständlich, nicht bei »Shell to hell« zu tanken.[291] In Deutschland sanken die Umsätze des Ölkonzerns kurzfristig um bis zu 50 Prozent, der Imageschaden war beträchtlich. Shell beugte sich dem Druck der Konsumenten und ließ die Brent Spar an Land entsorgen. »Wir werden uns ändern!«, versprach der Konzern im Juni 1995 reuig in großformatigen Zeitungsanzeigen. Bis heute wird der Shell-Boykott ungebrochen als erfolgreiches Beispiel für Verbrauchermacht gefeiert: »Es war eine großartige Zeit. Halb Deutschland fuhr mit ausgestrecktem Stinkefinger an den Shell-Tankstellen vorbei, wo die Pächter wochenlang vergeblich auf Godot und andere Kunden warteten und sich reihenweise ins Messer stürzten. Brent Spar!«, schreibt die *taz* in einem Rückblick anlässlich ihres dreißigjährigen Bestehens.[292] »Damals passte alles: das Wetter, die Stimmungslage der Nation, die tumben und tauben Öl-Manager von Shell, die tapferen Regenbogen-Krieger von Greenpeace, eine aggressive Berichterstattung in den Medien. Und dazu eine politische Klasse, die sich in dichten Pulks auf dem Umwelt-Bahnhof Bonn drängelte, um noch rechtzeitig auf den Fahrt aufnehmenden Boykott-Zug aufzuspringen.« Im Anschluss ergaben Untersuchungen, dass die Greenpeace-Zahlen über das Ausmaß der Katastrophe, die sich eingestellt hätte, wäre die Insel versenkt worden, maßlos übertrieben waren. Auch zweifelten Untersuchungen an, dass die Entsorgung vor Ort wirklich wesentlich umweltfreundlicher war. Immerhin aber führte der Protest zu einem Gesetz, nach dem Ölkonzerne ihren Müll nicht einfach im Meer verschwinden lassen dürfen, sondern an Land entsorgen müssen.

Tatsächlich war der Boykott von Shell willkürlich und für die Konsumenten denkbar einfach: Sie fuhren nicht weniger Auto, sie stellten die Konzernmachenschaften und die Auswirkungen des Ölgeschäfts nicht grundsätzlich infrage – sie steuerten einfach nur Tankstellen anderer Ölkonzerne an, die mit ihrem umweltzerstörenden Verhalten und ihrem Verstoß gegen die Menschenrechte Shell in nichts nachstehen. Selbst der Konzern Esso, der zu 50 Prozent zu Shell gehört und die Plattform mitnutzte, spürte wenig von dem Boykott – irgendwo musste, nein: wollte man ja schließlich tanken. Auf das große Ganze hatte der emotionale Protest, der sich nur gegen eine isolierte Folge des Konzernhandelns richtete, nicht den geringsten Einfluss. Der Boykott sei ein »ideales Objekt für Identifikationsstiftung, die Möglichkeit zu den Guten zu gehören und die Bösen auszugrenzen. Wie überall setzt sich auch in der Protestkultur durch, was die Lust befriedigt«, schrieb damals Helmut Moser, Herausgeber der *Zeitschrift für Politische Psychologie*.[293]

Im November desselben Jahres wurde der nigerianische Schriftsteller, Bürgerrechtler und Träger des alternativen Friedensnobelpreises vom Volk der Ogoni, Ken Saro-Wiwa, zum Tode verurteilt und gehängt. Der Shell-Konzern hatte in den 50er Jahren im Nigerdelta gegen den Willen der dort heimischen Ogoni begonnen, Öl zu fördern. Zwischen 1958 und 1993 wurden nicht nur mehr als zwanzig Dörfer zerstört, sondern auch der Lebensraum der Menschen. Im selben Zeitraum verdiente Shell mit der Förderung 100 Milliarden US-Dollar. Auch Elf, Agip, Mobil und Chevron förderten dort Öl und hinterließen schlimme Schäden. Ken Saro-Wiwa gründete die Organisation »Movement for the Survival of the Ogoni People« (MOSOP), 300 000 Ogoni demonstrierten gegen den Shell-Konzern, der daraufhin seine Arbeit vorübergehend einstellte, nie aber Entschädigung für die Zerstörung zahlte. Das Militär unter dem Diktator Sani Abacha besetzte daraufhin das Gebiet, nach einem Schauprozess wurden Ken Saro-Wiwa und acht seiner Mitstreiter schließlich hingerichtet. Menschenrechtsorganisationen und Saro-Wiwas Witwe legten Shell zur Last, das Vorgehen des Militärs vorangetrieben oder wenigstens geduldet zu haben.[294] Zwar gab es vor der Hinrichtung massiven Protest von Menschenrechtsgruppen, UN und Staats- und Regierungschefs gegen das Urteil – von der ach so großen Macht der Verbraucher war hier allerdings wenig zu spüren. Einen großen Shell-Boykott wie im Sommer gab es nicht.

Wenn man bedenkt, dass die Zerstörung des Landes durch die massive Ölförderung der Konzerne ungebrochen fortgesetzt wird und die Menschen dort trotz CSR-Projekten und wertvoller Bodenschätze immer ärmer und kränker werden, muss man sich fragen, wie sehr man auf die Macht der Verbraucher überhaupt zählen kann – und ob ihr punktueller emotionaler Protest gegen einzelne Symptome überhaupt etwas bringt.

Als in den 90er Jahren die Empörung über Kinderarbeit größer wurde und Zulieferer der amerikanischen Textilindustrie fürchteten, von dieser fallengelassen zu werden, entließen diese Zulieferbetriebe alle Kinder unter fünfzehn. Ein Erfolg, möchte man meinen, ein Anfang zumindest. Eine Studie zeigte, dass 70 Prozent der Kinder ein Jahr später einfach weiterarbeiteten – in anderen Fabriken unter noch schlechteren Bedingungen. Zehn Prozent der Mädchen waren in die Prostitution abgerutscht.[295] In der so genannten Dritten Welt ist es leider nicht so, dass Kinder in ihrem Zimmer Lego spielen, wenn sie nicht in der Fabrik arbeiten müssen. Wenn ihre Eltern krank sind oder nicht genug verdienen, um die Familie zu ernähren, verschlechtern sie damit die Lage der Familie noch mehr.

Das Jeansunternehmen Levi Strauss hatte da eine andere Idee: Es reduzierte die Arbeitszeit der Kinder und richtete nahe der Fabrik Schulen ein, in die alle Kinder gehen mussten, die bei Levi Strauss arbeiteten.[296] Abgesehen davon, dass selbst die Einrichtung von Schulen den Weltkonzern (1,32 Milliarden US-Dollar 2008/09) weniger kostete, als allen Arbeitern einen existenzsichernden Lohn zu bezahlen: Dieser »pragmatische« Ansatz macht es allenfalls ein bisschen besser für ein paar Kinder. 1993, kurz nach der brutalen Niederschlagung der Studentenproteste auf dem Platz des Himmlischen Friedens in Peking, ließ Levi Strauss die Verträge mit chinesischen Lieferanten auslaufen, weil das Land die Menschenrechte missachtete. Dafür gab es seitens der Presse und Öffentlichkeit großen Applaus – doch die Kunden wollten nicht den höheren Preis der Jeans zahlen, die in einem der Menschenrechtsverletzungen unverdächtigen Land hergestellt wurden. Also kehrte Levi Strauss 1998 wieder nach China zurück.[297]

3. Der Bio-Boom und seine Folgen

Eines der schlagkräftigsten Argumente dafür, dass LOHAS und Lifestyle-Ökos nicht nur existieren, sondern mit ihrem Konsum sehr wohl etwas bewegen, ist der steigende Absatz von Bio-Lebensmitteln, Transfair-Produkten und öko-fairer Kleidung. Tatsächlich bildet Deutschland mit einem Umsatz von 5,8 Milliarden Euro 2008 den größten Biomarkt in Europa.[298] Der Umsatz hat sich binnen zehn Jahren vervierfacht. Laut einer Studie des Marktforschungsunternehmens GFK von 2008 haben 94 Prozent aller deutschen Haushalte 2007 zumindest einmal ein Bio-Produkt gekauft, im Vergleich zum Vorjahr haben die Deutschen ihre Ausgaben für Bio-Produkte um 21 Prozent gesteigert.[299] Zehn Prozent der Bio-Konsumenten sind Intensivkäufer, das heißt, sie kaufen fast ausschließlich Bio-Lebensmittel und -Getränke. 15 bis 20 Prozent der deutschen Haushalte machen 80 Prozent des Bio-Marktes aus. Insgesamt bringen 3273 Unternehmen 54199 Produkte mit dem sechseckigen deutschen Bio-Siegel auf den Markt.[300] Im Jahr 2007 öffnete in Deutschland jeden vierten Tag ein neuer Bio-Supermarkt seine Tore.[301] Insgesamt gibt es davon in Deutschland 550.

Das klingt erst einmal ziemlich toll. Denn dass Bio immer die bessere, gesündere und umweltfreundlichere Alternative bietet, ist unbestritten. Bio bedeutet grundsätzlich: keine Pestizide, keine Gentechnik, keine radioaktive Bestrahlung und eine artgerechte Haltung von Tieren. Dennoch bleibt der Bio-Konsum in Deutschland eine Nische: Der Umsatz von Bio-Lebensmitteln macht gerade mal vier Prozent des gesamten Lebensmittelumsatzes aus. Das ist zwar mehr als vor zehn Jahren – aber dennoch viel zu wenig. Auf die deutsche Landwirtschaft hat der »Bio-Boom« nämlich fast gar keine Auswirkungen: Zwar ist der Absatz von Bio-Waren um 15 bis 20 Prozent gestiegen, die entsprechenden Anbauflächen in Deutschland haben aber nur um drei bis fünf Prozent zugelegt. Nur 5,4 Prozent der Agrarflächen in Deutschland werden biologisch bebaut. 2007 erwirtschaftete die deutsche Landwirtschaft 36,18 Milliarden Euro – schlappe 3,2 Prozent macht damit der Umsatz der Bio-Landwirte von 1,16 Milliarden Euro aus.[302] Das Ziel der ehemaligen Bundesministerin für Verbraucherschutz, Landwirtschaft und Ernährung, Renate Künast, waren 20 Prozent Bio-Landwirtschaft bis 2010. Gerade mal ein Viertel ist davon bislang verwirklicht worden. Die so genannte Agrarwende war das Reformpaket, das Künast nach ihrem Antritt als Ministerin 2001 anschob. Anlass für die dringend notwendige und wünschenswerte Reform der konventionellen Landwirtschaft war der BSE-Skandal gewesen.

Der Umbau von der konventionellen zur Bio-Landwirtschaft ist arbeits-, personal- und kostenintensiv. Bauern, die auf Bio-Landbau umstellen möchten und sich bei einer zugelassenen Kontrollstelle gemeldet haben, müssen zwei bis drei Jahre nach den Regeln der Öko-Verordnung wirtschaften, bevor sie das Bio-Siegel erhalten. In dieser Umstellungszeit müssen sie die ökologisch erzeugten Produkte als konventionelle vertreiben – zu den üblichen niedrigen Preisen. Höfe, die auch Vieh zur Erzeugung von Lebensmitteln halten, müssen die Ställe artgerecht um- oder neu bauen, Biobetriebe benötigen außerdem bis zu einem Drittel mehr Personal. Ohne Subventionen ist all das kaum möglich. Dummerweise hat die EU für den Zeitraum von 2007 bis 2013 die Fördermittel für Deutschland um zwei Milliarden Euro gekürzt, zwischen 2004 und 2006 haben manche Bundesländer Fördermittel ganz gestrichen.[303] Anlässlich der Messe Bio Fach 2008 fragte der Bauernverband seine Mitgliedsbetriebe, ob sie Interesse hätten, auf Bio umzusteigen. 92,7 Prozent sagten »Nein« oder machten keine Angabe, 6,7 Prozent sagten »Ja, vielleicht«, und nur 0,06 Prozent sagten »Ja, ganz sicher«. Diejenigen, die es sich vorstellen konnten, gaben an, dass dies nur möglich sei, wenn sie verlässliche Lieferverträge und Subventionen erhielten und die Produkte zu einem angemessenen Preis verkaufen könnten.[304]

Bio-Produkte kosten zum Teil bis zu 43 Prozent mehr als ein Produkt konventioneller Herkunft, Fruchtsäfte sind sogar bis zu 80 Prozent teurer. Der Kunde akzeptiert aber nur einen Preisaufschlag von 25 bis 30 Prozent.[305] Laut der Umfrage »Ökobarometer 2008« im Auftrag des Bundesministeriums für Ernährung, Landwirtschaft und Verbraucherschutz vertrauen zwar deutsche Bio-Kunden vor allem Lebensmitteln aus dem Naturkostfachhandel; das Vertrauen in Letztere liegt bei 46 Prozent, nur zehn Prozent trauen in Sachen Bio den Supermärkten und nur sechs Prozent den Discountern. Weil aber oft der Bio-Kunde etwas anderes tut, als er sagt, kauft auch er bevorzugt da, wo es am billigsten ist: im Supermarkt oder beim Discounter. 77 Prozent der Befragten bevorzugen beim Bio-Einkauf den Supermarkt, 62 den Discounter, 28 Prozent das Reformhaus und 19 Prozent den Bio-Supermarkt.[306] 53 Prozent der Bio-Produkte werden im Lebensmitteleinzelhandel (inklusive Discounter) vertrieben, 22 Prozent in Naturkostfachgeschäften (zu denen auch Biosupermärkte wie Basic und Alnatura gehören), zehn Prozent von Direktvermarktern (z. B. Hofläden und Wochenmärkten) und nur vier Prozent in Reformhäusern. Im Jahr 2008 kauften zehn Prozent weniger Bio-Kunden in den rund 2 500 kleinen Bio-Fachgeschäften ein, deren Produkte bis zu 50 Prozent teurer sind als im Lebensmitteleinzelhandel.[307]

Die Gewinner des Bio-Booms sind also nicht seine Pioniere und auch nicht die Bio-Supermarktketten. Sondern die Discounter, deren Anteil am Umsatz des Lebensmitteleinzelhandels ohnehin 40 Prozent beträgt: Sie verkaufen 28 Prozent der Bio-Produkte. Für sie ist das auch ein gutes Mittel, um ihr eigenes schlechtes Image zu verbessern. So hatte Greenpeace im November 2005 in seinem ersten Einkaufsratgeber zum Thema Pestizidrückstände veröffentlicht, dass Obst und Gemüse von Lidl und Metro am stärksten belastet ist. Im Januar 2006 versprach Lidl ein Pestizid-Rückgangprogramm, im April führte Lidl seine Bio-Hausmarke Bioness ein.[308] Dass Bio im Discounter so viel billiger ist, hat nichts damit zu tun, dass es »falsches« Bio ist – Bio ist ein geschützter Begriff und darf auf Lebensmitteln nur mit dem EU-Siegel oder einem Verbandssiegel verwendet werden – sondern damit, dass Discounter auch im Bio-Segment einen harten Preiskampf führen. Sie kaufen große Mengen und vor allem da, wo es günstig ist. Ihre Produkte stammen hauptsächlich aus dem Ausland, aus Osteuropa, Spanien, China und Afrika.[309] Osteuropäische Länder, zum Beispiel Slowenien und Polen, zahlen ihren Biobauern sehr viel höhere Subventionen als Deutschland. Die Bauern können folglich ihre Produkte viel billiger vermarkten. 50 Prozent des in Deutschland verkauften Gemüses wird in Deutschland angebaut, beim Obst sind es gerade mal elf Prozent. Weltweit produzieren mehr als 1,2 Millionen Erzeuger Bio-Produkte. Mehr als die Hälfte befinden sich in Afrika. Das ist einerseits eine gute Entwicklung, die den Öko-Landbau in ärmeren Ländern stärkt. Andererseits schwinden die Felder für die eigene Lebensmittelversorgung, wenn dort nur für den Export angebaut wird. Unter unseren Importprodukten befinden sich aber nicht nur exotische Früchte, die hierzulande nicht wachsen, sondern zunehmend Kartoffeln, Zwiebeln, Karotten, Salat, Gurken, alles also, was auch hier zur Saison gedeiht. Aldi verkauft fünfmal so viele Bio-Kartoffeln wie der gesamte Naturkosthandel zusammen.[310] Auf die Gesundheit und das Wohlgefühl der Bio-Verbraucher hat das natürlich keinen Einfluss. Heimische Erzeuger setzt dies aber unter Druck – oder hält sie ganz von der Bio-Produktion ab. Wirklich ökologisch korrekt sind jedoch nur ökologisch und regional erzeugte Saison-Produkte.

Die meisten Bio-Lebensmittel, die Discounter und Supermärkte verkaufen, sind Fertiggerichte und Tiefkühlprodukte, die aufwändig verarbeitet und mit eben solchen Zusatzstoffen versehen sind. Die Industrialisierung von Bio-Produkten verstößt eigentlich gegen den Öko-Grundgedanken möglichst naturbelassener Nahrungsmittel. Der Lifestyle-Öko verspricht sich aber von seinen Produkten keine Nähe zur Natur, er schätzt die äußerst bequeme Möglichkeit, für jedes konventionelle Produkt ein Bio-Ersatzprodukt zu bekommen. So will er nicht auf seine Tiefkühlpizza oder Fast Food verzichten, er möchte einfach nur zur Bio-Variante daneben greifen können. Und auch wurmstichige Äpfel, Karotten mit Erdklumpen und krumm gewachsene Gurken, die allzu sehr nach Wollsocken-Öko aussehen, kommen ihm nicht in den

Einkaufswagen. Sie stören sein ästhetisches Empfinden – und sollen – bitte schön! – deshalb auch genauso aussehen wie konventionelles Obst und Gemüse.

»Je größer die Nachfrage nach erschwinglichen Bio-Produkten wird, umso mehr ist sie ähnlichen Zwängen unterworfen wie auch die konventionelle Landwirtschaft: Betriebe müssen größer werden und rationalisieren, wenn sie Discounter oder Supermärkte beliefern wollen. Auch auf Importe beispielsweise von Futtermitteln kann kaum noch verzichtet werden. Der kleine idyllische Biohof mit ganzheitlichem Kreislaufmodell ist kaum noch konkurrenzfähig«, heißt es bei Greenpeace.[311] Eine kostengünstige Massenproduktion von Bio-Produkten ist nur mit Mindeststandards zu machen. Diese definiert die EU-Öko-Verordnung, nach deren steng kontrollierten Richtlinien auch das sechseckige Bio-Siegel vergeben wird. Die Bio-Verordnung trat 1992 in Kraft und wurde 2001 überarbeitet, sie regelt Kontrollen, Verarbeitung und Importe. Sie enthält die Grundsätze ökologischer Landwirtschaft: keine Pestizide, keine Gentechnik, keine radioaktive Bestrahlung, eine artgerechte Haltung der Tiere (die Größe der Ställe und Auslaufmöglichkeiten ist festgelegt), die Einhaltung bestimmter Fruchtfolgen, Verwendung von Öko-Saatgut und -Futter, die Behandlung kranker Tiere mit homöopathischen oder pflanzlichen Arzneimitteln, keine Antibiotika.[312] Es gibt eine Positivliste mit natürlichen Schädlingsbekämpfungsmitteln und Düngern, die Bio-Landwirte anwenden dürfen, erlaubt sind außerdem 47 Zusatz- und Hilfsstoffe[313] (in der konventionellen Produktion sind es 360). Die EU-Öko-Verordnung lässt allerdings zu, dass bei verarbeiteten Produkten nur 95 Prozent aus ökologischer Erzeugung stammen müssen. 5 Prozent dürfen, sofern es keine Bio-Alternative gibt, aus konventioneller Produktion stammen.

2007 wurde die EU-Verordnung abermals geändert – man kann auch sagen: aufgeweicht. Sie ist seit Januar 2009 gültig. Die Verwendung gentechnisch veränderter Organismen bleibt grundsätzlich verboten, doch die Obergrenze zugelassener gentechnisch veränderter Rohstoffe wurde von 0,1 auf 0,9 Prozent angehoben. Zwar wird für die Verwendung solcher Zusatzstoffe eine Sondergenehmigung erforderlich, dennoch ist nicht mehr garantiert, dass Bio-Produkte gentechnikfrei sind. Der Wasserverbrauch ist immer noch nicht über die Verordnung geregelt, obwohl ein großer Teil des Obstes und Gemüses aus wasserarmen südlichen Ländern kommt und intensiv künstlich bewässert wird. In ganz Spanien etwa werden 15 Prozent der landwirtschaftlich genutzten Flächen bewässert, in der Provinz Almeria, dem Gemüsegarten Europas, 24 Prozent.[314] Das ist aus ökologischer Perspektive noch weniger vertretbar als der tausende Kilometer lange Transportweg.

Strengere Richtlinien für den biologischen Anbau haben die acht Anbauverbände Biokreis, Bioland, Biopark, Demeter, Ecoland, Ecovin, GÄA und Naturland. Dachverband ist der Bund Ökologische Lebensmittelwirtschaft (BÖLW). Im Gegensatz zu der EU-Verordnung ist nach deren Richtlinien keine Teilumstellung landwirtschaftlicher Betriebe erlaubt. Nach der EU-Richtlinie erhalten auch die Produkte jener Bauern ein Siegel, die nur zum Teil ökologisch wirtschaften. Die biologisch bebauten Flächen müssen dabei räumlich voneinander getrennt sein, damit keine Pestizide aufs Bio-Feld gelangen können. So kann ein Landwirt etwa Bio-Getreide anbauen, seine Tiere aber weiterhin konventionell halten oder Bio-Hühner haben, auf seinen Äckern jedoch weiter Monokultur mit Pestizideinsatz betreiben. In den Richtlinien der Öko-Verbände sind Teilumstellungen nur als Zwischenschritt erlaubt. Darüber hinaus gibt es auch einen wesentlichen Unterschied, was die Tierhaltung und die Verwendung von Zusatzstoffen betrifft. So sieht die EU-Öko-Verordnung einen »maximalen Tierbesatz« von 14 Schweinen, 580 Masthühnern oder 230 Legehennen je Hektar landwirtschaftlich genutzter Fläche vor, die Verbandsrichtlinien 10 Schweine, 280 Hühner oder 140 Legehennen je Hektar. Auch das Futter für die Tiere muss nach den Verbandsrichtlinien mindestens zu 50 Prozent aus dem eigenen Betrieb stammen. Nach EU-Richtlinien ist das wünschenswert, aber nicht zwingend. Auch die erlaubte Düngermenge und der Zukauf von organischem Dünger müssen wesentlich niedriger sein, der Zusatz von Aromastoffen ist verboten oder nur für wenige Produkte zugelassen. Deshalb sind Bio-Produkte, die neben dem Bio-Siegel ein Verbandssiegel tragen, ungleich teurer als Supermarkt- oder Discounter-Bio.

Bio ist gut fürs Geschäft

»Billig-Bio gefährdet hohe Standards«, sagt Peter Schaumberger, Geschäftsführer des Anbauverbandes Demeter. Er befürchtet, dass es zu einer Industrialisierung wie in der konventionellen Landwirtschaft kommen werde. Mit Großbetrieben, Massentierhaltung und langen Transportwegen. Nur mit weniger Chemie und ohne Gentechnik.[315] Der Bio-Boom ändert Unternehmen nicht – er unterwirft im Gegenteil den Öko-Gedanken den Gesetzen des Marktes. Viele Lebensmittelkonzerne haben, um am Bio-Boom mitverdienen zu können, eine Öko-Nische in ihrem konventionellen Sortiment eingerichtet. Nestlé hat etwa seine Wagner-Pizzen um die Reihe »Naturlust« ergänzt, die überwiegend Zutaten aus biologischem Landbau enthält, aber auch konventionelle Zusatzstoffe. Auch der Marke Maggi hat Nestlé Bio-Produkte zugefügt: »Natur Pur«heißt das Sortiment von Bio-Tütensuppen und -salatsoßen. Was pulverisierte Trockengemüsesuppen und Joghurtsalatsoßen noch mit Natur zu tun haben, fragt man sich. Sie enthalten, wie die Verbraucherorganisation Foodwatch feststellte, außerdem die geschmacksverstärkenden Substanzen Glutamat, Inosinat und Guanylat. All das ist im Hefeextrakt drin und gilt laut Gesetz als »natürliche Zutat«.[316] Auch Dr. Oetker hat unter seinen Produkten Bio-Tiefkühlpizzen, Bio-Puddingpulver, Bio-Müsli, Bio-Backmischungen und Bio-Backzutaten. Frosta und Iglo bieten Bio-Tiefkühlware, Bonduelle Bio-Konserven, Kühne- und Löwensenf gibt es ebenfalls in der Bio-Variante. Selbst McDonald's bietet Bio-Milch an, die Bistros in den Zügen der Deutschen Bahn haben Bio-Gerichte, und Ikea-Restaurants haben ein Bio-Tagesgericht und ein Bio-Kindergericht auf der Karte. Der Tiefkühlkonditor Coppenrath & Wiese bietet Bio-Apfelkuchen und Bio-Aufbackbrötchen an, die laut Unternehmen zu den erfolgreichsten Neueinführungen der vergangenen Jahre zählen. Der Umsatz an Tiefkühlbrötchen sei deshalb um 30 Prozent gestiegen, der Marktanteil beträgt 60 Prozent.[317]

»Bio-Produkte sind für Markenhersteller eine attraktive Möglichkeit im Kampf um Marktanteile in gesättigten Food-Märkten«, sagt Jörg Reuter vom Netzwerk »Bio in Markenqualität«, das Markenartikler bei der Einführung von Bio-

Produkten unter dem Motto »Lebenslust statt Müslifrust« unterstützt.[318] Dasselbe Produkt in Bio-Qualität anzubieten, ist meist kostengünstiger, als ein neues Produkt auf den Markt zu werfen. Bio-Produkte können außerdem teurer verkauft werden. Und dass sie nicht massenhaft abgesetzt werden, ist von vornherein kalkuliert: Ein Unternehmen muss sich nicht vor Umsatzeinbußen fürchten, wenn ein Produkt wenig gekauft wird, macht aber Profit, wenn viele Kunden danach greifen.

Auch Wiesenhof, »Deutschlands Geflügelmarke Nr. 1«[319], hat sechs Bio-Geflügelprodukte im Angebot. Wiesenhof (Umsatz: 1,1 Milliarden Euro) gehört zur PHW-Gruppe, die Deutschlands größter Geflügelzüchter und -verarbeiter ist und der drittgrößte in Europa. Jedes dritte in Deutschland gegessene Huhn ist ein Wiesenhof-Huhn. 4,5 Millionen Hühner tötet das Unternehmen pro Woche in zumeist vollautomatischen eigenen Schlachtereien. Nur 10 000 davon sind Bio-Hühnchen, denn natürlich macht Wiesenhof das Hauptgeschäft mit seinen konventionellen Geflügelprodukten: Dass ein großes Unternehmen Bio-Produkte anbietet, bedeutet nicht, dass es sein Kerngeschäft umstellt. Wiesenhof verarbeitet nicht weniger Hühner aus konventioneller Haltung, mit dem zusätzlichen Bio-Programm werden schlicht zusätzliche Hühner getötet – für eine andere Zielgruppe, die man eben auch noch erreichen möchte. Bio-Produkte würden »vorerst« eine Nische bleiben, heißt es bei Wiesenhof. Daran sei der Verbraucher schuld, der nicht genug davon nachfrage, was soll man machen? »Würden alle Wähler der Grünen nur Bio-Hähnchen kaufen, dann würde ich pro Woche 45 000 Stück verkaufen statt 10 000. Verstehen Sie mich richtig. Ich habe nichts gegen Bio. Ich bin Unternehmer, ich richte mich nach der Nachfrage. Aber die ist nicht in dem Umfang da, wie man es vermuten könnte«, sagt PHW-Chef Paul-Heinz Wesjohann in der *Welt*.[320] Angeblich müssten Wiesenhof-Bio-Produkte als konventionelle umetikettiert und verkauft werden, damit man sie überhaupt loswerde. Und fast hat man den Eindruck, als hätte Wiesenhof die Bio-Sache gern vom Hals, denn allzu kritische Verbraucher machen das Unternehmen offenbar nervös.

»Ökologisch denken, verantwortungsbewusst handeln. Eine offene Kommunikation pflegen. Wiesenhof – Wir tun mehr.« So beschreibt Wiesenhof seine »Verantwortung« auf der Unternehmenshomepage. Das klingt, als sei die Hühnerproduktion ohnehin schon irgendwie bio. Wiesenhof präsentiert auf seiner Seite die lückenlose Herkunft der Fleischprodukte: Das Unternehmen unterhält sechs eigene Brütereien, fünf eigene Futtermittelwerke und zehn Schlachtereien, die Hühner leben in Bodenhaltung (»tierschutzgerechte Aufzucht in Partnerbetrieben«) auf 800 deutschen Hühnerfarmen. Wiesenhof-Außendienstmitarbeiter und Wiesenhof-Tierärzte kontrollieren diese, zusätzlich gäbe es auch unabhängige Kontrollen. Auch bekommen die Hühner, Puten und Enten Futter aus den eigenen Mühlen – kein Tiermehl und kein gentechnisch verändertes Sojafutter. Für all das bekam Wiesenhof als erstes deutsches Unternehmen das QS-Siegel (Motto: »Gut für den Verbraucher – gut für die Wirtschaft«).

QS steht für »Qualität und Sicherheit«, die QS-GmbH ist ein Zusammenschluss der konventionellen Lebensmittelindustrie. Zu den Mitgliedern gehören der Verband der Fleischwirtschaft, der Deutsche Bauernverband, die CMA, die Handelsvereinigung für Marktwirtschaft und der Deutsche Raiffeisenverband. Laut Foodwatch ist das Siegel, das nach dem BSE-Skandal 2001 eingeführt wurde, nur »ein Versuch der Lebensmittelwirtschaft, unter Beibehaltung ihrer allzu oft Qualität verhindernden Strukturen herkömmliche Massenware zu adeln.«[321] Mehr als die Einhaltung bereits bestehender Gesetze würde QS nicht überprüfen.

Das Unternehmen, das seine Transparenz so sehr in den Vordergrund stellt, schirmt allerdings gleichzeitig seine Produktion von der Außenwelt hermetisch ab. PHW-Chef Paul-Heinz Wesjohann gibt selten Interviews, und nur einmal, im Februar 2009, öffnete er für ein Medium sein Imperium. *Welt Online*, das Internetmagazin der Tageszeitung aus dem Hause Springer, durfte den »Hühnerbaron« und seine Firma kritiklos positiv porträtieren.[322]

Auch die Anfragen zu diesem Buch wurden mit äußerster Skepsis behandelt. Zwei Wochen dauerte es, bis das Unternehmen einen Teil der (vergleichsweise harmlosen) Fragen schriftlich beantwortete.

Die PHW-Gruppe hatte allerdings in der Vergangenheit für negative Schlagzeilen gesorgt. Im Februar 2007 deckte Foodwatch auf, dass die PHW-Tochter GePro mindestens 3 800 Tonnen Tiermehl aus Schlachtabfällen der BSE-Risikokategorie III illegal in Nicht-EU-Länder, etwa Vietnam, exportiert hatte, wo es auch an Nutztiere verfüttert wurde.[323] Im Juli 2007 berichtete das ZDF-Magazin *Frontal 21*, dass die Arbeitsbedingungen und Löhne bei Wiesenhof sehr schlecht seien. Polnische Gastarbeiter würden nur 3,50 Euro pro Stunde verdienen. Das Unternehmen wies die Vorwürfe zurück.[324]

Im Mai 2009 veröffentlichte die Tierrechtsorganisation PETA Aufnahmen von verdeckten Ermittlungen in nach ihren Aussagen QS-zertifizierten Geflügelmastbetrieben und einem Schlachthof, die laut PETA auch für Wiesenhof arbeiten. Auf einer Geflügelfarm in der Nähe von Cloppenburg (Niedersachsen) habe PETA Puten entdeckt, die stundenlang dicht gedrängt und zum Teil schwer verletzt in Anhängern auf ihren Tod warteten. Darüber hinaus sei die Halle mit Puten überbelegt, die Tiere litten unter großen Schmerzen. Die Tierrechtsorganisation stellte Strafanzeige. »Mit Tierquälern und skrupellosen Geschäftemachern habe ich nichts zu schaffen«, sagt Wesjohann.[325] Schon klar, das haben immer nur die anderen.

Die QS GmbH – Qualität und Sicherheit – weist die PETA-Vorwürfe und das Bildmaterial als »substanzlos« zurück, »Sonderkontrollen« würden die Vorwürfe widerlegen. Bei den laut eigener Aussage 11 000 Kontrollen der QS-Betriebe 2007, bei denen »110 400 Kriterien des Tierschutzes« überprüft wurden, seien in 108 Fällen Verstöße beim Tierschutz und bei der Tierhaltung bemerkt und »sofort abgestellt« worden. 22 Betriebe seien im QS-System gesperrt und von der Vermarktung von QS-Tieren ausgeschlossen worden.[326] Im Juli 2009 geriet ein Rundschreiben an Geflügelfarmer in die Hände von PETA, in denen die zur PHW-Gruppe gehörende BWE-Brüterei Weser-Ems Geflügelhalter vor Tierschützern warnte. Die Betriebe sollten ihre Türen verschlossen halten und keine Stellungnahmen zu tierschutzrelevanten Fragen abgeben.[327]

»Die moderne Geflügelzucht ist eine große soziale Tat«, sagt Paul-Heinz Wesjohann in der *Welt*. »Sie hat das ehemalige Luxusprodukt Fleisch für die breite Masse erschwinglich gemacht.«[328]

4. Wie fair ist Fairtrade?

Auch der Konsum von Fairtrade-Produkten ist in Deutschland angestiegen. 2008 kauften deutsche Konsumenten im Wert von rund 213 Millionen Euro Ware mit dem Fairtrade-Siegel. Das sind 50 Prozent mehr als im Vorjahr, der Absatz stieg um 11 Prozent. International legte der Umsatz von Produkten mit diesem Siegel um 25 Prozent zu. Laut einer internationalen Studie in fünfzehn Ländern im Auftrag der Organisation Transfair kennen mehr als die Hälfte der Menschen das Fairtrade-Siegel, neun von zehn halten es für glaubwürdig. 64 Prozent aller Verbraucher identifizieren Fairtrade mit strengen Standards. Knapp 75 Prozent halten eine unabhängige Zertifizierung für den besten Weg, den ethischen Anspruch eines Produktes glaubhaft zu machen.[329]

»Insgesamt wird Fairtrade stetig größer und effektiver, seit fünf Jahren verzeichnen wir ein kontinuierliches Wachstum. Laut Umfragen kennen 56 Prozent der Menschen Fairtrade und genauso viele wollen es auch unterstützen«, sagt Transfair-Sprecherin Claudia Brück. »Natürlich fragt man sich da manchmal, warum die Leute es dann nicht auch wirklich tun.«

Denn auch Fairtrade ist eine Nische: Fast kein Produkt schafft einen Marktanteil von mehr als zwei Prozent. Zwar ist der Verkauf von Transfair-Kaffee um 34 Prozent gestiegen, der Anteil am Gesamtkaffeemarkt beträgt aber nur ein

Prozent und ist deshalb verschwindend gering. Und bei Fair-Trade-Kleidungsstücken liegt der Anteil sogar weit unter einem Prozent.

Der faire Handel ist eine entwicklungspolitische Bewegung, die in den 70er Jahren entstand. Sie bietet eine Alternative zum ungerechten konventionellen Welthandel, der gekennzeichnet ist durch zu niedrige Preise, die Missachtung von sozialen Standards sowie von Menschen- und Arbeitsrechten und durch die übergroße Macht der Konzerne aus Industrieländern. Ihr Ansatz ist ein kontrollierter Handel zwischen Entwicklungs- und Industrieländern, der den Erzeugern von Exportprodukten wie Kaffee, Tee, Kakao, Gewürze, Zucker, Bananen, Reis, Baumwolle, Getreide und exotischen Früchten einen gleich bleibenden Mindestpreis garantiert, der über dem Weltmarktpreis liegt. Das Geld soll direkt bei den Produzenten ankommen. Das Ziel sind langfristige Lieferverträge vor allem mit Kleinbauern, die Abnehmer zahlen außerdem eine Prämie, die direkt in Bildungs- und Sozialprogramme vor Ort fließt, und, sofern die Produkte biologisch angebaut sind, eine zusätzliche Bio-Prämie.

Im Unterschied zum Bio-Siegel, dessen Prinzipien durch eine europäische Richtlinie vorgegeben sind, gibt es keine entsprechenden transnationalen und gesetzlichen Vorgaben. »Fairer Handel« ist auch kein geschützter Begriff wie »Bio«. Die Grundsätze des fairen Handels hat 2001 der informelle Arbeitskreis FINE definiert. Der Name setzt sich zusammen aus den vier internationalen Organisationen des fairen Handels: Fairtrade Labelling Organization (FLO), International Fairtrade Association (IFAT), Network of European Worldshops (NEWS!) und European Fair Trade Association (EFTA).

Die gemeinsam festgelegten Ziele sind die Verbesserung des Marktzugangs, eine Stärkung der Produzentenorganisationen, Zahlung höherer Preise und die Kontinuität von Handelsbeziehungen. Gefördert werden die Entwicklung benachteiligter Produzenten, vor allem die Gleichberechtigung von Frauen und indigener Völker sowie der Schutz von Kindern vor Ausbeutung. Das Arbeitsumfeld muss gesundheitsverträglich und sicher sein. Ein weiteres Kriterium des fairen Handels ist, das Bewusstsein der Konsumenten für die Probleme des konventionellen Welthandels zu schärfen und sie zum Kauf fair gehandelter Produkte zu bewegen. Die Organisationen sollen sich außerdem für eine Regulierung des Welthandels, etwa mittels Kampagnen, einsetzen. Die Handelspartner werden mit Know-how ausgestattet, damit sie sich möglichst unabhängig auf dem Markt behaupten können. Ein weiteres Ziel ist der Schutz der Umwelt: Die Umstellung auf ökologischen Anbau wird gefördert, ist aber nicht Pflicht, eine Reihe gesundheitsschädlicher Pestizide ist verboten.

Die Fairtrade Labelling Organization (FLO) ist ein Zusammenschluss von 20 nationalen Siegelinitiativen, sie stellt international gültige und einheitliche Kriterien auf, denen sich Zertifikate wie das deutsche Transfair-Siegel und Fairtrade-Organisationen wie Gepa verpflichten. 870 Produzentenorganisationen in 55 Ländern arbeiten nach diesen Standards. Für die Kontrolle der FLO-Inspekteure und die Zertifizierungen zahlen die Händler und Produzenten im Schnitt 3,6 Prozent des Fairtrade-Gewinns.

Das deutsche Transfair-Siegel hat 36 Mitgliedsorganisationen und 110 Lizenznehmer in Deutschland, rund 800 Produkte tragen das Siegel. Zwei Drittel stammen aus ökologischem Anbau: 50 Prozent der Schokolade, 60 Prozent des Kaffees und 70 Prozent Tee und Kakao aus fairem Handel tragen zusätzlich das Bio-Siegel.[330] Produkte mit Fairtrade-Siegel sind in 30 000 deutschen Supermärkten, Bioläden, Discountern, Warenhausabteilungen und Drogerien erhältlich. Über den deutschen Markt erhielten 2008 die Produzenten vor Ort mehr als 33 Millionen Euro Direkteinnahmen.

Das wichtigste und zugleich am schwierigsten umzusetzende Element des fairen Handels ist der garantierte Mindestpreis. Bei Kaffee, Orangen und Bananen gibt es diesen. Der festgelegte Preis von 1,25 Dollar pro (englischem) Pfund Arabica-Kaffee liegt meistens über dem Weltmarktpreis. Der faire Handel zahlt auch bei hohen Marktpreisen den durchschnittlichen Weltmarktpreis plus eine Fairtrade-Prämie von 0,10 US-Dollar. Großproduzenten sind nach den FLO-Kriterien vom Kaffeeanbau ausgeschlossen. Das ist bei anderen Produktgruppen anders.

Im November 2007 hatte die FLO den Handel mit Roiboos-Tee auf Großplantagen ausgeweitet und einen Mindestpreis festgelegt. Für Kleinbauern ist aber ein Mindestpreis, der sich an Großproduzenten orientiert, nicht unbedingt von Vorteil. Die Ernte ist abhängig vom Regen, denn Dürreperioden machen es für die Kleinbauern mit ohnehin weniger Ernte wesentlich schwerer als für große Plantagen, eine ausreichende Menge zu produzieren, sodass sie noch von diesem Mindestpreis profitieren können. Kritiker sagen, dass der Mindestpreis immer neu und in Abstimmung festgelegt werden müsse. Sonst kann es passieren, dass kleine Kooperativen bei schlechter Ernte nicht einmal die Produktionskosten decken können.

»Die Öffnung des FLO-Systems für Großplantagen und private Großanbieter hat auf der einen Seite entscheidend zum Boom des fairen Handels beigetragen, zum anderen aber eine unheilige Konkurrenzsituation zu Lasten von Kleinbauern erzeugt«, schreibt der Politologe Stefan Kreutzberger in seinem Buch *Die Öko-Lüge. Wie Sie den grünen Etikettenschwindel durchschauen.*[331] Die Ökonomisierung des fairen Handels macht es für große Konzerne wie etwa Südzucker, JJ Darboven, Lidl, Starbucks und Unilever attraktiv, einzelne Produkte zertifizieren zu lassen. Gleichzeitig vergrößert es den Absatz von fair gehandelten Produkten, wenn diese auch in Supermärkten und Discountern stehen und für viele Menschen relativ günstig zu haben sind. Der politische Gedanke, vor allem Kleinbauern faire Preise und damit einen Zugang zum Weltmarkt zu garantieren, rückt dabei allerdings in den Hintergrund.

Als die Transfair 2006 eine Kooperation mit dem Discounter Lidl begann und dessen Eigenmarke »Fairglobe« mit acht Produkten (Bio-Röst- und Instantkaffee, Bio-Bananen, Bio-Honig, Orangensaft, Schokolade und brauner Rohrzucker) zertifizierte, sorgte das für große Empörung unter den Gewerkschaften, Umweltorganisationen und Weltläden. Indem Transfair dem Konzern helfe, das angeschlagene Image wieder aufzupolieren – Lidl ist seit Jahren praktisch ein Synonym für schlechte Arbeitsbedingungen, Behinderung gewerkschaftlicher Organisation der Beschäftigten und radikalen Preisdruck –, habe es den Wert des Transfair-Siegels und die Idee des fairen Handels beschädigt. Der Dachverband Entwicklungspolitik Baden-Württemberg schreibt in einer Stellungnahme zur Lidl-Kooperation: »Nach Ansicht des DEAB kann Lidl kein akzeptabler Partner des fairen

Handels sein, solange die Bedingungen für die Lieferanten der nicht fair gesiegelten Produkte aus dem Süden und Norden extrem schlecht sind.«[332] Lidl übt einen großen Preisdruck auf seine Lieferanten weltweit aus. Auch in Deutschland können zum Beispiel Milchbauern nicht einmal ihre Produktionskosten mit den Abnahmepreisen decken. Dies ließe sich nicht dadurch relativieren, indem durch den Fairtrade-Aufschlag einzelner Produkte einige Produzenten bessere Arbeitsbedingungen erhielten, schreibt der DEAB. Der Verband fürchtet, dass sich der Preisdruck auch auf den fairen Handel und insbesondere auf die kleinbäuerlichen Kooperativen negativ auswirken könnte: »Die notwendige Verfügbarkeit großer Mengen könnte dazu führen, dass verstärkt Plantagen zu Lieferanten für den fairen Handel werden. Auch hier ist es sicher wichtig, die Arbeitsbedingungen und Sozialstandards für Plantagenarbeiter durch den fairen Handel zu verbessern. Zugleich aber dürfen die Kleinbauern nicht vom Markt verdrängt werden.«

Für die Gewerkschaft Verdi dient das Transfair-Projekt von Lidl schlicht der Verbesserung des angeschlagenen Images: »Für Verdi wird das aufwendig beworbene soziale Engagement dann glaubwürdig, wenn die rund 40 000 Verkäufer/innen in den 2 600 Lidl-Filialen ihre sozialen Grundrechte zugestanden bekommen«, heißt es in einem Statement von Verdi.[333]

»Wir sind für alle offen«, sagt Transfair-Sprecherin Claudia Brück. »Unsere Produkte sind hundertprozentig fair gehandelt – aber die Arbeitsbedingungen unserer Abnehmer kontrollieren wir nicht.«[334]

Natürlich ist nicht die Aufgabe von Transfair, sich um die Arbeitsbedingungen in deutschen Discountern zu kümmern.

Die Organisation hofft vielmehr, durch die Aufnahme von zertifizierten Waren in Lidl-Regale eine breitere Käuferschicht zu erreichen und dadurch das öffentliche Bewusstsein für die Probleme in Entwicklungsländern zu stärken. Aber was nutzt es, wenn diese Käufer auch unfair gehandelte Milch in den Einkaufswagen stellen und billige Tomaten, die unter ausbeuterischen Verhältnissen von illegal eingewanderten Afrikanern im Pestizidregen andalusischer Gewächshäuser geerntet wurden? Natürlich geht es den Milchbauern in Deutschland nicht so katastrophal schlecht wie den Kleinbauern in den Entwicklungsländern – aber wie gerecht ist es, ihre Probleme zugunsten der Dritten Welt auszublenden? Sind nicht beide Produzenten Opfer der gleichen Strukturen? Wieso soll man ausgerechnet beim billigen Einkauf im Discounter ein Bewusstsein für die Ungerechtigkeit des Welthandels entwickeln, wenn man gleichzeitig vom Preisdruck desselben profitiert? Andererseits: Macht es die Sache wirklich besser, wenn man Transfair-Produkte nur in wenigen winzigen Weltläden kaufen kann, in denen zwar prinzipienfest gearbeitet wird, die aber nur die wenigen politisch Überzeugten anlocken?

»Wir sind nicht die 101. Nichtregierungsorganisation, die für eine gerechte Weltwirtschaftsordnung eintritt«, sagte Transfair-Geschäftsführer Dieter Overath anlässlich der Kritik an der Lidl-Kooperation. »Es ist mir klar, dass wir entwicklungspolitisch interessierte Leute nicht befriedigen. Aber wir schauen auch auf die Realität: Konsumenten, die im Supermarkt einkaufen, wollen doch keine Grundsatzdiskussion über EU-Subventionen oder politische Verhältnisse führen.«

Das entspricht sicher der Wahrheit, macht es aber nur noch schlimmer. Denn lediglich politische Entscheidungen und verbindliche Regeln und Standards können für einen grundsätzlich gerechten Handel sorgen. Nicht die Konsumenten, die nur gelegentlich und weil es sich gerade anbietet ein fair gehandeltes Produkt kaufen. Selbst wenn, wie bei Bio, immer mehr Verbraucher zu diesen Produkten greifen: Eine kritische Masse, die es jedenfalls nach der Idee des strategischen Konsums schaffen könnte, Veränderungen herbeizuführen, kommt niemals zustande. Seit mehr als 15 Jahren gibt es das Transfair-Siegel, seit beinahe 40 Jahren die Bewegung des fairen Handels. Und noch immer ist der Anteil derer, die fair gehandelte Produkte kaufen, lächerlich klein – und das, obwohl mehr als die Hälfte der Konsumenten das Fairtrade-Siegel kennen und wissen, dass sie diese Produkte im Supermarkt kaufen können.

Daran ändern auch aufwändige Imagekampagnen nur wenig: Mit der groß angelegten bundesweiten Aktion Fair Feels Good bewarb Transfair zusammen mit dem Bundesministerium für wirtschaftliche Zusammenarbeit und Entwicklung und dem Verein Die Verbraucherinitiative 2006 den fairen Handel – mit Unterstützung deutscher Prominenter wie Otto Waalkes, Peter Sodann, Hannes Jaenicke und Georg Uecker. Die Schirmherrschaft übernahm die Ex-Schwimmsportlerin Franziska van Almsick. Die Kampagne – »frech, anspruchsvoll und mit Herz will sie über den fairen Handel informieren und zum Nachdenken anregen«[335] –, war Bestandteil des »Aktionsprogramms 2015« der Bundesregierung. Dieses beschreibt den Beitrag Deutschlands zum Millenniumsziel der Vereinten Nationen, die extreme Armut bis zum Jahr 2015 weltweit zu halbieren. Mit dem 10-Punkte-Aktionsprogramm wolle man »die wirtschaftliche Dynamik und aktive Teilhabe der Armen erhö-

hen, das Recht auf Nahrung verwirklichen und Agrar-
reformen durchführen, faire Handelschancen für die Ent-
wicklungsländer schaffen, Verschuldung abbauen und Entwicklung finanzieren, soziale Grunddienste gewährleisten
und soziale Sicherheit stärken, Zugang zu lebenswichtigen
Ressourcen sichern und eine intakte Umwelt fördern, alle
Menschenrechte verwirklichen und die Kernarbeitsnormen
respektieren, die Gleichberechtigung der Geschlechter fördern, die Beteiligung der Armen am gesellschaftlichen,
politischen und wirtschaftlichen Leben sichern und verantwortungsvolle Regierungsführung stärken, Konflikte fried-
lich austragen und menschliche Sicherheit und Abrüstung
fördern«.[336] Ehrenwerte Ziele! Mit der Fair Feels Good-Kam-
pagne delegierte die Bundesregierung die Verwirklichung
des fairen Handels zunächst aber an die Verbraucher und
macht damit die politische Sache der Armutsbekämp-
fung zu einer Konsumentenentscheidung: »Die Zahl der
Konsumentinnen und Konsumenten, die sich auch für das
Schicksal der Menschen in den Herstellerländern der von
ihnen erworbenen Produkte interessieren, müssen wir vergrößern. Auch die Produktpalette ›fairer‹ Waren muss ausgeweitet werden«, sagte Bundesentwicklungsministerin Hei-
demarie Wieczorek-Zeul.[337] Das ist gleich dreifach zynisch:
Denn erstens ist Armut kein Schicksal, zweitens kann deren Beseitigung wohl kaum davon abhängen, ob dem Verbraucher beim Wochenendeinkauf zufällig der Zustand der
Dritten Welt durch die Rübe rauscht, und drittens obliegt
es der Politik, durch entsprechende Gesetze dafür zu sorgen, dass der Welthandel insgesamt gerecht wird – unabhängig davon, ob sich die Konsumenten dafür interessieren
oder nicht.

6,5 Millionen Euro stellte die Bundesregierung zur Förderung des fairen Handels bereit, mehr als die Hälfte, 3,3 Millionen Euro, flossen in die Kampagne.[338] Zu gesetzlich festgelegten Richtlinien, wie sie beim Bio-Siegel existieren, führte das Programm natürlich nicht.

Laut einer Umfrage nach dem Ende der Fair-Feels-Good-Kampagne kaufen 70 Prozent der Befragten ihre Fairtrade-Produkte im Supermarkt oder im Discounter – und stellen damit den fairen Handel vor ähnliche Probleme wie den ökologischen Landbau.

Der gelegentliche Griff ins Supermarktregal zum etwas besseren Produkt verändert Unternehmen aber nicht – ein gestiegenes Interesse an bestimmten Produkten veranlasst die Hersteller allenfalls, Kundenwünsche so zu befriedigen, dass sie selbst Profit machen. Sollte sich der Neo-Öko-Trend wieder geben oder sich das Geschäft mit Fairtrade-Produkten als nicht lukrativ genug erweisen, können die Firmen oder Geschäfte das Produkt einfach wieder aus dem Sortiment nehmen. So hat der Discounter Plus den Transfair-Kaffee, den er 1998 ins Sortiment aufnahm, was dafür sorgte, dass der Jahresumschlag von fair gehandeltem Kaffee auf 4 500 Tonnen hochschnellte, wieder aus seinen Regalen genommen. Der Umschlag ging in der Folge auf 3 000 Tonnen zurück. Gerade kleine Kooperativen sind aber auf feste und langfristige Lieferbeziehungen angewiesen. Will der faire Handel sein Angebot für möglichst viele zugänglich und attraktiv machen – und je billiger und bequemer die Produkte zu haben sind, desto attraktiver sind sie für den Mainstream –, so läuft er Gefahr, sich zumindest teilweise den Mechanismen des Marktes unterwerfen zu müssen, vor denen er die Produzenten in armen Ländern doch eigentlich schützen will. Der faire Handel ist eine gute Einrichtung, die einer Reihe von Kleinbauern in armen Ländern ein zuverlässiges und gerechtes Auskommen ermöglicht. Die Aporien unserer Wirtschaftsordnung kann er aber nicht ändern. Fairer Handel ist nicht die Lösung für die Probleme und die Armut, die der ungerechte und ausbeuterische Welthandel in armen Ländern verursacht. Er kann, wie die Entwicklungshilfe, lediglich die schlimmsten Auswirkungen abschwächen. Er vermag Armut allenfalls zu lindern, nicht abzuschaffen.

Hinzu kommt noch eine weitere Schwierigkeit. Gerade die Genusselite der LOHAS ist vor allem an edlen und teuren Produkten wie etwa Schokoladenkreationen oder Kaffeemischungen interessiert. Solche aufwändigen Produkte lassen sich aber nicht in Entwicklungsländern herstellen. Die Handelsorganisation Gepa lässt etwa Schokolade bei einem konventionellen Hersteller produzieren, aus fairem Handel stammen nur die Rohstoffe Zucker und Kakao.[339] Ein weiterverarbeitetes »faires« Produkt muss nur mindestens 51 Prozent Zutaten aus fairem Handel enthalten. Und je mehr ein Produkt verarbeitet ist, desto weniger kommt bei den Produzenten vor Ort an. In seinem Buch *Die Öko-Lüge* rechnet Stefan Kreutzberger aus, dass von einer 100-Gramm-Tafel Gepa-Schokolade mit einem Kakaogehalt von 30 Prozent, die für rund 1,80 Euro verkauft wird, gerade mal ein halber Cent pro Tafel mehr bei der Kakaokooperative Conacado in der Dominikanischen Republik ankommt, als sie erhielte, wenn sie ihren Bio-Kakao auf dem normalen Markt handeln würde.[340]

Dabei ist gerade der Kakaomarkt stärksten Schwankungen unterworfen. Der faire Mindestpreis gilt nur dann, wenn der Preis unter 1600 US-Dollar pro Tonne fällt. Der faire Preis lohnt sich nicht für die Bauern ärmerer Länder, sofern der Großteil der Wertschöpfung eines Produkts in den Industrieländern bleibt. In der großen Kooperative Conacado macht der faire Handel deshalb nur 10 Prozent aus.

Weil der faire Handel kein gesetzlich geschützter Begriff ist und Unternehmen da, wo es keine Gesetze gibt, nach ihren eigenen arbeiten, haben sich einige große Kaffeekonzerne Initiativen angeschlossen, die eine Art Fair-Kaffee »light« anbieten. Der »Common Code for the Coffee Community« (4C) ist so ein Zusammenschluss, der zum Ziel hat, die Arbeitsbedingungen der Kaffeebauern und die Umweltstandards beim Anbau zu verbessern. Der 4C-Kodex wurde 2004 von der Deutschen Gesellschaft für technische Zusammenarbeit (GTZ), dem Bundesministerium für wirtschaftliche Zusammenarbeit (BMZ) und dem Deutschen Kaffeeverband in Zusammenarbeit mit NGOs wie Oxfam, Pesticide Action Network, Rainforest Alliance und der Christlichen Initiative Romero und verschiedenen Gewerkschaften entwickelt und 2007 umgesetzt. Er richtet sich an die Händler und Röster von Mainstream-Kaffee, die sich freiwillig einem rechtlich nicht verbindlichen Verhaltenskodex verpflichten sollen, der Menschenrechte und Umweltschutz achtet.

Mitglieder der Initiative sind 30 Kaffeehändler und -röster, darunter die größten: Nestlé, Kraft Foods, Jacobs, Tchibo, Neumann Kaffee, Sarah Lee, Dallmayr, Lidl und Melitta, die dafür bekannt sind, Kaffee in Entwicklungsländern zu Dumpingpreisen einzukaufen. Seit der Kunde sich mit den Praktiken des Kaffeehandels beschäftigt, sind gerade diese konventionellen Unternehmen in die Kritik geraten.

2007 warf die Umweltschutzorganisation WWF Nestlé, Kraft, Tchibo, Starbucks und Neumann vor, illegal Kaffee aus einem indonesischen Naturschutzgebiet bezogen zu haben. Im Nationalpark Bukit Baristan Selatan auf der indonesischen Insel Sumatra sei eine Fläche von 17 Prozent gerodet worden, um dort illegal Kaffee anzubauen. In den Jahren 2003 und 2004 sei an zahlreiche westliche Kaffeeunternehmen, darunter die oben genannten, geliefert worden. Gut möglich, dass die Unternehmen dies nicht mal absichtlich getan haben – die Kontrollen der Import- und Exportfirmen seien lückenhaft. Die Konzerne gelobten Besserung.[341]

Kaffee ist nach Erdöl das meistgehandelte Produkt der Welt: 165 Millionen Dollar geben die Menschen weltweit für 2,5 Milliarden Tassen Kaffee am Tag aus.

Um knapp 18 Prozent konnten deutsche Röster ihren Umsatz im Geschäftsjahr 2006 steigern – ohne dass mehr Geld bei den Kaffeebauern in der Dritten Welt angekommen wäre. Rund 100 Millionen Menschen sind weltweit vom Kaffeeanbau abhängig und einem harten Preiskampf und großen Preisschwankungen ausgesetzt, die den Kaffeehandel auszeichnen.

Der 4C-Kodex gibt sich selbst nicht als »fair« im Sinne der Definition des fairen Handels aus, sondern betont die Nachhaltigkeit des Kaffeeanbaus. Er ist eine branchenspezifische Strategie der Kaffeewirtschaft, die damit auf die öffentliche Kritik an ihren Handelspraktiken und auf die Konsumentenforderung nach sozial- und umweltverträglichem Kaffee reagiert, ohne sich dem tatsächlich fairen Handel anschließen zu müssen.

4C ist angetreten, um die schlimmsten Auswüchse im Kaffeesektor zu verhindern, und basiert auf der Logik des Marktes. 4C richtet sich vor allem an große Plantagen und will dort Basisstandards gemäß der Internationalen Arbeitsorganisation (ILO)-Kernarbeitsnormen durchsetzen: Verbot der schlimmsten Formen von Kinderarbeit, Recht auf Kindheit und Bildung, Verbot der Zwangsräumung von Ländereien, keine Zwangs- und Sklavenarbeit, Freiheit gewerkschaftlicher Organisation, keine Urwaldzerstörung und Ressourcenschutz, Gesundheit und Sicherheit am Arbeitsplatz. Kein sittenwidriger Handel sowie Bezug auf OECD-Richtlinien für multinationale Unternehmen. Außerdem dürfen nur zugelassene Pestizide verwendet werden, der Zugang zu sauberem Trinkwasser soll gewährleistet sein, und Wanderarbeiter müssen »akzeptable« Unterkünfte bekommen. Die Plantagenarbeiter erhalten Arbeitsverträge und werden gemäß nationaler Gesetzgebung bezahlt – nach einem nicht zwangsläufig existenzsichernden Mindestlohn.

Ziel ist es, das Kaffeevolumen, das nach diesen Prinzipien geerntet wird, auf dem Markt zu erhöhen. Die Kaffeebauern sollen ihre Arbeit schrittweise verbessern. 32 Produzenten mit 90 000 Kaffeebauern in 11 Ländern Lateinamerikas, Asiens und Afrikas arbeiten bereits nach dem 4C-Kodex, 33 Produzenten bereiten sich auf eine Verifizierung vor.[342] Ihnen soll – mit Unterstützung der Unternehmen – Zugang zu einem einfachen System nachhaltiger Kaffeeproduktion ermöglicht werden, mit dem sie auf dem Weltmarkt bestehen können.

Die so genannten »Verifizierungskosten« übernimmt 4C – beim fairen Handel müssen die Produzenten die Zertifizierung selbst zahlen.

4C verifiziert den Kodex nach Ausschlussprinzip: Eine Plantage muss zuerst »unacceptable practices« beenden, bevor sie aufgenommen wird. Dazu gehören Verstöße gegen die oben genannten Basisstandards. Diese sollen schrittweise erreicht, die Produktionskette soll transparent werden. Die 4C-Mitglieder der Kaffeeindustrie verpflichten sich, »steigende Mengen« des 4C-Kaffees abzunehmen und entsprechend der eingekauften Mengen »Entwicklungsmaßnahmen« wie etwa Schulungen zu finanzieren. Außerdem sollen sie für erhöhte Nachfrage nach 4C-Kaffee sorgen. Eine festgeschriebene Mindestabnahme gibt es indes nicht – und auch keinen festgelegten Mindestpreis sowie keine Vorfinanzierung von Bestellungen wie beim fairen Handel, die einer Verschuldung des Produzenten vorbeugen soll.

Daran wiederum übt der Faire Handel große Kritik – schließlich seien es gerade der Mindestpreis und die Vorfinanzierung, die für Gerechtigkeit sorgen. Ohne Mindestpreis seien die Kaffeebauern weiterhin dem Preisdiktat des Weltmarktes unterworfen, der wiederum die verheerenden Zustände bedinge. Darüber hinaus fürchten die Fair-Trade-Organisationen, dass ihnen der 4C-Kaffee zur Konkurrenz wird. Zwar dürfen die Händler und Röster das 4C-Logo nicht auf die Packung drucken, um genau dies zu vermeiden. Sie dürfen es aber bewerben – um damit ihrer Verpflichtung zur Absatzförderung des 4C-Kaffees nachzukommen. Außerdem dürfen sie dem 4C-Kaffe konventionellen Kaffee beimischen. Der Verbraucher könne »nachhaltig« und »fair« möglicherweise nicht unterscheiden, schreibt das Forum Fairer Handel in einem Papier, das den fairen Handel mit den Ersatz-Gütesiegeln vergleicht.[343] Kritik gab es auch von NGOs. So trat die Menschenrechtsorganisation

FIAN (FoodFirst Informations- und Aktionsnetzwerk) aus dem 4C-System aus, weil ihrer Auffassung nach Transparenz und Kontrollmöglichkeiten durch Zivilgesellschaft und Produzenten fehlten.[344] Die Projekte befänden sich ausschließlich in der Hand der Industrie.

»Von Ergänzung im Basisbereich« spricht die Christliche Initiative Romero: 4C könne nur die schlimmsten sozialen und ökologischen Schieflagen im Kaffeeanbau verhindern. Ein Mindestpreis könne rein rechtlich nicht festgelegt werden, wenn die größten Kaffeeröster- und -händler Preise festlegten, könne dies als Kartellbildung ausgelegt werden.[345]

Und obwohl der 4C-Kaffee von dreißig großen Handelsketten und Röstereien gekauft werden soll, ist sein Anteil am Weltmarkt unwesentlich größer als der von fair gehandeltem Kaffee: Im ersten Jahr wurden 4,5 Millionen Sack Kaffe verifiziert – das entspricht einem Weltmarktanteil von 3,5 Prozent.[346]

Ein weiteres Label, das Zertifikate an Unternehmen für Kaffee, Kakao, Bananen, Zitrusfrüchte, Blumen und Zimmerpflanzen vergibt, ist das der umstrittenen industrienahen Rainforest Alliance. Die Rainforest Alliance ist eine international tätige US-amerikanische Umweltschutzorganisation, die sich für eine umweltfreundliche und soziale Landwirtschaft einsetzt, die dem Schutz von Öko-Systemen und dem Erhalt der Bio-Diversität dienen soll. 53,2 Millionen Hektar Forstflächen und 540 609 Hektar landwirtschaftlicher Flächen im Besitz von Familien, Genossenschaften und Farmbetrieben in mehr als siebzig Ländern seien RF-zertifiziert. 15 Prozent der weltweit erhältlichen Bananen tragen das Siegel mit dem grünen Frosch.[347]

Der »nachhaltige« Anbau ist allerdings kein Bio-Anbau. Dass die Rainforest Alliance behauptet, mehr Anforderungen zu erfüllen, als das Bio-Siegel stellt, ist glatt gelogen, denn sie erfüllt nicht einmal die Mindeststandards des Öko-Anbaus: Es darf auf den Feldern nicht nur Monokultur betrieben werden, außerdem ist der Einsatz von Pestiziden – mit Ausnahme der verbotenen und sehr giftigen – erlaubt. Darüber hinaus sind auch gentechnisch veränderte Pflanzen nicht komplett verboten, sondern allenfalls »Schritte zur Vermeidung« vorgegeben.[348] Verboten ist die Abholzung von Regenwald, festgeschrieben der Schutz von Wildtieren – etwa durch ökologische Korridore.

Die Regeln hat das Sustainable Agriculture Network (SAN) aufgestellt, ein Zusammenschluss von Umweltorganisationen. Die Rainforest Alliance berät sich außerdem mit Unternehmen und arbeitet mit Gruppen vor Ort. Die Erzeuger tragen die jährliche Zertifizierungsgebühr selbst, sie richtet sich nach der Größe des Betriebs.

Der Arbeitnehmerschutz orientiert sich an den ILO-Kernarbeitsnormen – einen Mindestpreis und Mindestabnahmemengen gibt es auch hier nicht. Mit fairem Handel hat das RA-Siegel überhaupt nichts zu tun.

Die Zertifizierung basiert auf zehn Prinzipien, neben dem Umwelt- und Wildtierschutz sind auch die ILO-Kernarbeitsnormen darin enthalten. Es müssen mindestens die Hälfte jener Prinzipien erfüllt sein, um das Siegel zu erfüllen, Ziel ist es, 80 Prozent zu erreichen. Ein Produkt mit RA-Siegel soll mindestens 90 Prozent zertifizierter Inhaltsstoffe enthalten, es genügen aber auch 30 Prozent, sofern dies zusätzlich zum Logo kommuniziert wird.[349]

Zu den Trägern des Siegels gehören Produkte der großen Konzerne: Nestlé, Tchibo, Kraft Foods, McDonald's (allerdings nur McCafé) – und Chiquita, einer der größten Bananenproduzenten der Welt (Umsatz 4,5 Milliarden US-Dollar). Chiquita wird seit Jahren von Umweltschutz- und Menschenrechtsorganisationen kritisiert. Im *Schwarzbuch Markenfirmen* wird dem Unternehmen Ausbeutung in Bananenplantagen, Kinderarbeit, sexuelle Belästigung, Einsatz verbotener Pflanzengifte, die zu tödlichen Verletzungen führten, und Unterstützung kolumbianischer Paramilitärs vorgeworfen. 2002 veröffentlichte die Menschenrechtsorganisation Human Rights Watch eine Studie, derzufolge Kinder von acht bis dreizehn Jahren für einen Durchschnittslohn von 3,50 Euro am Tag auf den Plantagen schufteten.[350] Dabei arbeitete Chiquita damals schon seit zehn Jahren mit der Rainforest Alliance zusammen, die auch Kinderarbeit verbietet. 20 Millionen US-Dollar hat Chiquita in den Umwelt- und Arbeitsschutz investiert, um von der Rainforest Alliance zertifiziert zu werden.

Die Plantagen des Konzerns befinden sich heute noch hauptsächlich in Costa Rica, Guatemala, Honduras, Panama und in Kolumbien. Dort gehören Bananen zu den wichtigsten Exportgütern. Chiquita kann entsprechend Druck auf die jeweiligen Regierungen ausüben – ein Rückzug aus einem dieser Länder würde zu einem wirtschaftlichen Fiasko führen.

Wegen Verstoßes gegen die Antiterrorgesetze musste der Konzern 2007 25 Millionen Dollar Strafe zahlen. Er hatte zwischen 1997 und 2004 mehr als 1,7 Millionen Dollar an die paramilitärischen »Einheiten zur Selbstverteidigung Kolumbiens« (AUC) gezahlt. Die Zahlungen seien erfolgt, um das Leben der Mitarbeiter zu schützen, erklärte Konzernchef Fernando Aguirre.[351]

Nach einem Report des Wissenschaftsmagazins *Nano* im Jahr 2006 benutzte Chiquita damals auf den Plantagen immer noch hochgiftige Pestizide. Die Rainforest Alliance hat alle Chiquita-Plantagen in Costa Rica zertifiziert. 44 Kilogramm Pflanzenschutzmittel gehen jährlich pro Hektar auf die Bananen nieder, obwohl diese Belastung laut Rainforest Alliance von Jahr zu Jahr reduziert werden soll. Darüber hinaus sei es zu Entlassungen von Gewerkschaftsmitgliedern gekommen, obwohl in den Standards der Rainforest Alliance steht, dass ein Unternehmen keinen Mitarbeiter oder Bewerber wegen Rasse, Hautfarbe, seines Geschlecht oder der Zugehörigkeit zu einer Gewerkschaft diskriminieren darf.[352] Das Recht auf Gewerkschaftsfreiheit ist zwar in den ILO-Normen festgeschrieben, gehört aber nicht zu den relevanten Kriterien – eine Zertifizierung kann es auch ohne sie geben.

Alex Nicholls von der Universität Oxford bezeichnet das RA-Siegel als Greenwashing und »billigen Ausweg für Unternehmen, die an einem spektakulären PR-Effekt interessiert sind«[353].

Denn das Zertifikat erweckt nur den Anschein ökologisch und fair gehandelter Produkte. Die soziale Verbesserung der Arbeit ist kaum nachzuweisen. Laut einer Studie von 2005 bekommen Rainforest-Alliance-Bauern 20 Prozent weniger Lohn als Transfair-Bauern.

So verschafft das Siegel mit dem grünen Fröschlein nur den Konzernen einen grünen Anstrich und den Konsumenten ein gutes Gewissen – auch wenn der Frosch im Pestizidregen der Bananenplantagen sofort tot umfallen würde. Und man kann sich fragen, ob das noch so gut gemeinte Engagement der NGOs, Unternehmen zu einer Besserung zu bewegen, wirklich zur Verbesserung der Welt beiträgt oder nur zur Stabilisierung mächtiger Konzerne. Und dazu, dass sich viele NGOs selbst untereinander Konkurrenz machen und sich gegenseitig marginalisieren.

5. Das Märchen von der öko-korrekten Mode

Noch komplizierter wird die Sache bei öko-fairer Kleidung. Zwar schießen Designerlabels, die öko-korrekte Mode anbieten, wie Pilze aus dem Boden, und auch die großen Versand- und Handelsketten und Bekleidungsunternehmen wie Otto, H&M, C&A, Zara, Nike und Levi's haben Kleidungsstücke aus Bio-Baumwolle im Sortiment. Doch ein komplett fair und ökologisch hergestelltes Produkt befindet sich darunter kaum. Denn dass ein T-Shirt aus biologisch angebauter und/oder fair gehandelter Baumwolle besteht, bedeutet keinesfalls, dass es auch unter fairen Bedingungen hergestellt wurde. Ein Bio-T-Shirt kann ebenso wie eines aus konventioneller Baumwolle unter ausbeuterischen Bedingungen in Sweatshops produziert worden sein.

Natürlich wäre Bio-Baumwolle die unbedingt bessere Alternative. Denn der konventionelle Anbau von Baumwolle ist eine ökologische, gesundheitliche und soziale Katastrophe: Die Pflanze wird vor allem in trockenen Gegenden in armen Ländern angebaut. Zwar gedeiht die Baumwolle auf nährstoffarmen Böden, doch sie braucht Unmengen Wasser. 8 000 Liter werden benötigt, um eine Jeans herzustellen. Und weil die Baumwolle sehr anfällig ist für Schädlinge, werden fast ein Viertel (22,5 Prozent) der auf dem Weltmarkt erhältlichen Pestizide und 11 Prozent Insektizide auf den Baumwollfeldern eingesetzt.[354] Die Schädlinge werden allerdings schnell resistent gegen das Gift, und so greifen die Bauern zu immer mehr Pestiziden oder sprühen gefährliche Giftcocktails aus bis zu dreißig verschiedenen Schädlingsbekämpfungsmitteln auf die Felder. Schwere Vergiftungen der Bauern und Erntehelfer sind eine verheerende Folge des Baumwollanbaus. Mehr als 20 000 Menschen sterben jährlich an Pestizidvergiftungen. Außerdem vernichtet der Gifteinsatz bis zu 50 Prozent der Ernte.[355]

Die Baumwollindustrie hat den Irrsinn des Pestizideinsatzes erkannt. Als Lösung versprach sie ihren Bauern gentechnisch manipulierte Pflanzen. 2002 führte der Saatguthersteller Monsanto die so genannte Bt-Baumwolle (Bacillus-thuringiensis-Cotton) in Indien ein. Der US-amerikanische Konzern (Umsatz 2008: 11,36 Milliarden US-Dollar) besitzt mit einem Marktanteil von 90 Prozent (2005) fast das Monopol der weltweit angebauten genveränderten Pflanzen.

Die Bt-Baumwolle bildet ein bakterielles Gift gegen den Baumwollkapselwurm. Damit hätte der Pestizideinsatz um 60 Prozent verringert werden sollen. Um das Saatgut zu erstehen, das dreimal so teuer ist wie konventionelles, verschuldeten sich die indischen Bauern hoch. Doch die Bt-Baumwolle bildete zu kurze Fäden, die kaum verkauft werden konnten. Außerdem wurden auch die genmanipulierten Pflanzen von Schädlingen heimgesucht, und die Bauern mussten für noch mehr Geld zusätzliche Pestizide kaufen, dazu kamen schlechte Ernten. Diese Gemengelage trieb tausende indische Bauern in den Ruin – und rund 100 000 sogar in den Selbstmord.[356] Zur gleichen Zeit, da sich in Vidarbha im reichen Bundesstaat Maharashtra der hundertste Bauer das Leben nahm, übersprang der indische Aktienindex erstmals die 13 000-Punkte-Grenze.[357]

Natürlich weist Monsanto sämtliche Vorwürfe als »Gerüchte« zurück. Der Konzern gab eine eigene Studie in Auftrag, die belegen sollte, dass die Genbaumwolle den indischen Bauern nur Wohlstand gebracht habe.[358] Die Vereinten Nationen hingegen sehen die extreme Armut und katastrophale Lage der Bauern als eine Folge der Einführung gentechnisch veränderten Saatguts und der Abhängigkeit der Kleinbauern von den Konzernen.

Weltweit werden pro Jahr 25 Millionen Tonnen Baumwolle geerntet, ihr Anteil macht die Hälfte der Faserproduktion für den Textilmarkt aus.[359] Weil auf diesem ein harter Preiskampf herrscht, ist Baumwolle mittlerweile ein Billigstprodukt: Mitte der 90er Jahre wurde der Rohstoff noch für zwei Euro auf dem Weltmarkt gehandelt, inzwischen ist der Preis auf unter 40 Cent gesunken.[360]

Zwar hat der Bio-Baumwollmarkt um 63 Prozent zugelegt und stieg im Jahr 2008 auf 3,3 Milliarden US-Dollar. Doch liegt der Anteil der weltweit angebauten Bio-Baumwolle bei verschwindend geringen 0,2 Prozent. 2007 waren es rund 60 000 Tonnen. 3,2 Milliarden Dollar wurden 2008 weltweit mit Textilien aus ökologisch angebauter Baumwolle umgesetzt. Im Vergleich zu konventionellen Textilien ist auch diese Zahl verschwindend gering. Allein der deutsche Textilienhandel setzte im Jahr 2006 57 Milliarden Euro um[361] – unter den Marktführern befinden sich Kik, Aldi, Lidl und Tchibo.

Laut dem »Organic Cotton Market Report« 2007/2008 sind die Marktführer im Bio-Baumwoll-Segment der weltgrößte Konzern Wal-Mart, C&A, Nike und H&M.

H&M hat seit 2006 Kleidung aus ökologisch angebauter Baumwolle im Programm, in diesem Jahr wurden 30 Tonnen Bio-Baumwolle verarbeitet. Für 2009 sind 3 000 Tonnen vorgesehen.[362] C&A hat im Herbst 2007 eine Bio-Cotton-Kollektion auf den Markt gebracht, für die 1,2 Tonnen Bio-Baumwolle verwendet wurden. Die Menge ist auf 7,5 Tonnen angestiegen. 12,5 Millionen Kleidungsstücke in 16 europäischen Ländern werden jährlich bei C&A verkauft.

Abgesehen davon, dass der überwiegende Anteil von Textilien in diesen Bekleidungsketten aus konventionellem Anbau besteht: Dass ein Kleidungsstück aus biologischer Baumwolle ist, hat auf die Arbeitsbedingungen in den Zulieferbetrieben überhaupt keinen Einfluss – außer dem, dass die Näherinnen wenigstens nicht mehr so sehr den Pestiziden in den Stoffen ausgesetzt sind.

Der konventionelle Bekleidungsmarkt, der äußerst harten Profitinteressen folgt, ist ausgesprochen kompliziert organisiert und kaum kontrolliert. Ein weit gesponnenes Netz von Zulieferbetrieben ist am Produktionsprozess beteiligt. »Ein Unternehmen hat bis zu 3 000 Zulieferer, das kann man nicht kontrollieren«, sagt Christiane Schnura von der Kampagne für Saubere Kleidung. Allein H&M kauft seine Kollektion bei rund 700 Herstellern, die mit etwa 2 000 Produktionsstätten zusammenarbeiten

Eine Jeans, die hier in die Läden kommt, hat fast die Welt umrundet. Baumwollernte, das Spinnen der Fäden, das Färben und Weben zu Stoffen und schließlich die Verarbeitung zu Kleidungsstücken erfolgt in unterschiedlichen Betrieben weltweit – und dort, wo es am günstigsten ist.

Die Bekleidungsindustrie gibt den Preisdruck direkt an die Lieferanten weiter und diese an die Näherinnen in den Sweatshops. Die Kollektionen in den Geschäften ändern sich immer schneller – in Geschäften wie Zara und H&M erneuert sich das Angebot laut der Kampagne für Saubere Kleidung teilweise alle vier Wochen. Weil kaum noch Lagerhaltung betrieben wird, sondern nur kurzfristige Lieferaufträge vergeben werden, kommt dieser Druck direkt in den Textilfabriken in den Entwicklungsländern an. »Da bestellt dann zum Beispiel Zara 500 neue Blusen, und die sollen dann in fünf Tagen da sein«, sagt Christiane Schnura von der Kampagne Saubere Kleidung. Um den Auftraggeber halten zu können, müssen die Näherinnen in den Sweatshops teilweise bis zu neunzig Stunden in den Fabriken sitzen – und können davon trotzdem nicht leben, weil ihnen kein anständiger Lohn bezahlt wird.

Da die Kritik an den Bedingungen in den Sweatshops und die Vorwürfe von Kinderarbeit immer lauter wurden, haben sich die meisten großen Textilanbieter freiwillige Verhaltenskodizes auferlegt und sich Unternehmensinitiativen angeschlossen, die bessere Arbeitsbedingungen versprechen. Der freiwillige Verhaltenskodex eines Unternehmens enthält wenigstens die grundlegenden Arbeitsrechte – Gewerkschaften und Unternehmen vereinbaren, wie diese Grundsätze verankert und überwacht werden.

So gibt es etwa die Fair Labour Association (FLA), einen Zusammenschluss von Handelsunternehmen mit Universitäten und Nichtregierungsorganisationen, zu denen H&M, Nike, Asics, Puma und Reebok gehören. Die FLA berät Unternehmen und kontrolliert Betriebe; Beschwerden und Verstöße werden berichtet, aber nicht geahndet. Ein anderes verbreitetes Modell ist die Business Social Compliance Initiative (BSCI), eine Initiative von Einzelhandelsunternehmen und importierenden Produzenten, die zum Global Compact gehört. Die Mitglieder akzeptieren einen Verhaltenskodex, der auf den Grundlagen der Internationalen Arbeiterorganisation (ILO), einer Sonderorganisation der Vereinten Nationen, beruht, die ihrerseits Übereinkommen mit Mitgliedsstaaten und Empfehlungen ausarbeitet. Die ILO-Kernarbeitsnormen schließen die Vereinigungsfreiheit und den Schutz des Vereinigungsrechts ein, das Verbot von Kinder- und Zwangsarbeit und das Verbot von Diskriminierungen. Zur BSCI gehören mehr als achtzig Mitglieder aus zehn europäischen Ländern, darunter Lidl und Aldi, Esprit, Metro, Otto, Peek & Cloppenburg, Rewe, C&A. Die BSCI-Mitglieder lassen sich von der US-amerikanischen Social Accountability International (SAI) überprüfen, in der Nichtregierungsorganisationen, eine internationale Gewerkschaft und auch Unternehmen mitarbeiten. Dabei werden allerdings Arbeitnehmerorganisationen vor Ort nicht einbezogen.

Einige der Unternehmen haben sich erst auf massiven Druck der Nichtregierungsorganisationen hin selbst verpflichtet. Und auch trotz der freiwilligen Verhaltenskodizes oder der Mitgliedschaft in Initiativen werden immer wieder Skandale publik. 2007 deckte das Magazin *Stern* auf, dass Esprit ein Damentop verkaufte, das nachweislich in Kinderarbeit entstanden war.[363] Vier Monate zuvor hatte der *Stern* herausgefunden, dass die 100-prozentige Otto-Tochter Heine-Versand handbestickte Blusen verkauft hatte, die in Zwangs- und Kinderarbeit in Indien hergestellt worden waren.[364] Der *Stern* befragte in diesem Zusammenhang die größten deutschen Textileinzelhändler, ob sie garantieren könnten, dass ihre Textilprodukte ohne Kinderarbeit hergestellt werden. Aldi Süd und Nord, Rewe sowie das Versandhaus Klingel verweigerten die Antwort. Nur fünf der fünfzehn Unternehmen, die auf die Anfrage antworteten, versicherten, sie könnten diese Garantie geben. Die meisten schränkten ihre Aussage allerdings direkt wieder ein wie etwa das Modehaus Sinn-Leffers: »Im Rahmen des Machbaren«. Neun weitere Firmen, darunter Karstadt-Quelle, Metro, C&A, Kik, Lidl und Plus wichen in ihren Stellungnahmen konkreten Zusagen aus. H&M antwortete, es sei »leider unmöglich, eine solche Garantie zu geben«[365]. 2007 wurde H&M in einem Bericht des schwedischen Fernsehens bezichtigt, Baumwolle aus Usbekistan zu kaufen, die von Kindern gepflückt wurde. Katarina Kempe, Pressesprecherin der schwedischen Konzernzentrale von H&M, sagte auf Anfrage des *Stern*: »Unser Einfluss reicht aber nur bis zu unseren eigenen Lieferanten. Mit den Baumwollfarmern selbst haben wir keine Geschäftsbeziehung. Die bräuchten wir aber, um Forderungen an sie zu stellen.« Meistens hätten sie nicht einmal die Möglichkeit herauszufinden, woher die Baumwolle überhaupt stamme. H&M dulde aber keine Kinderarbeit. Allerdings müssten sich nur die Zulieferer verpflichten, die Arbeitsbedingungen laut ILO-Konvention einzuhalten. Kempe riet: »Wenn Sie als Kunde zu 100 Prozent wissen möchten, woher die Fasern stammen, die Sie am Leib tragen, sollten Sie darüber nachdenken, ökologische Baumwolle zu kaufen« – aus dem hauseigenen Angebot, versteht sich.[366]

»Es hat sich fast nichts verändert«, sagt Maik Pflaum von der Christlichen Initiative Romero, die mit der Kampagne für Saubere Kleidung zusammenarbeitet. Zum einen bedeutet etwa eine SAI-Zertifizierung nicht, dass auch alle Zulieferer des Unternehmens zertifiziert wären. Dem Unternehmensbericht von Otto aus dem Jahr 2007 ist zu entnehmen, dass nur 55 Prozent der weltweiten Lieferanten SAI-zertifiziert seien.[367] Nach Ansicht der Kampagne für Saubere Kleidung sei der BSCI nicht zuletzt gegründet worden, um eine verbindliche gesetzliche EU-Regelung einer globalen sozialen Rechenschaftspflicht von multinationalen Konzern zu verhindern.

Fast alle großen Bekleidungsunternehmen sträuben sich gegen unabhängige Kontrollen. Und der Mindestlohn, den sie akzeptieren, ist nie existenzsichernd. Die Mindestlöhne werden von den jeweiligen Regierungen festgelegt. »Dabei konkurrieren die armen Länder mit ihren niedrigen Mindestpreisen um den Standortvorteil für ausländische Investoren«, sagt Maik Pflaum. In El Salvador liege der Mindestlohn bei 175 Dollar im Monat – zum Leben bräuchte aber eine Näherin, zumal wenn sie Kinder hat, mindestens 600 Dollar. Die Frauen sind also gezwungen, mehrere Jobs anzunehmen und viele Überstunden zu leisten. Wenn es schlecht läuft, bekommen sie diese gar nicht erst ausbezahlt.

Existenzsichernde Mindestlöhne und das Recht auf Organisationsfreiheit seien die Voraussetzung für bessere Arbeitsbedingungen. Beides sei aber bei den freiwilligen Verpflichtungen nicht gewährleistet.

Die Fair Wear Foundation, ein Zusammenschluss von Gewerkschaften und NGOs, zu der auch die Kampagne für Saubere Kleidung gehört, ist die einzige Vereinigung, die einen existenzsichernden Mindestlohn fordert und unabhängig von Unternehmen Zulieferbetriebe zusammen mit lokalen Arbeiterorganisationen überprüft. 68 Bekleidungsunternehmen weltweit lassen sich von der Fair Wear Foundation zertifizieren. Darunter befindet sich nur ein deutsches Label:

Hess Natur.[368] Und selbst dieses habe, so Maik Pflaum, den existenzsichernden Mindestlohn noch nicht umgesetzt, sondern befinde sich erst auf dem Weg dahin. Auch die ganzen kleinen Anbieter, die öko-faire Kleidung anbieten, müssten sich daran messen lassen, ob sie einen solchen Lohn bezahlen und sich unabhängig kontrollieren lassen.

Sich auf Mindestlöhne einzulassen, schränkt die Wettbewerbsfähigkeit eines Bekleidungskonzerns ein. Adidas hat eine hervorragende CSR-Abteilung in Deutschland, die so gut am Image gearbeitet hat, dass es, so Maik Pflaum, immer schwerer wird, der Firma ihr Handeln vorzuwerfen. Adidas ist Mitglied in der Fair Labour Association und hat darüber hinaus seinen eigenen Verhaltenskodex. Die Workplace Standards werden in den Fabriken vor Ort überprüft. Adidas »ermutigt« außerdem Zulieferer vor Ort, »Eigenverantwortung« für sozial- und umweltverträgliches Handeln zu übernehmen.[369]

Adidas führt allerdings einen überaus aggressiven Preiskampf. Als etwa die Regierung in Indonesien die Mindestlöhne erhöhte, machte der Konzern öffentlich, dass er seine Produktionsstätten nun nach Vietnam verlege. Damit ließ das Unternehmen nicht nur die Betriebe vor Ort im Stich, in denen mögliche Verbesserungen durch den Auftraggeber Adidas ohne dessen Kontrolle wieder rückgängig gemacht werden können – es unterstützt auch die verheerenden Bedingungen, die durch den Preisdruck entstehen.

Seit 2007 gibt es in Deutschland Textilien mit dem Transfair-Siegel zu kaufen. Zwölf Firmen bieten Mode mit diesem Siegel an. Transfair arbeitet mit 28 000 Baumwollbauern zusammen, denen es einen Mindestlohn garantiert. Auf Transfair-Feldern wird kein Gensaatgut verwendet, die Umstellung auf Bio läuft allerdings erst an. Bei der ersten Jeans, die von Transfair zertifiziert wurde, endete die Fairness nach der Baumwollernte: Die Hose, die man bei Karstadt, Kaufhof, Peek & Cloppenburg und Wöhrl kaufen kann, wurde in dem konventionellen Bekleidungsunternehmen Gardeur hergestellt, das zwar seine Verantwortung auf der Seite garantiert, sich nicht aber den Fair-Wear-Grundsätzen verpflichtet hat. Die Kampagne Saubere Kleidung kritisiert das Vorgehen von Transfair, weil diese keinen komplett fairen Arbeitsprozess anstrebten. »Warum machen die nicht auch noch den zweiten Schritt einer fairen Produktion, sondern nur den ersten?«, fragt Maik Pflaum. Die beteiligten Betriebe, Spinnereien, Webereien und Konfektionäre müssen nur die ILO-Kernarbeitsnormen einhalten. Und die enthalten keinen existenzsichernden Lohn – den garantiert Fairtrade nur ihren Kooperativen.

Natürlich: Keiner kann sich um alles kümmern. Nur leider hängt im globalisierten Kapitalismus alles zusammen. Deshalb bekommt auch die Bio-Baumwolle und die fair gehandelte Baumwolle Konkurrenz vonseiten der Industrie, die sich lieber ihre eigenen Kodizes schafft, anstatt sich den bereits vorhandenen anzuschließen.

Laut einer Studie der PR-Agentur Accenture würden 85 Prozent der deutschen Verbraucher mehr für Kleidung bezahlen, die nachweislich unter umweltverträglichen und fairen Bedingungen hergestellt wurde. 16 Prozent der deutschen Konsumenten seien demnach bereit, mehr auszugeben als für herkömmlich produzierte Kleidung. Ein Viertel würde sogar 20 Prozent mehr bezahlen. 77 Prozent der Deutschen würden weniger bis gar keine Produkte mehr ihres bevorzugten Herstellers kaufen, wenn dieser nachweislich nicht nachhaltig produziert. Nun sind dies zwar, wie auch bei den Umfragen zu Bio und Fairtrade, nur Lippenbekenntnisse – für die Konzerne haben sie jedoch offenbar Signalwirkung. Denn auch unabhängig davon, ob die Konsumenten nun tatsächlich bio oder fair kaufen, könnte ihnen ein großer Imageschaden entstehen, sollten sie die Kundenwünsche ignorieren. Und diesen genügt offenbar schon der gute Wille.

Ähnlich wie beim fairen Lebensmittel- und Kaffeehandel gibt es auch für die Baumwolle ein Konkurrenzsiegel: Cotton made in Africa. Die Initiative wurde 2005 von der Deutschen Welthungerhilfe, dem Bundesministerium für wirtschaftliche Zusammenarbeit, der Gesellschaft für technische Zusammenarbeit (GTZ), dem WWF, dem Naturschutzbund und den Bekleidungsunternehmen Otto und Tom Tailor gegründet. Das Projekt soll, ähnlich wie bei der 4C-Initiative den nachhaltigen und umweltfreundlichen Baumwollanbau in Afrika fördern. Auch »Cotton made in Africa« beruht auf Marktprinzipien und freiwilliger Selbstverpflichtung. Getragen wird das Projekt von der Aid-by-Trade-Stiftung der Otto-Group. Die Bill Gates-Stiftung unterstützt die Initiative mit Mikrokrediten für Kleinbauern. Ingesamt steht dem Projekt ein Betrag aus öffentlichem und privatem Geld von 49 Millionen Dollar zur Verfügung. Investiert wird vor allem in Schulungen der Baumwollbauern. Das Projekt soll mit seinen beteiligten Unternehmen für eine stärkere Nachfrage nach nachhaltig produzierter Baumwolle sorgen, damit die Produzenten sich auf dem Markt behaupten können. Die Nachfrage sichere die Existenz der Bauern – einen

Mindestpreis gibt es genauso wenig wie eine Abnahmegarantie: »›Cotton made in Africa‹ soll reibungslos in die Wertschöpfungsketten großer Handelsunternehmen mit ihren globalen Beschaffungsmärkten, tausenden Lieferanten und immer neuen Modetrends eingespeist werden. Das ist der Punkt, an dem bislang Bio- oder Fairtrade-Baumwoll-Initiativen oftmals feststellen müssen, dass sie nicht in die Beschaffungspraxis der großen Unternehmen passen. Am Ende stehen Produkte mit hohem logistischem Mehraufwand zu Preisen, die die preisbewussten Konsumenten nicht zu zahlen bereit sind«, beschreibt die Initiative das Projekt.[370] Die zu anspruchsvollen Zertifizierungssysteme wie Bio oder fairer Handel würden dazu führen, dass sich diese Baumwolle auf dem Markt nicht durchsetze, weil sie die Anforderungen »der Einkäufer großer Handelsunternehmen bezüglich Preis, Flexibilität, Lieferzeiten usw. nicht erfüllt«[371]. Mit anderen Worten: weil sie sich eben nicht dem Weltmarkt und dem Diktat der Konzerne unterwirft, wie es »Cotton made in Africa« tut.

Im Projekt ist Kinderarbeit nach den ILO-Kernarbeitsnormen verboten, die Baumwolle darf außerdem nur auf Land angebaut werden, das nicht unter Naturschutz steht. Außerdem muss das Verbot bestimmter Pestizide eingehalten werden. Wichtig sei, dass die wirtschaftliche Situation der Bauern verbessert werde – weswegen nicht »immer strengere Umweltauflagen zu wirtschaftlichen Einbußen bei den Kleinbauern führen« dürfen.[372] Gentechnik ist dabei nicht grundsätzlich ausgeschlossen: »Man darf bei diesem Thema nicht außer Acht lassen: Viele Afrikaner sehen in der Genbaumwolle einen technischen Fortschritt, von dem sie nicht ausgeschlossen werden wollen«, lautet die

Begründung.[373] Trotzdem gebe es ein dreijähriges Moratorium, nach dem keine Gentechnik mehr angewendet werden dürfe.

Im Projekt sind momentan 130 000 afrikanische Kleinbauern, die schrittweise nach Abschaffung der »unacceptable Practices« zertifiziert werden. Jährlich werden 85 000 Tonnen Rohbaumwolle produziert. Im ersten Jahr wurden knapp eine halbe Million Textilien »Cotton made in Africa« hergestellt. Für das Jahr 2010 geht die Initiative von etwa 10 Millionen Stück aus, die von mittlerweile 22 Unternehmen in Europa und Nordamerika angeboten werden. Darunter die üblichen Verdächtigen: Otto, Rewe, Tchibo, Heine und Puma. Sie alle verarbeiten die Baumwolle aus Afrika jedoch nur zum Teil. »Wenn aber das Interesse existiert und die Abnehmer zufrieden sind – was spricht dann dagegen, dass sie zu 100 Prozent diese Baumwolle kaufen?«, kritisiert Maik Pflaum. Schließlich sei das Ziel der Initiative, dass die Bauern direkt vom Baumwollhandel leben können.

Für die Verarbeitung der Baumwolle gibt es allerdings keine Kriterien: »Da jedoch das Cotton-made-in-Africa-Projekt mit der Förderung nachhaltig produzierter Baumwolle entwicklungspolitisch endet, ist die Aid-by-Trade-Foundation auf Initiativen der Nachfrageallianz angewiesen.«[374]

Abgesehen davon, dass die Hersteller ihre Baumwolle nicht nur aus Afrika beziehen: Die »nachhaltig« angebaute Baumwolle, die nur so klingt, als sei sie öko, drängt mit 85 000 Tonnen in den Bio-Markt, der momentan 60 000 Tonnen beträgt, und könnte für diesen eine echte Konkurrenz sein.

Denn wozu sollte sich ein Unternehmen die teure Bio-Baum-wolle ins Haus holen oder sich gar auf feste Lieferverträge und Mindestpreise fairer Baumwolle einlassen, wenn es seinen Kunden auch ein billigeres Label präsentieren kann, das irgendwie nach öko und fair aussieht?

6. Heldengeschichten: Herrmannsdorfer Landwerkstätten, American Apparel und Bionade

Am allerliebsten mag der LOHAS schöne Geschichten über außergewöhnliche Menschen, die gute Produkte für ihn herstellen. Menschen, die beweisen, dass alles möglich ist, wenn man die Dinge pragmatisch anpackt und dabei Widrigkeiten und vor allem Widersprüche überwindet – so wie er es selber tut. In der hervorragenden Weltrettungsstimmung jubeln die Medien, die sonst kein gutes Haar an gar nichts lassen, Menschen zu Helden hoch, nur weil sie ein Produkt geschaffen haben, das – wenn man es isoliert betrachtet – sich als Gegenstand markttauglicher Weltverbesserung stilisieren lässt. Geschichten über einen Metzger, der Tierschützer wurde, einen sexbesessen Öko-T-Shirt-Produzenten und eine Bio-Limonade, die nie eine sein wollte.

»Alles hat ein Ende, nur die Wurst hat zwei.«
Songtitel von Stephan Remmler

Karl Ludwig Schweisfurth, Herta und das Öko-Paradies

Ein Mann mit Schlapphut schreitet bedächtig einen grünen Hügelrücken ab, sein langes, weites olivgrünes Cape hebt und senkt sich im Wind. Von Weitem sieht er aus wie ein Schäfer ohne Stab, die Szene, die mit besinnlichen Synthesizerklängen von Kruder & Dorfmeister unterlegt ist, hat fast etwas Pastorales. Nun zoomt die Kamera auf das Gesicht des Mannes: Er schaut, den Kopf leicht erhoben, ernst, und sein Blick hinter der großen Brille hat etwas sehr Nachdenkliches. Karl Ludwig Schweisfurth hat viel nachgedacht in seinem Leben, von dem er selbst sagt, es seien eigentlich zwei. Es gibt ein Davor und ein Danach in der Lebensgeschichte, die aus zwei unglaublichen Erfolgsgeschichten besteht, welche sich aufs Äußerste widersprechen. Karl Ludwig Schweisfurth war einst der Besitzer von Herta, dem größten fleischverarbeitenden Unternehmen Europas. Karl Ludwig Schweisfurth ist heute der Besitzer des wohl beeindruckendsten, schönsten und korrektesten Bio-Bauernhofs der Republik im bayrischen Glonn, südöstlich von München.

Vom Wurst-Baron zum Biobauern heißt das Filmporträt von Meike Hemschemeier. Und seit Bio und LOHAS boomen, werden Erweckungsgeschichten wie die des Herrn Schweisfurth, der den Nadelstreifenanzug gegen einfaches Lodengewand mit wildledernem Hut getauscht hat, dutzende Male in allen einschlägigen Medien bejubelt. Auch er selbst erzählt sie immer wieder gern und reuig. Sei es auf der Homepage der Schweisfurth-Stiftung, die er zur Förderung des ökologischen Landbaus, zur Verbesserung der Lebensqualität der Nutztiere und der gesunden, naturnahen Ernährung gegründet hat, sei es in seinen Büchern über die Wurst, das Fleisch und sich selbst oder eben in Zeitungen und Magazinen. Es ist eine klassische Saulus-Paulus-Geschichte, die sich nicht nur wegen ihrer Fallhöhe so wunderbar erzählen lässt, sondern weil sie auch den Glauben nährt, dass der Einzelne sich und damit die Welt zum Besseren ändern kann. Man

könnte sagen, dass die Geschichte von Karl Ludwig Schweisfurth auch eine Geschichte der Deutschen und ihrer Ernährungsgewohnheiten erzählt – vom Sonntagsbraten über die
abgepackte Massenwurst bis hin zum Bio-Boom. Mit alldem
hat Schweisfurth jeweils sein Geld verdient. Sehr viel Geld.

Karl Ludwig Schweisfurth wurde am 30. Juli 1930 in eine
Fleischerfamilie im westfälischen Herten hineingeboren, der
Vater Karl hatte die Metzgerei in den 20er Jahren trotz Wirtschaftskrise zum stabilen Familienunternehmen ausgebaut,
nach dem Krieg übernahm Sohn Karl Ludwig den Betrieb.
Mit fünfundzwanzig reiste er nach Chicago, um sich dort die
gigantischen Schlachthöfe anzuschauen. Die massenhafte
Tötung und Verarbeitung von Tieren hat ihre Wurzeln in
den Union Stock Yards, die Mitte des 19. Jahrhunderts in
der prosperierenden, zentral gelegenen Industrie- und Han-
delsstadt eröffnet wurden. In den Schlachthöfen mit den an-
geschlossenen Fabriken wurden 82 Prozent des amerikanischen Fleischs produziert. Von der Eröffnung der ersten Stock
Yards 1865 bis zum Jahr 1900 wurden dort 400 Millionen
Tiere geschlachtet – ein bis dahin nicht gekanntes Ausmaß
industrialisierten Tötens. Das Fließband und viele andere
technische Neuerungen kamen keineswegs, wie oft behauptet wird, erstmals in der Automobil- und Stahlindustrie zum
Einsatz, sondern in den Schlachthäusern. In seiner Autobio-
grafie schrieb der Automobilpionier Henry Ford 1923, dass
er die Anregung zur Einführung der Fließbandproduktion
beim Besuch eines Schlachthauses in Chicago erhalten habe.
Auch Schweisfurth war von der Industrieproduktion in Chicago überwältigt. Zurück in Herten baute er nach diesem
Vorbild den Familienbetrieb zur modernsten und größten

Fleischfabrik Europas um, kaufte zehn Fabriken weltweit auf und erzielte einen Umsatz von knapp 1,6 Milliarden D-Mark. Herta war das erste fleischverarbeitende Unternehmen mit Fließband und das erste, das in Folie verpacktes, portioniertes Fleisch in die deutschen Supermärkte brachte. In den 80er Jahren, auf dem Höhepunkt der Automatisierung, wurden bei Herta 25 000 Schweine und 5 000 Rinder pro Woche geschlachtet. Man kann sagen, dass Schweisfurth, der heute von »praktisch gelebter Schöpfungsverantwortung« spricht, vom »unverantwortlichen Leid« in der Massentierhaltung, vom »Eigenwert der Tiere« und ihrer »inhärenten Würde, die unantastbar sein muss«, der unentwegt den barbarischen Irrsinn der industriellen Fleischproduktion anprangert, einstmals genau diesen in Deutschland begründet hat.

Weil ihm in den 80er Jahren seine beiden Söhne Georg (Gründer der Bio-Supermarktkette Basic) und Karl (Geschäftsführer der Herrmannsdorfer Landwerkstätten) zunehmend unbequeme Fragen stellten, die »tiefe Zweifel, die sich in meine Seele senkten«, hervorriefen, weil »ich verantwortlich bin dafür, wie diese Tiere gehalten werden«, besuchte der Metzgermeister einen Schweinestall. Und sah Tiere, die in engen Boxen auf einem Spaltenboden vor sich hin vegetierten, die sich in der Enge gerade mal hinlegen konnten. »Das hat mir einen tiefen Schrecken eingejagt. Ich bekam das Gefühl, dass wir etwas falsch machen. Dass wir gegen ethische Grundnormen verstoßen«, sagt Schweisfurth im Film von Meike Hemschemeier. Er habe sich daraufhin die Frage gestellt: »Wer gibt mir das Recht, ein Tier, das leben will, zu töten?« Der Gedanke gärte im Innern des Wurstbarons, und bei einer Fastenkur kam ihm die Vision eines

Ortes, an dem ein achtsamer Umgang mit Tieren möglich sein würde. Er fasste den Entschluss, diese zu verwirklichen, sich von Herta zu trennen und noch einmal von vorn anzufangen.

Die Herrmannsdorfer Landwerkstätten sind ein Idyll auf dem bayerischen Land und in ihrer Einzigartigkeit ein Freilichtmuseum alter Bauernkultur. Das ehemalige Gut Sonnenhausen ist ein traumschönes Jugendstilanwesen, auf dem heute eine Idee von Landwirtschaft, Nahrungsmittelproduktion und Tierhaltung umgesetzt und zelebriert wird, wie sie praktisch ausgestorben ist. Gut siebzig Bauern aus der unmittelbaren Nachbarschaft beliefern die Landwerkstätten. Es gibt einen Jahreszeitengarten, ein altes Brauhaus, das das Herrmannsdorfer Schweinsbräu naturtrüb braut; zu den Werkstätten gehört eine Rohmilchkäserei, eine Warmfleischmetzgerei, die wie bei der Hausschlachtung arbeitet, und ein großzügiges Wirtshaus, in dem ein »Luxus der einfachen Küche« serviert wird. Zum Beispiel »glücklicher Braten von unseren knusprigen Schweinen mit gebratenem jungem Weißkraut und Kartoffelpüree« – zubereitet von Thomas Thielemann in einer offenen Küche, in der jeder sehen kann, wie sein Essen mit Liebe und Respekt angerichtet wird.

Landwirtschaft und Hof sind ein komplettes Gegenkonzept zum »agroindustriellen System, das mit hoher Automation in immer größeren Einheiten und mit immer weniger Menschen Nahrungsmittel in immer größeren Mengen produziert«. Alles auf dem Hof ist das Gegenteil von Herta; auch die Schweine, die in Glonn gehalten werden, gehören einer Rasse an, die in den 80er Jahren fast ausgestorben war, weil sie nicht zur Industrialisierung taugte. Das robuste rosa-schwarz-gefleckte Schwäbisch-Hällische Landschwein ist zu fett und wächst zu langsam, so dass selbst der gewöhnliche Biobauer das deutsche Edelschwein bevorzugt, weil auch die großen Bioverarbeiter Wert auf günstiges und fettfreies Fleisch legen. Für Fleisch gibt nämlich auch der Biokunde wenig Geld aus. (Wenn er es überhaupt tut: Biofleisch hat gerade mal einen Anteil von 1,2 Prozent am Gesamtlebensmittelmarkt.)

Die Herrmannsdorfer Schweine sind gewiss die glücklichsten, die man sich nur vorstellen kann. Sie verbringen fast das ganze Jahr draußen, dürfen reichlich im Dreck suhlen und bekommen nur ihr liebstes Futter, das ebenfalls auf dem Hof angebaut wird. Die Ferkel wachsen bei der Mutter auf und leben in Großfamilien auf dem Anwesen, jedenfalls so lange, bis die »gesunden und lebensfrohen Tiere« nach zehn Monaten (üblich sind sechs) »ganz behutsam« getötet werden. Der Gast kann sogar die Eltern der Tiere kennen lernen, die alle Namen haben, und sich artig dafür bedanken, dass sie ihm ein prima Schwein geboren haben, das ihm überaus gut geschmeckt hat. Das ethische Wirtschaften, die kleinteilige Organisation, der verantwortungsvolle Umgang mit der Natur, die Achtung vor den Lebensmitteln und der ländlichen Kultur – all das hat Schweisfurth auf seinem Hof zur Perfektion getrieben. Und weil sich gut verdienende Großstädter und LOHAS an diesem einzigartigen, authentischen und auch romantischen Konzept erfreuen, macht der Hof mit seinen rund zweihundert Beschäftigten mittlerweile einen Umsatz von 15 Millionen Euro pro Jahr. Schweisfurth freut sich, »dass man mit dem achtsamen Umgang von Mensch und Tier Geld verdienen kann«. Er sagt, er sei am Ziel seiner Wünsche angekommen.

Erreichen konnte er dieses aber nur, *weil* er einmal der größte Fleischfabrikant war, nicht obwohl. Mit dem Geld aus dem Verkauf seines millionenschweren Fleischimperiums – ein Verkaufspreis wurde nie öffentlich gemacht – konnte es sich der Umsteiger leisten, seinen Lebenstraum zu verwirklichen und nach seinen Vorstellungen zu arbeiten. Seine vorbildliche und absolut wünschenswerte Landwirtschaft ist allerdings für einen normalen Biobauern leider so gut wie unmöglich. »Ich habe hier überhaupt nur anfangen können, weil ich über die finanziellen Mittel verfügte, ohne eine Bank oder bei der Regierung fragen zu müssen. Ich habe nicht eine müde Mark an Subvention erhalten«, sagt Schweisfurth in einem Gespräch mit dem Interviewmagazin *Galore*, »der einzelne Ökobauer oder der kleine Metzger, der einen Betrieb nach meinem Vorbild machen möchte, hätte wenig Chancen.« Auch wenn Schweisfurth mit seiner Stiftung für den Ökolandbau kämpft: Die Herrmannsdorfer Werkstätten werden eine Nische bleiben – und genau diese Einzigartigkeit macht ihren großen Erfolg aus. Es ist eine Insel der Seligen für alle, die dort arbeiten, leben, essen. Für wenige Tiere ist der Ort ein Paradies, bevor sie ins selbige kommen, nachdem sie zu Schweine- oder Kalbsbraten geworden sind. Und Schweisfurth selbst hat sich damit vom Bösen erlöst. Karl Ludwig Schweisfurth sagt: »Ich möchte die Leute nachdenklich machen. Sie sollen darüber nachdenken, dass das Stück Fleisch auf dem Teller von einem Tier stammt. Und dass die Qualität des Fleisches von der Art und Weise abhängt, wie das Tier gelebt hat, wie es gefressen hat, ob man für es gesorgt hat und wie man es behandelt hat auf seinem letzten Weg zum Schlachthaus. Aber das ist für die meisten Menschen so fremd, so weit weg voneinander, dass das

Fleisch und das Tier keine Beziehung miteinander haben. Das möchte ich ändern.«

Schweisfurth meint das ernst, kein Zweifel. Allerdings hat Schweisfurth mit seinem Projekt nicht die Fleischwirtschaft geändert, gegen die er heute so wortgewaltig zu Felde zieht und zu deren mächtigsten Vertretern er einmal gehört hat (er war außerdem Präsident des Bundesverbandes der Deutschen Fleischwarenindustrie), nur sich selbst. Schweisfurth hat nichts Schlimmes beendet, sondern Herta ausgerechnet an Nestlé verkauft, einen Lebensmittelkonzern, der auf allen Ebenen eklatant gegen die humanistischen Prinzipien verstößt, die sich Schweisfurth kurz vor seinem Ausstieg aus dem Konzern gegeben hat. »Ich habe bewiesen, dass Chemiesierung, Industrialisierung, Subventionierung, Gentechnik nicht nötig sind. Wenn das in allen Köpfen angekommen ist, dann wird es weder BSE noch Maul- und Klauenseuche geben«, sagt Schweisfurth heute stolz. Nur – in welchen Köpfen? Das massenhafte Töten, die unerträglichen Lebensbedingungen der Schweine und Rinder, die in der Herta-Wurst landen, das millionenfache Leid, das geht in dem von ihm begründeten System seit 25 Jahren ungebrochen weiter, trotz BSE, trotz Maul- und Klauenseuche, trotz Herrmannsdorfer Landwerkstätten. In Deutschland werden jedes Jahr insgesamt 50 Millionen Schweine und 3,7 Millionen Rinder und Kälber geschlachtet, die Fleischindustrie erzielte 2007 21,6 Prozent des Gesamtumsatzes der Ernährungsindustrie, wie das Statistische Bundesamt ermittelte. Das Elend gehört leider nicht der Vergangenheit an, sondern nur seiner eigenen: Es geschieht nicht mehr unter seiner Verantwortung.

Wäre nicht die eigentliche verantwortliche Handlung die gewesen, den alten Betrieb und die Herstellung so radikal umzukrempeln, dass Millionen von Tieren vom Leiden befreit werden, anstatt neuen, anderen Tieren weniger Leid angedeihen zu lassen? Was wiegt denn schwerer – die neue, sehr gute Idee, die aber auf das konventionelle, ähm, Schweinesystem gar keinen Einfluss hat? Oder die alte böse, die dieses erst möglich gemacht hat? Wäre die wirklich ethische Tat nicht eher gewesen, die Wurstfabrik zu schließen, anstatt sie an einen Weltkonzern zu verkaufen? Naive Frage, schon klar. Mal abgesehen vom Wert des Unternehmens: Man kann 5 000 Beschäftigten nur schwer erklären, dass sie jetzt gehen müssen, weil den Chef plötzlich das Gewissen zwickt.

Wenn Markt und Ethik zusammentreffen, tun sich immer Widersprüche auf. Denn die Handlungsspielräume des Einzelnen innerhalb der Struktur sind minimal. »Man muss konsequent rausspringen aus dem System und alles komplett anders machen«, sagt Schweisfurth. Das entspricht leider der Wahrheit. So dient die Geschichte der wundersamen Wandlung des Metzgers zum Tierschützer nicht zuletzt dem Authentizitätsmarketing seines durch und durch korrekten Hofes, der suggeriert, dass alles möglich ist, wenn man nur will. LOHAS lieben solche Geschichten mit Happy End. Was nicht zum glücklichen Ende passt, wird ausgeblendet. Zum Beispiel die Tatsache, dass Nestlé 2002 von der Regierung des bitterarmen Landes Äthiopien eine Entschädigung in Höhe von knapp 6 Millionen Dollar verlangte, weil die damalige Militärregierung 1975 einen Herta-Fleischbetrieb verstaatlicht hatte, der nun zum Nestlé-Konzern gehört. Und das zu einer Zeit, als in dem Land 8 Millionen Menschen hungerten. Oder dass Karl Schweisfurth noch bis 1997 Mehrheitsinhaber der Stastnik-Wurstfabrik war, die alles andere als Öko-Fleisch verkaufte, und Besitzer der konventionellen

Metzgereikette Casserole in Nordrhein-Westfalen war, wie Friedrich C. Burschel in einem Artikel der *Konkret* 2008 darlegte.

»Wer Mode produziert, muss heutzutage kein Schwein sein.«
Dov Charney, Gründer von American Apparel

American Apparel:
Faire Arbeitsbedingungen beim coolen Sex-Onkel

Die ersten Kleidungsstücke, die das 1997 gegründete US-amerikanische Bekleidungsunternehmen American Apparel auf den Markt brachte, waren auf den ersten Blick alles andere als cool. Die bunten T-Shirts, Kapuzenpullis, Tank-Tops und Leggins sahen eher nach 80er-Jahre-Aerobic-Unterricht aus. Sie trugen nicht mal ein erkennbares Logo – und das mitten auf dem Höhepunkt des Markenkults der 90er Jahre. Das Verkaufsargument befindet sich im eingenähten Zettel am Kleidungsbund: Sweatshop-free steht klein unter der Größenangabe – es ist der Unique Selling Point des Unternehmens. Dieses lässt im Gegensatz zum überwiegenden Rest der Bekleidungsindustrie seine Niki-Pullis, Sweat- und T-Shirts, seine Jacken, Blusen und Unterwäsche nicht in Sweatshops herstellen, sondern in der Firmenzentrale mitten in Los Angeles. Und weil die amerikanischen Branchenkollegen ihre Produktion nach Asien oder Mittelamerika verlegt haben, ist American Apparel mit seinen 3 500 Mitarbeitern der mittlerweile größte T-Shirt-Hersteller der USA.

Die American Apparel Factory befindet sich in einem rosa getünchten Fabrikgebäude aus den 20er Jahren. An der Fassade hängen Banner, auf denen zum Beispiel »Legalize Los Angeles« steht, »Industrial Revolution« oder »American Apparel es un compañia rebeled«. Firmenchef Dov Charney gibt sich als Kämpfer für die Rechte von illegalen Immigranten. Mehr als 60 Prozent der Beschäftigten kommen aus Lateinamerika, bei American Apparel haben sie bessere Arbeitsbedingungen als in anderen Fabriken. Dov Charney zahlt mehr als den kalifornischen Mindestlohn von 6,25 Dollar pro Stunde, seine Angestellten erhalten ein paar Tage bezahlter *time off* für Urlaub oder Krankheit, Zuschüsse zur Krankenversicherung und Englischunterricht. Sie können von hauseigenen Telefonen kostenlos Ferngespräche führen, sie erhalten Jobtickets, auf dem Gelände gibt es frei verfügbare Fahrräder und einen hauseigenen Fahrradmechaniker. Die Kleider selbst sind zum Teil aus amerikanischer Bio-Baumwolle genäht und kosten im Laden nicht wesentlich mehr als ein herkömmliches T-Shirt.

Der Erfolg von American Apparel liegt in der suggerierten Selbstverständlichkeit der sozial gerechten Herstellung, die Betonung liegt auf dem Sexappeal der doch eher langweiligen Baumwollkleidung. Denn nichts liegt Firmenchef Dov Charney ferner als larmoyantes Gutmenschentum und langweilige political Correctness – in scharfem Kontrast zum öko-korrekten Image bewirbt American Apparel seine Produkte mit extrem sexualisierten Anzeigen, bei denen die Grenzen zwischen Ironie und Amateurpornografie verschwimmen. Junge Frauen recken ihre nackten Hintern obszön in die Kamera, spreizen die Beine, haben die Hand ein- bis zweideutig in der Unterhose stecken oder sehen aus, als hätten oder hatten sie gerade Sex. Seine Models haben eine abgerissene Schönheit, sie sehen aus, als wären sie morgens um fünf nach einer langen Nacht im Club vor die Kamera gelaufen oder in Dov Charneys Bett. Denn manchmal ist auch der Chef halb bekleidet mit auf dem Bild, ein kleiner drahtiger Mann mit behaarter Brust, der mit seinem dicken Schnauzer bis zu den Ohren und seiner dunklen Sonnenbrille bis vor Kurzem noch aussah wie der Hauptdarsteller eines 70er-Jahre-Pornos. Es heißt, Charney, der Hobbyfotograf, fotografiere die Frauen selbst in seiner Villa.

Angeblich trägt Charney seine Kollektion in einen nahen Stripclub, um sie sich dort von den Stripperinnen vorführen zu lassen. Das sind so Geschichten und Legenden, die die Lifestylemagazine lieben, wie etwa die, dass Charney, der lustige Vogel, in seinem Unternehmen nur in Unterhosen herumläuft und seine dunkle Sonnenbrille auch im Büro nicht abnimmt. So kam es, dass American Apparel als erfrischend freches Weltrettungsmodell von den Medien und LOHAS gefeiert wurde: gutes Gewissen ohne Latzhose! Öko-Mode mit Sexappeal! Und als Krönung ein spinnerter Wohltäter mit Leck-mich-am-Arsch-Attitüde.

Dov Charneys Argument für seine Arbeitspolitik klingt allerdings eher pragmatisch als revolutionär: »Weil alles unter einem Dach passiert, können wir schneller auf die Nachfrage des Marktes reagieren. Wenn ich mir am Wochenende einen neuen Schnitt ausdenke, kann das Produkt schon am Freitag samt Werbekampagne im Laden sein.« Gut möglich, dass seine artgerecht gehaltenen Näherinnen und Näher dann die eine oder andere Überstunde dranhängen müssen.

Als Sozialromantiker will Charney nicht verstanden oder gar in eine linke Ecke gedrängt werden. Er beschreibt sich selbst als überzeugten Kapitalisten: »Ich glaube an Adam Smith, ich glaube an die unsichtbare Hand, die den Markt regelt. Ich mache das hier, um Geld zu verdienen.« Von 2003 bis 2007 hat sich der Umsatz von American Apparel vervierfacht, 2008 machte das Unternehmen einen Umsatz von 545 Millionen Dollar. Seit 2006 gehört American Apparel zu 45 Prozent dem US-amerikanischen Finanzinvestor Endeavor Acquisition, Charney blieb Mehrheitsaktionär und Geschäftsführer. Das Bekleidungsunternehmen hatte nicht nur Gewinn gemacht, sondern auch rund 110 Millionen Dollar Schulden, die durch den Ausbau des weltweiten Filialnetzes entstanden sind. Endeavor Acquisition übernahm diese, kaufte sich mit 244 Millionen Dollar ein und zahlte rund 23 Millionen Boni und Aktienoptionen an die Belegschaft. Endeavor-Chef Jonathan Ledecky sagt, man wolle Profit.

Ab und an rennt Dov Charney, auch das ist so eine schöne Geschichte, durch seine Fabrik und verbreitet johlend gute Laune. Er spendiert seinen Näherinnen und Nähern außerdem einen Masseur, der ihnen den verspannten Nacken lockert. Was allerdings ihr Einkommen schmälern könnte, denn der als hoher Sozialstandard gelobte Lohn ist ein Akkordlohn: Im Schnitt verdienen die Beschäftigen etwa 12 Dollar.

An jedem ersten Mai schenkt Charney seinen Leuten einen freien Tag, an dem sie vor dem Firmengebäude demonstrieren und Banner mit dem Slogan der American-Apparel-Initiative »Legalize L.A.« in den Himmel halten sollen. Ob das nun dem politischen Engagement dient oder nicht viel mehr der Eigenwerbung für das Unternehmen, kann man sich fragen. 2003 berichtete das US-amerikanische Onlinemagazin *behindthelabel.org* von Gewerkschaftsbehinderungen im Unternehmen. Daraufhin dementierte umgehend American Apparel. »Jedem unserer Mitarbeiter steht es frei, sich gewerkschaftlich zu organisieren. Es wäre strafbar, das zu verhindern«, ereiferte sich Firmenchef Dov Charney. »Aber niemand will in die Gewerkschaft, weil sie unseren Arbeitern nichts zu bieten hat.« Das System der Gewerkschaften sei überholt, sie täten nichts weiter, als Belegschaft und Firmen gegeneinander auszuspielen. Die »Clean Clothes Campaign« kritisiert deshalb American Apparel – auf Fragen diesbezüglich habe die NGO bis heute keine Antwort erhalten.

Dov Charney, der seine weiblichen Angestellten gerne »Nutten« und »Schlampen« nennt und sich damit brüstet, mit nicht wenigen seiner weiblichen Angestellten geschlafen zu haben – »es schadet nicht, wenn jeder was mit jedem hat, das hebt die Arbeitsmoral« –, wurde viermal wegen sexueller Belästigung angezeigt. Eine Anzeige wurde fallengelassen, bei zweien einigten sich die Beteiligten außergerichtlich. Eine Verkaufsleiterin warf Charney vor, er habe sie aufgefordert, vor ihm zu masturbieren. Angeblich habe er auch Vibratoren an seine weiblichen Beschäftigten verteilt, was er heute, nachdem sich solche Vorwürfe gehäuft haben, abstreitet.

Es ist erstaunlich, dass solche Geschichten überwiegend in einem belustigten Charney-der-alte-Schlawiner-Tonfall aufgeschrieben werden und sein cooles Image zementierten, anstatt es zu zerstören – obwohl es nicht den geringsten Unterschied macht, ob ein hipper junger Businesstyp mit einer stylishen Geschäftsidee seine weiblichen Beschäftigten belästigt oder ob ein schmieriger alter Chef seiner Sekretärin an den Hintern greift. Aber man will ja nicht uncool erscheinen und von Charney als »scheißliberale Schwuchtel« beschimpft werden. Eine der besten Stories um Charney ist die Geschichte der Journalistin Claudine Ko, die Charney für ein Porträt mehrmals traf. Wiederholt habe er während der Interviews masturbiert – was ihm Ko, wie man in ihrem Porträt nachlesen kann, nicht wirklich übel genommen hat.

Charneys Kommentar: »Masturbation in Anwesenheit von Frauen wird völlig unterschätzt. Es ist eine sinnliche Erfahrung, in deren Verlauf der Mann die Frau nicht verletzt, und wenn er sich erleichtert hat, kann man mit ihm reden.« Ja, genau.

Auch seine Werbekampagnen mussten sich den Vorwurf gefallen lassen, nicht nur sexistisch zu sein, sondern mitunter allzu deutlich an Kinderpornografie zu erinnern. Manche der sehr jungen Frauen wirken wie südostasiatische minderjährige Prostituierte. Die Models sucht Charney eigenhändig aus – unter anderem in seiner eigenen Firma. Er sagt: »Einige Leute werfen uns vor, wir würden unsere Kleidung zu stark über Sex vermarkten. Ich würde eher sagen, wir feiern den Sex, weil er etwas Wunderbares ist. Wenn zwei erwachsene Menschen etwas tun, was beiden Freude bereitet, verstehe ich nicht, wie man sich darüber aufregen und gleichzeitig zu ausbeuterischer Kinderarbeit schweigen kann.«

Entschuldigung? Wie kann man sich mit fairen Arbeitsbedingungen und super Sozialstandards brüsten und gleichzeitig Sexismus und sexuelle Belästigung als Mittel der Imagepflege einsetzen? Denn es ist vor allem das Skandalimage, das American Apparel groß und erfolgreich gemacht hat –

nicht nur das bisschen Bio-Baumwolle »Cleaner Cotton« (pestizidfreie Baumwolle) und die Sozialstandards. Vielleicht soll dieses Skandalimge auch ein wenig verbergen, dass es mit der Sweatshop-free-Garantie womöglich gar nicht so weit her ist.

Denn 70 Prozent der Stoffe bezieht American Apparel von Drittanbietern, zwei Drittel der Rohware werden nicht in Downtown LA gefärbt. Wo dies geschieht, darüber schweigt das Unternehmen – und auch die meisten Medien. Die Geschichte des lustigen Typs in Unterhosen, der seinen Arbeitern Fahrräder, Bustickets und einen guten Lohn zahlt, ist einfach die bessere. Nur deshalb hat es American Apparel bis jetzt geschafft, dass nicht allzu viele dem Claim seines Unternehmens folgten: »Fuck the brands that are fucking the people.«

»Ein bisschen besser könnte die Welt schon sein.«
Peter Kowalsky, Bionade-Chef

Das Weltrettungswirtschaftswunder aus der Rhön: Bionade

Es gibt nicht nur die eine, es gibt dutzende Geschichten rund um den Aufstieg der fermentierten Limonade aus der kleinen Brauerei Peter zum Lifestylegetränk einer Generation. Zuerst einmal die, dass der Betrieb der Familie Kowalsky im beschaulichen Örtchen Ostheim vor der Rhön in den 90er Jahren kurz vor dem Bankrott stand, bis schließlich der unglaubliche Erfolg von Bionade sie rettete. Dann gibt es die des Bionade-Erfinders Dieter Leipold, der mit einer Gerätschaft aus Schrott und mit Klebeband zusammengeflickten Schläuchen im Familienwohnzimmer das Rezept zu einer gesunden Limonade austüftelte, mit dem Ziel, diese auf der ganzen Welt zu vermarkten, um damit endlich viel Geld zu verdienen. Die Geschichte mit der Dorfdisco, die die Brauerssöhne nach Feierabend betrieben, um wenigstens ein bisschen Geld reinzuholen. Die Geschichte mit den wütenden Beschäftigten, die fluchend an den Bionade-Kästen vorbeilaufen, die keiner kaufte, während sie selbst um ihr Gehalt bangen mussten. Die Geschichte mit dem San-Miguel-Großbrauer aus Manila, der in einer deutschen Fachzeitschrift 1994 den ersten Artikel über Bionade las und überraschend das Getränk in Südostasien großmachte – bis sich San Miguel-Teilhaber Coca-Cola den Vertrieb des Konkurrenzgetränks verbat. Die Geschichte vom Lottogewinn – über eine Million D-Mark –, der die Brauerei vor der Insolvenz rettete. Die Geschichte, und das ist wahrscheinlich eine der besten, mit den ungarischen Etiketten, welche für einen Herrn bestimmt waren, der aus dem Nichts auftauchte und das Getränk am Balaton verkaufen wollte: Er brauste mit einem Brauerei-LKW voll Bionade an den Plattensee – und ward nie mehr gesehen. Peter Bräu hatte 15 000 ungarisch beschriftete Etiketten drucken lassen für den Durchbruch des Getränks am Plattensee, der nie kam. Versehentlich beklebte die Brauerei mit diesen ungarischen Etiketten 2 000 Flaschen für Deutschland, die in Hamburg ausgerechnet auf der Einweihungsfeier einer kleinen Werbeagentur landeten. Und natürlich ist da noch die Geschichte der kleinen Brauerei, die ein Kaufangebot des Riesenkonzerns Coca-Cola ausschlug, dem die deutsche Brause ein Dorn im Auge war.

Es sind so viele erstaunliche Geschichten, dass die Wirtschaftsjournalistin Bettina Weiguny beschloss, statt eines Firmenporträts gleich ein ganzes Buch über die Wunderlimonade zu schreiben: *Bionade. Eine Limo verändert die Welt.*[375] Das Buch liest sich wie ein atemloser Abenteuerroman. Man kann darin auf 250 Seiten die Autorin beim Staunen darüber begleiten, »wie eine bankrotte Bierbrauerei das Kultgetränk des Jahrzehnts kreierte«.

Das Buch erzählt Geschichten von Glück und Verzweiflung, von großen und kleinen Pannen und schier unglaublichen Zufällen, von deutscher Tüchtigkeit, ländlichem Starrsinn, von Größenwahn und Aufstiegsträumen, von kleinunternehmerischer Arglosigkeit und Gewieftheit, von Machern und Anpackern, vom Aufstieg von ganz unten, vom kleinen Wirtschaftswunder in einer wunderarmen Zeit, von unfreiwilligen Unterstützern, von richtigen Ort zur richtigen Zeit, von David gegen Goliath.

Die großen Zeitungen und Magazine haben sie alle einzeln aufgeschrieben – was nicht zuletzt daran liegt, dass Kowalsky sich von einem Berater davon hat überzeugen lassen, dass es eine ziemlich gute Idee sei, Bionade in den Kantinen der großen Medienhäuser in Hamburg, Berlin und Köln zu vertreiben, weil das Journalisten viel neugieriger mache als eine Pressemitteilung, die doch nur ins Altpapier wandert. Alle haben den Mythos dieser einzigartigen Limonade genährt und die Marke so emotional aufgeladen, dass sie zu einer identitätsstiftenden Chiffre des Lebensgefühls LOHAS geworden ist und zu einem Attribut dieser scheinbaren Bewegung, die die *FAZ* als »Bionadisierung der Gesellschaft« bezeichnete.[376] Wenn Coca-Cola das Getränk der freien Welt ist, ist Bionade das der Weltrettung. Mit Weltrettung hat

Bionade allerdings überhaupt nichts zu tun, genauso wenig wie die LOHAS, und so ähneln sich die beiden Phänomene ganz erstaunlich.

Als Dieter Leipold in seinem Wohnzimmer an einer Limonade herumtüftelte, hatte er überhaupt nicht vor, ein Lifestyle-Öko-Produkt zu kreieren – es waren die späten 80er Jahre, es gab zwar eine politische Umweltbewegung, aber so etwas wie eine ernährungsbewusste Elite, die Öko mal als Lifestyle feiern sollte, das konnte man sich damals kaum vorstellen. Acht Jahre experimentierte der Mann. Er wollte eine Limonade herstellen, die anders ist als die übrigen Brausen, anders vor allem als Coca-Cola und das sonstige Zuckerzeug, weniger süß, weniger ungesund, hergestellt aus natürlichen Inhaltsstoffen, ohne Chemie und mit einem ganz anderen Verfahren. Die Fermentierung, also Vergärung von Malz, hatte sich Leipold patentieren lassen.

Mit Bio hatte Bionade anfangs überhaupt nichts zu tun – der Name bezog sich schlicht auf den biotechnologischen Herstellungsprozess. Der Name mit dem Wörtchen Bio erwies sich sogar als Handicap, denn die Brauerei wollte ganz und gar nicht in die Öko- und Müslinische hinein, sondern in großem Stil verkaufen. Ein neues Volksgetränk sollte Bionade werden. Doch der Name schreckte Getränkemärkte und Gaststätten erst mal ab – und schlimmer noch: Er verstieß gegen die EU-Öko-Verordnung. Weil Bio ein geschützter Begriff ist, darf das Wort nur draufstehen, wo Bio drin ist. Weil sich die Brauerei 1990 den Namen für viel Geld hatte schützen lassen, kam ein neuer nicht infrage. Um ihn behalten zu können, mussten die Hersteller eine Bio-Limonade machen. Dumm, dass sie ausgerechnet Zutaten gewählt hatten, die damals, lange vor dem Bio-Boom, kaum in der Öko-Variante zu haben waren: Orange, Holunder, Ingwer und Litschi. Sie trieben so viel wie nötig davon auf – 2000 hatten sie das Siegel. Allerdings ist es bis heute so, dass es nicht genügend Bio-Litschis gibt auf dem Weltmarkt. Mittlerweile verarbeitet Bionade zwischen 200 und 300 Tonnen der asiatischen Kirschen. Auch solche aus konventionellem Anbau: Die EU-Verordnung erlaubt, dass 5 Prozent eines Produktes mit Bio-Siegel aus konventioneller Erzeugung stammen dürfen, wenn es keine Öko-Alternative gibt. Darauf stützt sich Bionade so lange, bis die Bio-Litschi-Plantagen, die Bionade in Südafrika aufbaut, genug Früchte tragen.

Bevor Bionade Weltrettungsgetränk wurde, war es ein Szenegetränk. Es traf sich bestens, dass Ende der 90er Jahre die Retrowelle durch die großen Städte schwappte. Denn Bionade hatte von Haus aus einen Retrolook. Die technischen Möglichkeiten des Betriebs ließen nur die Abfüllung in Bierflaschen mit Kronkorken zu. Man entschied sich für die weißen 0,33-Liter-Corona-Flaschen, damit das Getränk nicht nach Bier aussah.

1994 kam Bionade auf den Markt – mit einem selbst entworfenen Etikett, das eine grüne Hügelkette der Rhön unter einer blassgelben Sonne zeigte. Das provinzielle Design war allerdings nicht großstadttauglich. Also holte sich die Brauerei eine kleine Fuldaer Agentur ins Haus – Berater hatte man sich aus Kostengründen bislang vom Hals gehalten –, die das Retrodesign mit dem weiß-roten Schriftzug auf dunkelblauem Grund perfektionierten. Der blau-weiß-rote Kreis, der das »O« markiert, ziert auch den Kronkorken. Eigentlich ist er das Emblem der britischen Royal Air Force, das passte zufällig auch noch zu den Brit-Pop-Songs, die in den Bars und Clubs der angesagten Städte zu dieser Zeit gespielt wurden.

In Hamburg stellte Bionade-Chef Peter Kowalsky dem Großhändler Göttsche, der fast drei Viertel der Hamburger Lokale beliefert, sein Getränk vor, das damals noch gar nichts mit Bio zu tun hatte. Dieser war sofort begeistert und lieferte das Getränk an die Szeneläden im Schanzenviertel und auf St. Pauli aus, in denen sich auch die Kreativen herumtrieben. Irgendwann ließ Bela B von der Band »Die Ärzte« das Wort Bionade in einem Interview mit der *ZEIT* fallen, und auch die Gewerkschaftspopband »Wir sind Helden« sah man aus den blau etikettierten Flaschen trinken. Zwischen 1998 und 2000 verdoppelte Bionade den Absatz auf mehr als eine Million Flaschen, die Hälfte davon wurde in Hamburg getrunken. Dass es davon zu wenig gab, kurbelte den Absatz erst recht an. Nichts macht ein neues Produkt begehrenswerter und wertvoller als die Aura des Geheimtipps. Denn Geheimtipps sprechen sich genau da herum, wo man gern hinmöchte mit einer Marke: innerhalb der Zielgruppe. Ganz ohne Werbekampagne. Denn was die Verbreitung neuer Styles angeht, kann man ganz seiner Peergroup vertrauen. Man kann die Erfolgsgeschichte in Hamburg als glücklichen Zufall verbrämen. Man kann es auch virales Marketing nennen: Die gezielte Mundpropaganda ist ein gängiges Mittel der Werbung, seit klassische Fernsehwerbung nicht mehr richtig zieht bei jüngeren und anspruchsvollen Zielgruppen. »Word-of-Mouth-Marketing« nennen es Werbefachleute. In den USA ist das Praxis, in Deutschland ist die Mundpropaganda ebenfalls professionalisiert. Die Münchner Agentur *trnd* hat 120 000 Partner, die neue Produkte testen und diese im eigenen Bekanntenkreis vertreiben oder in Internetforen empfehlen.[377] Nicht so offensichtlich wie bei einer Tupperparty, sondern subtil, bei einer Einladung zu Hause, wo es dann etwa eine neue Tiefkühlpizza zu essen gibt: »Mhm, also mir schmeckt die. Und euch?«

Zwischen 2000 und 2004 steigt die Zahl der abgefüllten Bionade-Flaschen auf 7 Millionen, 70 Millionen sind es im Jahr 2006. Mittlerweile wird Bionade überall getrunken: in Kindertagesstätten, Szenebars, Jugendherbergen, Bioläden und Vorstandsetagen – und auch bei McDonalds, im Bahnbistro und in der Ikea-Caféteria.

Alle können sich darauf einigen. Nicht zuletzt, weil die gesündere und schickere Bio-Limonade aus der Provinz die Retro-, Wellness- und Lifestyletrends bedient und außerdem eine Aura von Heimat und Regionalität besitzt, die die Sehnsucht der Großstädter nach Einfachheit und Naturidyll stillt. Obwohl Bionade mit Regionalität gar nicht viel gemein hat, kommen doch die Zutaten von überallher. Die Bio-Zuckerrüben sind zum Teil aus der Rhön, die Bio-Gerste vollständig. Den Bio-Holunder lässt Bionade mit dem hauseigenen Projekt »Bio-Landbau-Rhön« erst seit 2005 tatsächlich in der Gegend anbauen. Ein riesiges Schild in Bionade-Optik weist vor Ort unübersehbar darauf hin – das Holunderfeld kann man sich auf der Bionade-Homepage per Webcam anschauen.[378] Allerdings deckt der Bio-Holunder, der auf 12,5 Rhön-Hektar angebaut wird, nicht den ganzen Bedarf, der fünfzehnmal höher ist.[379] Schein und Sein würden gar keine große Rolle spielen, wenn man Bionade schlicht als das sehen würde, was sie ist:

eine wohlschmeckende Alternative zu den üblichen, viel zu süßen Softdrinks. Ein Getränk, das man hervorragend in Clubs trinken kann, weil man es dank der Bierflaschen viel besser in der Hand hält als Trinkgläser, deren Inhalt einem allzu leicht auf die Hose schwappt, sobald man angerempelt wird. Eine Brause, die selbst nach der dritten Flasche noch schmeckt, während man nach zwei großen Apfelschorlen schon genug hat. Eine Limonade, die tatsächlich gesünder ist als die völlig überzuckerte Cola oder andere Softdrinks mit künstlichen Geschmacksstoffen. Und dass die damals schwer angeschlagene Brauerei damit nicht die Welt verbessern, sondern ganz einfach Geld verdienen wollte – ja nun, das sei ihr zugestanden.

Im Jahr 2007 wollte die Brauerei ihren Umsatz nach eigener Aussage verdoppeln. Da traf es sich ganz hervorragend, dass der LOHAS-Trend zu dieser Zeit vielfältige Blüten in Deutschland trieb. Was hätte sich also besser zur Umsatzsteigerung geeignet als das gute Gewissen dieser neuen, gut verdienenden Zielgruppe, die gern ethisch korrekt einkauft? Im Frühsommer des Jahres 2007 präsentierte sich Bionade in seiner ersten Werbekampagne dann als »Das offizielle Getränk einer besseren Welt«. Die Botschaft: Wer Bionade trinkt, gehört zu den Guten, irgendwie. Die Werbeplakate zeigten die Getränkeflaschen auf sommerlich buntem Untergrund, umgeben von Vögeln, Schmetterlingen und Blumen, darunter stand eine Internetadresse: www.stille-taten.de.

Die Seite ermunterte ihre Besucher zu einer Guerilla des Guten: nämlich anderen Menschen heimlich eine Freude zu bereiten. Etwa das Auto des Nachbarn heimlich waschen. Der Supermarktkassiererin ein kleines Geschenk auf das

Förderband legen. Jemandem einen ausgefüllten Lottoschein zukommen lassen. Die Wohltäter sollten unbedingt anonym bleiben, aber eine auf der Website ausdruckbare Karte mit der Internetadresse dazulegen. Auf dieser fand der Beglückte dann zwar nicht seinen Gönner – dafür aber den Schriftzug der topguten Limonade. »So will das Unternehmen die Glücksgefühle, die die erfahrenen Wohltaten auslösen, mit dem eigenen Namen in Verbindung bringen und eine möglichst starke emotionale Beziehung zwischen seinen Produkten und den Begünstigten aufbauen«, schrieb der Konsumkritiker und Autor des Buches *Habenwollen. Wie funktioniert Konsumkultur?*[380], Wolfgang Ullrich in der *taz*.[381]

Die Limonade gab sich als sympathische Initiatorin gelebter Nächstenliebe – irgendwie muss man den Bezug zur besseren Welt ja herstellen – und verkaufte seither ein gutes Gewissen, das Gefühl, das Richtige zu tun, und moralischen Mehrwert.

Bionade und ihr Erfolg sind ein Lehrstück für Werber, Ökonomen und Brandingspezialisten. »Bionade hat den Claim im Segment abgesteckt«, sagt Karen Heumann von der Agentur Jung von Matt, »das ist ein Vorzeigefall.«

Bionade ließ die Riesenplakate mit dem neuen Slogan ausgerechnet wenige Tage vor dem G8-Gipfel in Heiligendamm in fünfzehn großen deutschen Städten an Haus- und Plakatwände kleben.[382] »Ein saudummer Zufall«, behauptet Peter Kowalsky treuherzig in Weigunys Buch: »Wir haben den G8-Gipfel überhaupt nicht beachtet. Jetzt werden wir sofort damit in Verbindung gebracht. Wir werden den Teufel tun, uns in irgendeine Ecke drängen zu lassen. Das wollen wir

nicht.«[383] Das heißt: Falls man damit nur irgendwie haufen-
weise Sprudel verkaufen kann, natürlich schon.

Man tut sich schon sehr schwer, Kowalsky zu glauben,
dass nun auch das wieder nur ein Zufall gewesen sein soll:
Die ausführliche Berichterstattung im Vorfeld des Gipfels in
dem mecklenburgischen Seebad sollte selbst Ostheim vor
der Rhön erreicht haben. Schließlich war es das erste Treffen
der Wirtschaftsmächtigen in Deutschland, seit G8-Gipfel
(ausgehend von Genua 2001) mit massiven Protesten und
Ausschreitungen begleitet werden. Zumindest der großen
Hamburger Agentur Kolle Rebbe – »Wir handeln mit krea-
tiver unternehmerischer Intelligenz«[384] –, die die Kampagne
entwickelt hat, dürften die Vorbereitungen des G8-Gipfels
nicht entgangen sein. Laut Weiguny sei Bionade als besseres
Antigetränk in Heiligendamm von den konsumkritischen
Gipfelgegnern getrunken worden, sie hätten sich gar Bio-
nade-Kronkorken als Button angesteckt.[385] Auch wenn die
linksalternative Szene selbst vermutlich eher nicht für höhere Gewinnmargen gesorgt hat, so hat sie der Limonade
doch eine Aura von Widerstand und Subversion verliehen
und den Wert als Gegenmarke gesteigert. Ganz und gar kostenlos.

Der Konsumkapitalismus hat den Protest längst ökonomisiert. Seit den 60er Jahren spielt die Werbung ironisch und
provokant mit Insignien des Widerstandes oder Chiffren von
linkem Protest, manche Werbeslogans ähneln in ihrem Duk-
tus den Botschaften auf Demobannern: »Radikalisiert das
Leben!« warb der Musiksender Viva Zwei; »Action!« nannte Jeanshersteller Diesel eine Kampagne und zeigt auf einem
Plakat Sprayer, die ein Grafitti mit der Botschaft »Legalize

the 4 day weekend« auf einer Wand anbringen. Europcar warb mit Che Guevara (»Auch Du kannst Großes bewegen!«), die Autovermietung Sixt mit Bildern von Globalisierungsgegnern, die Molotowcocktails werfen (»Anstrengende Woche für Kapitalismusgegner. Erst der G8-Gipfel, dann die Sixt-Hauptversammlung«), der Reiseveranstalter L'Tour modelte das Anti-Atomkraft-Emblem mit der roten Sonne auf gelbem Grund für seine Zwecke um: »Sauwetter? Nein danke.« In einem Werbespot sah man unlängst Che Guevara, Karl Marx und Fidel Castro auf einer Veranda plaudern, im Hintergrund tauchen auch Lenin, Mao Tse Tung, Mahatma Gandhi, Rosa Luxemburg, Ho Chi Minh und Martin Luther King auf. »Mal wieder Zeit für eine Revolution« sagt Che. Marx antwortet: »Es sollte um die Bedürfnisse des Menschen gehen.« Man kann beiden nur zustimmen. Nur leider geht es um den »ersten Kombi, den man sich leisten kann«[386]. Wie deprimierend.

Das Wort Revolution ist heute im Reich technischer Innovationen und Produktneuheiten angesiedelt, ihre historischen Vertreter wie Che Guevara, dessen berühmtes Porträt von Alberto Korda nicht nur T-Shirts, sondern auch Papiertaschentücher ziert, sind Ikonen der Popkultur. Der Look von Revolution und Widerstand verspricht Unangepasstheit, Subversion und Coolness. Auch Bionade spielt damit. 2008 warb die Brauerei in ihrer neuen Kampagne »Botschaften« mit Slogans wie: »Jede Revolution beginnt mit einem leichten Prickeln«, »Wir stehen links neben der komischen Brause, zu der die anderen immer greifen«, »Kaufe nur, woran du wirklich glaubst« und »Liebe 68er, sorry wegen der 40 Jahre Verspätung«.[387] Dass die kleine Brauerei sich im selben Jahr erfolgreich gegen die Übernahme durch den Coca-Cola-Konzerns wehrte und Nachahmer der Bio-Limonade juristisch in ihre Schranken wies, ergänzte den Revolutionscharakter nur: »Die größte Leistung unserer Mitbewerber liegt darin, dass sie uns noch vor den Chinesen kopiert haben«, »Von führenden US-Getränkeherstellern nicht empfohlen«, »Ich möchte als Bionade wiedergeboren werden, sagt die indische Cola«, »Eine Cola würde ihren Kindern Bionade zu trinken geben« waren ebenfalls Slogans der »Botschaften«-Kampagne aus dem Hause Kolle Rebbe.

So kam es, dass Bionade zum Emblem der LOHAS wurde. Auch wenn das Gute eher ins Reich der Legende fällt: So beurteilte das Verbraucherschutzmagazin *Ökotest* die Bionade-Sorte Ingwer-Orange nur mit »befriedigend«, weil sich etwa sechs Stück Zucker in jeder Flasche befänden. Bionade ging per einstweiliger Verfügung gegen *Ökotest* vor, die Messmethoden seien »falsch«, es könnten maximal 4,7 Stück Zucker drin sein.[388] Außerdem lässt Bionade, das sich mit dem Kampf gegen Coca-Cola selbst den Anschein des Antikapitalistischen verliehen hat, seine Getränkekisten unter anderem von der Coca-Cola-Tochter CCE vertreiben. Woran man als Getränkehersteller vermutlich kaum vorbeikommt, weil der Weltkonzern auch in Deutschland der mächtigste Distribuent ist. Die Auslieferung an den Superkapitalisten McDonald's hingegen war selbst gewählt und diente allein der Umsatzsteigerung. Was eigentlich ein ziemlicher Widerspruch ist, war für einige LOHAS aber viel eher ein Beleg dafür, dass man böse Firmen mit guten Produkten entern kann. Als Bionade allerdings allzu deutlich sein Geschäftsinteresse durch eine Preissteigerung von einem Drittel ausdrückte, weil das Original ja schließlich am teuersten sein muss, gab es Unmut unter den Kunden und einen Absatzrückgang bei Bionade.[389]

Gut, dass Bionade da bereits eine neue Geschmacksrichtung plante, die vor allem die Authentizitätssehnsucht der Genusselite ansprechen sollte. Die Bionade in der Geschmacksrichtung Quitte sei »eine Hommage« an die fast vergessene Frucht, die auf dem besten Weg sei, das neue Modeobst zu werden. Das kommt nun wirklich aus der Rhön: »Wie so oft, liegt das Gute ganz nah. In unserem Fall war es ein Acker mit Quitten in unserer Rhön-Region. Eigentlich wollte ein befreundeter Fruchtsafthersteller dort neue Apfelbäume pflanzen. Weil diese aber nur sehr langsam wachsen, entschied er sich, Quittenbäume dazwischenzusetzen, die viel schneller Früchte tragen. Ohne dass er für die Quitten schon eine echte Verwendung hatte! Das hat mich nicht mehr losgelassen. Irgendwann wusste ich: Die Quitte ist es, die passt zu Bionade. Sie ist anders als alle anderen Früchte, die zu Erfrischungsgetränken verarbeitet werden – genauso wie Bionade eben anders als alle anderen ist«, sagt Peter Kowalsky.[390] Eine wirklich schöne Geschichte.

Kapitel V
Politik und Gesellschaft

»Well, tonight thank god
It's them instead of you.«
Von Bono gesungene Zeile des Band-Aid-Songs
»Do they know it's Christmas«

1. Die LOHAS und ihre Kinder: Auf dem Weg in eine neue Kastengesellschaft

»Nein, nimm das wieder heraus, Leon-Alexander. Joghurt hat die Mama doch gestern schon gekauft, die Karotten, die sind deine Aufgabe. Jaaaa, so ist es gut, und jetzt noch einen Bund, zwei brauchen wir, zwei. So, und dann schauen wir mal, was die Mama uns noch aufgeschrieben hat. Ah, Arborio-Reis. Leon-Alexander! Nicht Mehl, das ist Mehl, M-e-h-l!« Der Sohn, er ist höchstens zweieinhalb Jahre alt, schaut den Vater aus großen Kleinkinderaugen an. Wahrscheinlich lernt er schon seit der sündteuren, ganz auf seine Bedürfnisse abgestimmten Krabbelgruppe Englisch, da ist es wohl nicht zu viel verlangt, den Unterschied zwischen Arborio-Reis und Mehl zu kennen. Leon-Alexander greift tapsig nach irgendeiner Packung im Regal, vermutlich würde er liebend gern einfach ausräumen und zuschauen, wie Mehlpackungen puffend und staubend aufplatzen und Arborio-Reiskörner auf den Boden kullern. Der Vater stellt die Packung kopfschüttelnd zurück. »Und Nudeln brauchen wir noch, Nudeln, die kennst du doch, oder?« Der Vater brüllt seine Anweisungen durch den Laden, soll nur jeder sehen und hören, dass dieses, sein Kind ein besonderes ist, das schon früh eigene Aufgaben bewältigen kann. Ganz anders als die stumpf vor sich hin sabbernden kleinen Idioten, die in den gewöhnlichen Supermärkten in die engen Drahtklappen der Einkaufswagen geklemmt sind, in die ihre Eltern nur ungesundes Zeug räumen.

Es ist ein gewöhnlicher Samstag in einem kleinen Münchner Bio-Markt. Unter der Woche ist der Laden vergleichsweise ruhig, bis sich abends arbeitsmüde Menschen durch die Gänge schleppen, um nach Feierabend noch schnell einzukaufen. Am Samstag kommen die Familien, die neuen Mütter und Väter, die Genusselite, für die der Bio-Einkauf mit Kind ein sinnstiftendes Erlebnis ist. Wenn man samstags in einem Bio-Supermarkt einkauft, hat man nicht eben das Gefühl, dass es hier um Weltrettung geht, sondern um die Demonstration des eigenen, besseren Lebensstils.

Samstag ist Showtime. Da verstopfen die großen Kinderwagen und Kleinkinder auf Lauffahrrädern aus Holz die engen Gänge, da wird lauthals darüber diskutiert, ob Schokolade, auch wenn sie Bio ist, wirklich gut ist für das Kind. Da fuchteln Mütter mit Biobaumwollsocken vor der Nase ihres Babys und fragen: »Lieber blau oder lieber rot?« Da stehen die Mütter vor der Käsetheke und lassen das Kleinkind auf dem Arm seelenruhig den Bio-Käse durchprobieren, um zu

schauen, bei welcher Sorte denn Lillimee oder Louis das Ge-
sichtchen nicht ganz so sehr verziehen. Währenddessen bildet sich hinter ihnen eine lange, geduldige Schlange, in der
erstaunlicherweise keiner die Fassung verliert. »Vielleicht
probieren wir mal ein Stück Taleggio? Nein? Auch nicht,
mein Schatz?« Schließlich läuft es doch auf stinknormalen
Gouda hinaus, man hätte es sich denken können, da sind
leider auch die Kinder der Genusselite nicht anders als die
anderen, auch wenn das den LOHAS-Eltern nicht gefällt.
Vor dem Bio-Laden spielt ein Vater mitten im samstagvor-
mittäglichen Einkaufsgedränge Ball mit seiner Tochter, alle
anderen müssen dem Vater-Kind-Idyll ausweichen. Auf der
Straße davor schieben sich mächtige familienbepackte Off-
road-Wagen aneinander vorbei, sie werden in zweiter Reihe
geparkt, damit Mama schnell rausspringen und einen Kasten Bionade kaufen kann. Ein Kampf der Giganten im schüt-
zenden Familienpanzer.

»Zu den LOHAS zu gehören, das heißt ganz stark: Arbeit
und Familie, Selbstverwirklichung und Erziehungs- bzw.
Gefühlsarbeit neu zu definieren«, schreibt Eike Wenzel in
seinem LOHAS-Buch.[391] Kinder sind ein wesentlicher Bau-
stein des Öko-Lifestyles. Manche LOHAS sind überhaupt
erst zu solchen geworden, weil sie Kinder bekommen haben. Viele der LOHAS-Erweckungsgeschichten beginnen
mit der Geburt des ersten Kindes und dem damit verbundenen neuen Blick auf die Welt. Dass es um selbige nicht
besonders gut bestellt ist, bemerken viele erst, wenn es um
die Zukunft der eigenen Brut geht. Utopia-Chefin Claudia
Langer erzählt immer wieder, dass die Initialzündung zum
ökokorrekten Leben mit den eigenen Kindern kam, denen

man schließlich keinen derart ramponierten Planeten hinterlassen wolle. Ihr erstes Kind, sagt Claudia Langer, habe »den Schalter umgelegt«. Von da an habe es nur noch Bio gegeben. Der erste Schritt Richtung LOHAS-Familie führt immer in den Bio-Markt. Auch die Macher der mittlerweile eingestellten Zeitschrift *Ivy* schrieben, dass das einstige Umweltbewusstsein aus der Schulzeit mit den materiellen Verheißungen der Berufskarriere schnell erloschen sei, nun aber zurückkehre mit dem Bemühen, »unseren Kindern diese Welt mit gutem Gewissen zu hinterlassen«[392]. Die Betonung liegt natürlich auf »unsere«, denn die Egozentrik der LOHAS-Eltern schwindet mit dem Nachwuchs keinesfalls, sie erweitert sich nur auf denselben: Das neue »Wir« wird in Monaden des Guten der LOHAS-Familien gelebt.

Weil die Bildungselite wegen beruflicher Selbstverwirklichung viel später Nachwuchs bekommt als Eltern mit beruflichen Normalbiografien, ändert dies das Leben wesentlich radikaler als das von Eltern mit frühem Kinderwunsch.

Bei den LOHAS ist dieser mit ganz anderen Ansprüchen und Erwartungen verbunden. Die Opfer sollen sich schließlich rentieren. Das Kind wird zum individuellen Projekt, zum Zentrum des Gestaltbaren, zur Projektionsfläche des eigenen Selbst: »Individualität (der Kinder, des Vaters, der Mutter oder anderer Erziehungspartner) bekommt in diesen neuen familiären Netzwerken deutlich mehr Raum«, schreibt Wenzel.

Individuell heißt hier vor allem: anders als die anderen. Besser. Den Wunsch nach Besonderheit und Einmaligkeit ihrer Eltern tragen die Kinder schon in ihren Namen: Man soll sich Emmylou, Cyril, Finn-Romeo, Lana-Mae, Mia-Linn und Lilith-Tabea beziehungsweise Friedrich, Leander und Josephine gar nicht erst als Postbote, Kassiererin, Taxifahrer oder gar Hartz-IV-Empfänger vorstellen können.

Bio als neue Schichtgrenze

In dem Buch *Lohas – alles über die neuen grünen Lebenswelten* beschreibt Eike Wenzel eine paradigmatische LOHAS-Kleinfamilie als lobenswertes Beispiel für das neue individuelle Familienmodell. Roman Z. und Anna P. leben natürlich am Prenzlauer Berg, beide arbeiten in der Medienbranche, sie haben einen obligatorischen »Prenzlzwerg«, die zweijährige Tochter Leonie. Ihr Lebensentwurf sei eine Mischung aus Bildungsbürgertum, »weil man sich auf hohes Gehalt und hohe Qualifikation verlassen kann«, Studenten-WG, weil Mann und Frau sich die Aufgaben teilen, und neoaristokratisch, »weil für zeitliche Engpässe und um Frustrationen zu vermeiden, selbstverständlich eine kolumbianische Nanny zur Verfügung steht, die die Tochter auch mit ein wenig Spanisch vertraut machen soll.« Eine »neubürgerliche Lebensform, die genussvoll im Hier-und-Jetzt lebt und ohne schlechtes Gewissen der neuen Lust am Affirmativen frönt«[393].

Schön für Anna P. und Roman Z., dass sie gut genug verdienen, um solche Sätze sagen zu können: »Wenn es dein Leben ist, dann lebe jetzt und warte nicht, bis morgen – vielleicht – die Konjunkturdelle überbrückt und der Sozialstaat – vielleicht – wieder flüssig ist.«[394]

Das Paar sei von einer »Tätigkeits- und Aktionslust angetrieben, die atemberaubend ist«: Im Kindergarten der

Tochter hätten sie mit anderen gleichgesinnten Eltern dafür gesorgt, dass eine Sauna eingebaut wurde, finanziert von den Eltern. Natürlich seien sie auch an der Einführung von Bio-Essen beteiligt gewesen. »Engagement ist ganz an die eigene Lebensform geknüpft«, lobt Wenzel. Man kann auch sagen: Sie engagieren sich nur für die ureigenen Interessen, die sie zufällig mit ihnen Ebenbürtigen teilen. »Wir denken an solche Menschen, wenn wir von LOHAS und moralischen Hedonisten sprechen. Wir meinen solche Identitätsentwürfe: eine Kultur des Engagements und der Verantwortung, die vom Staat keine ›Pamperung‹ mehr verlangt. Selbstverantwortung wird als Aufgabe, nicht als Last empfunden.«[395]

Solche Sätze haben so oder so ähnlich auch schon Friedrich Merz, Gerhard Schröder, Hans-Werner Sinn und Hans-Olaf Henkel gesagt. Worin genau steckt hier also die Moral? Für wen außer sich selbst und ihresgleichen tragen die beiden Vorzeige-LOHAS Verantwortung? Welchem Spitzenbeitrag zur Gesellschaft soll man hier applaudieren? Dem Willen derselben nicht »auf der Tasche« zu liegen? Oder der Einrichtung einer Sauna für Kleinkinder, die nur denen zugutekommt, die dafür bezahlen können? Vielleicht demnächst noch der Errichtung einer kindgerechten Sushi-Bar? Wird man vom Staat »gepampert«, wenn dieser seiner verfassungsgemäßen und ureigenen Aufgabe nachkommt, Bildung und Betreuung *allen* seinen Bürgern zukommen zu lassen? Weil Gerechtigkeit nur möglich ist, wenn Erziehung und Bildung als eine gesamtgesellschaftliche Aufgabe angesehen wird? Ist die so genannte »Bildungsmisere« nicht eine Ursache dafür, dass die Schichten immer mehr auseinanderdriften? Ist der »Wertewandel«, der dem Phänomen LOHAS zugrunde liegt, in Wahrheit einfach nur die asoziale Idee, dass jeder für sich selbst verantwortlich ist? Ist das die Gesellschaft, in der wir leben wollen?

Es ist jedenfalls nicht die, die sich Barbara Fromm und Florian Melcher* aus Frankfurt für sich und ihre Kinder wünschen. Sie möchten, dass diese zu toleranten, selbstbewussten, klugen und sozialen Menschen heranwachsen. Das Paar ist Mitte dreißig, es hat sich während des Studiums kennen gelernt und früh die erste Tochter bekommen. Barbara Fromm ist gerade mit ihrer Doktorarbeit in Geschichte fertig geworden, sie schreibt als freie Historikerin Beiträge für Fachzeitschriften, mal gut, mal weniger gut bezahlt. Bald arbeitet sie für eine Weile gar nicht mehr, sie erwartet ihr drittes Kind. Florian Melcher ist wissenschaftlicher Mitarbeiter in einem Museum. Sie leben in einer hübschen Altbauwohnung; sie hatten großes Glück, eine bezahlbare zu finden. Mit bald drei Kindern und nur einem festen Job müssen beide ständig rechnen. Barbara kann sich zwar auf ihre »hohe Qualifikation« verlassen, nicht aber auf ein »hohes Gehalt«.

Für die beiden Töchter haben die Eltern Plätze in ihrer Wunscheinrichtung bekommen, einem der ersten Kinderläden der Stadt, gegründet 1969 von linken Pädagogen der APO-Bewegung. Der Kinderladen ist ein Haus mit einem wilden Garten drumherum, in dem Kinder unterschiedlicher sozialer Schichten und Herkunft sowie behinderte Kinder spielen, lernen, musizieren und Theater spielen. Betreuung und Erziehung finden in Absprache mit den Eltern statt und

* Namen geändert

mit deren Beteiligung. Der Kinderladen wird von einem Verein getragen und bekommt städtische Zuschüsse. Trotzdem macht das Betreuungsgeld, je nachdem, wie viel beide gerade verdienen, gut ein Viertel ihres Einkommens aus. Dreißig Plätze gibt es nur, sie sind heiß begehrt. Florian Melcher sagt, dass zunehmend Eltern ihre Kinder in die Einrichtung brächten, »die sehr hohe Ansprüche haben, was ihre Kinder angeht«. Es sind Besserverdienende, die den alternativen Touch der Traditionseinrichtung schick finden. Der Museumsangestellte meint, er staune nicht schlecht, »in welch unglaublichen Wohnungen« die Eltern der Freunde seiner Töchter lebten, wenn er diese bei ihnen vom Spielen abhole. Die könnten es sich auch leisten, die Kinder zusätzlich zum Geigen- und Ballettunterricht zu schicken, manche von ihnen sprächen zu Hause englisch mit den Kindern. Mit der Forderung, Englisch auch im Kindergarten einzuführen, seien sie zum Glück bislang nicht durchgekommen. Mit einer aber schon: Zu essen soll es nur Bio geben. Bio ist das Beste fürs Kind, was gibt es denn da groß zu diskutieren? In der Einrichtung wechseln sich die Eltern mit Kochen ab. »Dann müssen wir für dreißig Kinder im Bio-Laden einkaufen, das haut ganz schön rein«, sagt Barbara Fromm. Für viele andere sei das eine Selbstverständlichkeit: »Bei denen zu Hause gibt es natürlich nur Bio. Würden wir auch gern so machen, aber leider können wir uns das nur ab und zu leisten.«

Es hätten Kinder, die bei ihnen zu Hause zum Abendbrot geblieben seien, schon skeptisch auf den abgepackten Käse geschaut: »Ist das Bio?« Manchmal antwortete Barbara Fromm darauf einfach mit Ja. Sind die neuen Schmuddelkinder also die, bei denen es kein Bio z Hause gibt?

Anna P. und Roman Z. leben in einem »weltoffenen Mikrokosmos, in dem Staat und Politik indes kaum noch vorkommen«. Schon klar, wenn man in einem gentrifizierten Stilghetto wie Prenzlauer Berg lebt, in dem einem kein Unterschichtselend mehr begegnet, weil man es an den Rand der Stadt gedrängt hat, verliert man leicht den Überblick. Vor allem, wenn man sich in der Gesellschaft von Eltern befindet, die alle nur das Beste für ihr Kind wollen. 174 auf Kinder spezialisierte Geschäfte gibt es in dem elf Quadratkilometer großen Stadtteil. Mit Kindern von Besserverdienenden lässt sich ein prima Geschäft machen. Dabei ist die angeblich so hohe Geburtenrate, die dem Stadtviertel den Namen »Pregnancy Hill« eingebracht hat, ein Mythos: Auf 1 000 Frauen im Alter zwischen 15 und 45 Jahren kommen pro Jahr 35 neu geborene Kinder. Das ist weniger als in den sozial schwachen Stadtteilen Neukölln (Rütli-Schule!) und Wedding.[396] Aber wen interessieren schon die Kinder aus Verliererfamilien?

Man kann auch sagen, dass sich die LOHAS als neue Elite ebenso aus der Gesellschaft verabschiedet haben, wie es Großbürgertum und Wirtschaftsbosse längst getan haben. Denn LOHAS ist kein Prinzip, das auf Gemeinschaft setzt, sondern eines, das die Ausgrenzung schlechter gestellter Schichten weiter vorantreibt.

Die Förderung des eigenen Nachwuchses dient keinesfalls der Gesellschaft, sondern dem Bestandserhalt der eigenen Art. Dass den öffentlichen Einrichtungen zur Kinderbetreuung an allen Ecken und Enden das Geld fehlt, dass Erzieherinnen kommunaler Kitas verzweifelt für mehr Geld und bessere Arbeitsbedingungen streiken, dass in städtischen Kindergärten zu viele Kinder in zu großen Gruppen betreut und oft nur noch verwahrt werden, ist für diejenigen, die sich eine private Einrichtung leisten können, kein Grund zur Sorge. Es ist für sie nicht mal ein Grund, darüber nachzudenken –, dass womöglich etwas grundlegend schiefläuft, wenn eine so wichtige gesellschaftliche Aufgabe wie die Bildung und Erziehung der Kinder nicht besser bezahlt wird als ein Aushilfsjob. Es ist auch kein Anlass für Engagement. Sondern ein Entscheidungskriterium. Für eine private Betreuung, in der das Kind auch wirklich im Mittelpunkt steht. Für ein Au-pair, das in der großen schicken Eigentumsaltbauwohnung natürlich ein eigenes Zimmer bekommen kann. Früher war es eine vergleichsweise überschaubare Anzahl von Elitekindern, die vor dem Eintritt ins teure Eliteinternat von Kindermädchen betreut wurde oder in einem Privatkindergarten. Nun ist dieses Modell auch in der besser verdienenden Mittelschicht verbreitet.

»Wir sehen jedes Kind als einzigartiges Individuum. Unser pädagogisches Konzept sieht vor, individuell auf die Bedürfnisse und Interessen eines jeden Kindes einzugehen. Dadurch wollen wir die Entwicklung eines gesunden Selbstbildes und Selbstvertrauens fördern.«[397] So beschreibt die private Betreuungseinrichtung für Kleinst- und Kindergartenkinder »Little Giants«, die 2005 von Peter und Jelena Wahler in Stuttgart gegründet wurde, ihre Leistung. Der Ingenieur und die Unternehmensberaterin hatten während des MBA-Studiums in den USA ihr erstes Kind in einer ähnlichen Einrichtung untergebracht, für das zweite Kind konnten sie in Deutschland indes nichts Passendes finden. Und weil auch ihre Freunde und Geschäftskollegen eine derartige Einrichtung vermissten, die gezielt und individuell ihre Kinder förderte, gründeten Wahlers einfach selber eine.

»Das war Notwehr«, sagt Jelena Wahler. »Deutschland ist dreißig Jahre zurück«, ergänzt ihr Mann.[398]

Man wünschte, es wäre so: In den 70er Jahren gab es immerhin einen halbwegs stabilen Sozialstaat, der einem in der Rückschau fast schon wie Sozialismus vorkommt. Jedenfalls gab es keine streikenden Erzieherinnen, die gerade mal knapp am Existenzminimum herumkrebsen. Und man kann nicht direkt sagen, dass die Kinder, die damals im normalen Kindergarten ganz normal gesungen, gespielt und getobt haben, anstatt englisch und rechnen zu lernen, seelisch oder geistig verroht wären. Ja tatsächlich, aus einigen von ihnen ist sogar was ganz Ordentliches geworden. Obwohl in den Kindergärten nicht die individuelle Förderung des einzelnen, einzigartigen Kindes und der größtmögliche Input ins Kinderhirn im Vordergrund standen, sondern das Miteinander mit anderen Kindern aus allen Schichten, das soziale Lernen, mit anderen klarzukommen, die Freiheit, Kind sein zu dürfen. Das Konzept von »Little Giants« hingegen liest sich wie das einer Unternehmensberatung zur Optimierung eines mittelmäßig wirtschaftenden Betriebes: »Wir wollen das Leben von Kindern durch altersgerechte Lernerfahrungen so beeinflussen, dass sie ihre Fähigkeiten voll ausschöpfen können«, erläutert Peter Wahler das Konzept, das sich natürlich an Besserverdienende richtet: 1090 Euro kostet etwa die Betreuung eines Babys an fünf Tagen! Das entspricht einem durchschnittlichen Monatsgehalt. Kirchliche und staatliche Einrichtungen verlangen in Stuttgart bis zu 200 Euro pro Monat.

Kinderarbeit im Hochleistungssweatshop

Natürlich ist die Einrichtung zweisprachig, schon die Aller-
kleinsten formen aus Knetmasse keine Kugeln, sondern *balls*,
die ausgeschnittenen Wolken an der Wand sind mit *cloud* be-
schriftet, auch wenn die Zweijährigen das (noch!) nicht lesen
können. Wenn die Kinder malen, läuft im Hintergrund klassische Musik; für den »Erwerb von Basiskompetenzen« gibt es
sprachliche und mathematische Frühförderung. Einmal pro
Woche geht eine Erzieherin mit den Zwei- bis Dreijährigen ins
Museum, um dort die Werke der großen Meister zu bewun-
dern. Offene Gruppen in diesen Hochleistungszentren gibt es
keine, freie Spielzeit kaum. »Kinder sind oft unterfordert«,
behauptet Wahler. Drum würden die »Inte-ressen« der Kinder
gezielt gefördert. Was man wohl als Zweijähriger für Interessen hat? Mathe? Englisch? Kubismus? Oder einfach nur Spielen, Toben und Balgen? »Jedes Kind entscheidet selbst, wie
viel Wissen es aufsaugen möchte«, sagt Wahler. Na herrlich,
Eigenverantwortung schon für die Kleinsten. Dabei stehen sie
unter strengster Beobachtung: Jeder Entwicklungsschritt wird
dokumentiert und täglich den Eltern berichtet. Über jedes
Kind wird jeden Tag Buch geführt, in dem auch die Zeichnun-
gen abgeheftet werden. Die unternehmensberichtgleichen Einträge schauen die Eltern dann an, wenn sie die Kinder nach
einem langen Arbeitstag abgeholt haben. Nach ihrem eigenen
– und dem ihrer Kinder. Das hinterlässt das Gefühl, sie hätten
wirklich teil an der Entwicklung, auch wenn sie die Erziehung
den gut bezahlten Pädagogen überlassen. »Little Giants«ist in
den fünf Filialen in Stuttgart, Frankfurt, Nürnberg und München so erfolgreich, dass die Unternehmereltern ein »Netz
von fünfzig Centern« bundesweit einrichten wollen.

Es gibt mittlerweile viele solcher Geschäftsmodelle, die eine angeblich »kindzentrierte Pädogogik« anbieten und in Deutschland expandieren. Etwa die Wichtelakademie, die sich ebenfalls an den »individuellen Fähigkeiten« des Kindes orientiert. Spielerischer Matheunterricht und Englisch gehören ebenfalls zum Programm, dazu »Wichtel-Cooking« und »Wichtel-PC-Schulung«, Umgangsformen, Sozialkompetenz, naturwissenschaftliche Experimente genauso wie Toben, Kuscheln, Spielen, Sportprogramm, Wellness und Kinderyoga. Zu essen gibt es selbstverständlich Bio von einem Catering-Unternehmen. In Potsdam bietet die Villa Ritz die »bestmögliche frühkindliche Erziehung«. Für rund 900 Euro im Monat – die Betreuungseinrichtung für Besserverdienende wird auch noch von der Stadt bezuschusst – verbringen die Kinder ihren Tag in einer zum Kinderparadies ausgebauten Gründerzeitvilla. Es gibt einen Ballettsaal, »Erlebniszimmer« zu 36 verschiedenen Themen (z.B. »Wüste« oder »Altes Rom«). Deutsch und Englisch sind Umgangssprachen, nachmittags kommen auf Wunsch Chinesisch, Französisch und Spanisch dazu. Es gibt Reitstunden und Geigenunterricht, und wenn es die Eltern vor lauter Geldscheffeln nicht schaffen, die Kinder abzuholen, werden sie vom hauseigenen Chauffeur gebracht oder schlafen gleich in der Villa. Es gibt eine Wellnessabteilung mit Schwimmbad, Sauna und einen Physiotherapieraum, in dem sich die Kleinen vom anstrengenden Programm erholen dürfen. Im Keller bereitet eine Köchin natürlich biologische Vollwertkost zu. Besseres Essen für bessere Menschen. »Wir richten uns nach den Bedürfnissen der Kinder und der Eltern und versuchen, alle Wünsche zu erfüllen«, sagt Leiterin Jessica Noi.

Und Wünsche haben Eltern eine ganze Menge. Denn bei der Erziehung wollen sie nichts dem Zufall überlassen. So wie sie sich selbst flexibilisiert und für den Markt optimiert haben, züchten sie ihre Kinder ebenfalls zu maximaler Leistungsfähigkeit heran. Ein weiterer Schritt Richtung Ökonomisierung des Privatlebens: Diese Art der Erziehung hat vor allem zum Ziel, dem Kind Vorteile im späteren Wettbewerb der Ichlinge zu sichern. Es ist eine Erziehung zum Gegeneinander, nicht zum Miteinander. Für eine Gemeinschaft unabdingbare Werte wie Solidarität, Empathie und Gerechtigkeitssinn bleiben dabei natürlich auf der Strecke. Abgesehen davon, dass es einer Gesellschaft in jeder Hinsicht nur schaden kann, unsoziale, angepasste, angstgetriebene, leistungsfixierte und verhaltensgestörte Zombies heranzuzüchten: Es ist auch Verrat an den Kindern, den wirtschaftlichen Leistungsdruck direkt an sie abzugeben und sie damit um ihre Kindheit zu betrügen.

»Frühförderung« bezeichnet eigentlich pädagogische und therapeutische Konzepte für Kinder, die behindert oder von Behinderung bedroht sind. Man hat den Eindruck, dass elitäre Eltern ihre Kinder eher als defizitär ansehen, als auf ihre tatsächliche individuelle Entwicklung zu vertrauen. Die frühe Förderung von Kindern ist mittlerweile zu einer ganzen Industrie geworden. Seit irgendwer mal geschrieben hat, dass Musik die Intelligenz von Babys fördere, gibt es eine ganze Reihe von Baby-CDs mit klassischer Musik: *Mozart für mein Baby*, *Sanfte Klassik für mein Baby* und *Baby Classics – Nur das Beste für mein Baby*. Und auch die Freizeit ist bestens organisiert: Kindergolf ist nicht mehr nur für die Oberschicht interessant, sondern auch für die Mittelschicht. Es gibt drei Kinderbücher über Golf, etwa: *Kinder, was ist*

Golf? Golfen kinderleicht erklärt, und der Deutsche Golf Verband vergibt jedes Jahr 9 500 Kindergolfabzeichen in Gold, Silber und Bronze.[399] So können die lieben Kleinen (oder ihre Eltern) viel nützlichere Kontakte für später knüpfen als beim Minigolf. Auch Sinnsuche und Entspannung sollen Kinder dem Lebensstil ihrer Eltern gemäß lernen – beim Kinderyoga: 1 500 Anbieter gibt es dafür in Deutschland. Zur Erholung fährt die Familie dann zum Beispiel in ein Kinder-Bio-Wellness-Hotel wie den Ulrichshof im Bayerischen Wald, wo alles auf die exklusiven und individuellen Bedürfnisse der Gesundheits- und Genusselite und ihrer Kinder abgestimmt ist – für Zimmerpreise ab 80 Euro pro Person (Kinderpreise: 25 bis 80 Prozent).[400] Und die Musikschulen der großen Städte sind nahezu ausgebucht. Die Wartezeiten in einer Berliner Musikschule am Prenzlauer Berg für Violine, Cello und Klavier betragen ein Jahr. Manche Eltern, schreibt Henning Sußebach in seiner Prenzlauer-Berg-Reportage *Bionade-Biedermeier* in der *Zeit*, würden ihre Kinder schon mit der Geburt zur musikalischen Früherziehung anmelden.[401]

So werden die Kinder von früh bis spät verräumt. Die Straßen sind vollgestopft von Eltern, die ihren Nachwuchs zur Kita, zur Schule, zum Sport, zum Musikunterricht und zum Einkaufen in den Bio-Supermarkt fahren. »Taxi Mama« nennt die Deutsche Verkehrswacht das Phänomen, dass Eltern ihre Kinder keinen Schritt mehr zu Fuß machen lassen, sondern diese lieber mit fünfzig Sachen durch verkehrsberuhigte Zonen fahren, für die andere Eltern einmal gekämpft haben. Polizisten, die vor den Schulen durch das hohe Verkehrsaufkommen eine erhöhte Gefahr für alle Kinder sehen, haben beobachtet: »Die meisten achten nur auf das Kind, das sie gerade transportieren.« Abgesehen davon, dass dies der Klimazukunft der Kinder kaum zuträglich ist, gibt es kaum noch Orte, an denen sich Kinder einfach so treffen. »Kinder spielen nicht mehr auf der Straße, sondern werden handverlesen von ihren Eltern verabredet«, schreibt Tanja Stelzer in ihrer Reportage über überforderte, überförderte Kinder im *Zeitmagazin Leben*, »Kinder lernen nicht mehr, mit all den anderen klarzukommen, die früher eben zufällig auch auf der Straße waren. Immer sind Eltern der Filter.«[402] Das heißt auch, dass die Kinder nur unter sich bleiben, dass es keine Begegnung mehr gibt mit Kindern aus anderen sozialen Milieus. Es gibt keine Durchlässigkeit mehr nach unten – und das ist gewollt. Abgrenzung ist die Waffe der Bildungselite im Klassenkampf. Selbst die CDU-nahe und konservative Konrad-Adenauer-Stiftung betrachtet diesen Zustand als besorgniserregend. In ihrer Studie *Eltern unter Druck*[403] kommt die KAS zu dem Ergebnis, dass Elternschaft keine Solidargemeinschaft mehr ist, sondern »ein Klärungsprozess, der heute allerdings nicht zu verstärkter Solidarität zwischen Eltern führt«. Der Zulauf zu privaten Schulen und Kindertageseinrichtungen, die Freizeitaktivitäten und das Ernährungsverhalten machten deutlich, dass die Milieus auseinanderdriften: »Eine breite bürgerliche Mitte versucht sich neu zu positionieren und abzugrenzen.« Der Anteil dieser Eltern liege bei einem Fünftel. Deren Kinder sähen Angehörige der so genannten Unterschicht allenfalls noch als schlecht angezogene Witzfiguren in den Casting- und Realityshows. Gesetzt den Fall, sie dürfen überhaupt etwas anderes einschalten als Arte.

Das Ende der Solidarität

Der Pädagogikprofessor Wilhelm Heitmeyer, Leiter des Instituts für interdisziplinäre Konflikt- und Gewaltforschung an der Universität Bielefeld, hat 2002 das Projekt »Gruppenbezogene Menschenfeindlichkeit« ins Leben gerufen, um feindselige Einstellungen gegenüber Menschen unterschiedlicher Herkunft und mit unterschiedlichen Lebensstilen in Deutschland zu untersuchen. Die Ergebnisse werden in der Suhrkamp-Reihe *Deutsche Zustände* veröffentlicht. Ursprünglich waren unterschiedliche Elemente der Diskriminierung wie Rassismus, Fremdenfeindlichkeit, Antisemitismus, Homophobie, Islamophobie, Sexismus, Etabliertenvorrechte, Abwertung von Behinderten und Ablehnung Obdachloser Gegenstand der Studie. 2007 kam erstmals das neue Phänomen Abwertung von Langzeitarbeitslosen hinzu. Nach der Befragung haben 56 Prozent der Deutschen eine feindselige oder abwertende Einstellung zu Langzeitarbeitslosen. 49 Prozent waren der Meinung, dass diese nicht wirklich daran interessiert seien, einen Job zu finden. 60 Prozent fanden es »empörend, wenn sich die Langzeitarbeitslosen auf Kosten der Gesellschaft ein bequemes Leben machen«. 40 Prozent stimmten der Aussage zu, dass zu viel Rücksicht auf »Versager« genommen werde, jeder Dritte fand, dass man sich »wenig nützliche Menschen« nicht mehr leisten könne. Moralisches Verhalten sei ein Luxus, sagten 26 Prozent.[404] Die Angst und Unsicherheit in der Gesellschaft habe negative Folgen für schwache Gruppen, deren Diskriminierung auf einer Ideologie der Ungleichheit basiere, schreibt Wilhelm Heitmeyer in der *Zeit*.[405] Ein anderes Wort dafür ist Sozialdarwinismus. Heitmeyer sieht die Ursache dieser neuen Form von Menschenfeindlichkeit in der zunehmenden Ökonomisierung des sozialen Lebens, in der nicht marktrelevante solidarische Grundsätze wie Mitgefühl und Fürsorglichkeit zurückgedrängt werden und verkümmern.

Die Grenzen zwischen den Schichten ziehen heute nicht nur Einkommen und Bildung, sondern auch ästhetische Kategorien. Hartz IV ist praktisch gleichbedeutend mit schlechtem Geschmack und ungesunden Ernährungsgewohnheiten: Es ist der Antilifestyle. »Unterschichtenschick« ist eine der vielen abfälligen Bezeichnungen für den Lebensstil der sozial Schwächeren, die leider nicht so viel Entscheidungsfreiheit in Sachen Konsum haben wie zum Beispiel die LOHAS. Häme über sozial Schwache ist längst nicht mehr nur die Domäne der *Bild*-Zeitung. So sagte etwa der damalige Finanzexperte der Grünen(!), Oswald Metzger (inzwischen CDU), es sei der »Lebenssinn der Arbeitslosen, sich mit Kohlehydraten und Alkohol vollzustopfen«[406]. Der damalige Berliner Finanzsenator Thilo Sarrazin (Monatsgehalt: 10 000 Euro) erklärte indes, dass sich Hartz-IV-Empfänger schon für 3,76 Euro pro Tag »völlig gesund, wertstofffrei und vollständig ernähren« – und darüber hinaus auch noch was sparen könnten, weil die Kosten unter dem Regelsatz von 4,25 Euro liegen.[407] Zum Beispiel für ein gutes Paar Schuhe. In einem Beitrag über LOHAS innerhalb der ZDF-Reihe *Zukunftsmacher* wurde Utopia-Chefin Claudia Langer von der Autorin gefragt: »Für Hartz-IV-Empfänger ist das nichts, oder?« Langer antwortete: »Na, das ist ja ein totaler Schmarrn. Ich hasse dieses Argument. Für mich ist das eine ganz einfache Geschichte. Viele Dinge scheinen teurer. Ich weiß nicht, was billiger ist: ein Paar gute Schuhe, die ich drei Jahre lang trage, oder fünfmal zu Deichmann gehen.«[408]

Lauter wunderbare Ideen sind das. Abgesehen davon, dass man sich fragen muss, mit welchem Recht ausgerechnet immer die Wohlhabenden, deren Alltag denkbar fern von dem der Hartz-IV-Empfänger liegt, meinen, jenen gute Ratschläge erteilen zu müssen, die sie sich für ihr eigenes Leben absolut verbitten: Ein »gutes Paar Schuhe« kostet gut und gerne 100 Euro. Das ist beinahe ein Drittel des Regelsatzes von monatlich 359 Euro. Und auch wenn Sarrazin von seiner Hartz-IV-Diät überzeugt ist: »Nach den Budgets, die es heute für Hartz-IV-Familien gibt, ist es nicht möglich, die Kinder gesund zu ernähren«, sagt Mathilde Kersting vom Forschungsinstitut für Kinderernährung.[409] Da ist nicht viel drin mit Bio und Vollwert. In all diesen »Vorschlägen« schwingt immer ein latenter Vorwurf von »selber Schuld« mit. Nur leider ist Eigenverantwortung für sozial Schwache keine Aufgabe und keine Voraussetzung für die Wahl des passenden Lebensstils, sondern ausschließlich eine Belastung – und mit Hartz IV nichts weiter als eine Sanktion. Eigenverantwortung ist nur möglich, wenn alle die gleichen Ausgangschancen haben. Laut dem Bericht zur Lage der Kinder von Unicef aus dem Jahr 2008 ist in Deutschland jedes sechste Kind von Armut betroffen.[410] 2,5 Millionen Minderjährige leben unterhalb der Armutsgrenze. Die meisten Eltern, die Hartz IV beziehen, wollen ihren Kindern helfen. Sie können es aber nicht.

Es ist ein unüberbrückbarer und zynischer Widerspruch, dass LOHAS Kinderarbeit, Hunger und Armut in den Entwicklungsländern belärmen, aber vor der Armut im eigenen Land die Augen verschließen. Doch gegen die gibt es ja auch kein richtiges und schickes Produkt, das man kaufen und genießen kann. So dient die deutsche Armut den LOHAS nur zur Abgrenzung ihrer eigenen Kaste und der Sicherung des eigenen Status. Aber auch das scheinbare Mitgefühl mit den Armen in der so genannten Dritten Welt ist romantisiert und sentimental – im Grunde nur Geschwätz. Denn der LOHAS profitiert selbst vom Nord-Süd-Gefälle: Würden alle Menschen auf der Welt ein so luxuriöses LOHAS-Leben führen – es wäre eine nicht auszudenkende globale Katastrophe. Sein gutes Gewissen kann sich der LOHAS nur deshalb leisten, weil es sich die armen kolumbianischen Kaffeebauern und die armen Näherinnen in Bangladesch nicht leisten können, auf der Suche nach Authentizität zum Beispiel in der Welt herumzufliegen. Sollen die mal schön weiter fairen Kaffee für den Distinktionsgewinn der LOHAS anbauen. Und die Näherinnen sollen gefälligst dankbar sein, dass man ja immerhin nicht gut findet, dass sie in Sweatshops arbeiten müssen. Das heißt: Es ist sogar von Vorteil für die LOHAS, die nur so beweisen können, dass ihre ökokorrekte Jeans im Gegensatz zur Massenware ein ganz besonders gutes Stück ist.

Es überrascht deshalb überhaupt nicht, dass eine Studie im Auftrag der Bundesumweltstiftung und der Beratungsagentur Stratum mit dem Titel *LOHAS – Mythos und Wirklichkeit*[411] zu dem Ergebnis kommt, dass die neuen Weltretter egoistisch, konservativ und unpolitisch sind. Soziale Themen und Öko-Belange könnten nur an sie herangetragen werden, wenn sich daraus ein Nutzen für sie selbst ergebe. Ihre Orientierung sei eine sinnlich-ästhetische, sie seien nur am Genuss mit gutem Gewissen interessiert. Verzicht – etwa auf Autofahren, Fleisch, Flugreisen, Komfort und Luxus – sei für diese Zielgruppe genauso irrelevant wie politisches Engagement. »Die Zielgruppe tut nur Sachen, von denen sie als Individuum einen persönlichen Nutzen hat«, sagt Cordula Krüger, Chefin der Agentur & Equity, die die Studie durchgeführt hat.[412] Das gute Gewissen, das sich die LOHAS kaufen, entbindet sie von jeglicher gesellschaftlichen Verantwortung und stillt ihr ganz persönliches Harmoniebedürfnis, mit sich und der Welt im Reinen zu sein. Auf die Lösung der Weltprobleme hat das allerdings überhaupt keinen Einfluss – und auch nicht aufs Klima. Übrigens haben Hartz-IV-Empfänger (die in den Augen der LOHAS das falsche Leben führen), weil sie in viel kleineren Wohnungen leben, keine Autos haben, mit denen sie den Nachwuchs zum Geigenunterricht oder ins Ballett fahren, sich keine Flugreisen ins nachhaltige Öko- und Wellnessresort und so weiter leisten können, die wesentlich bessere Klimabilanz.

»Erst wenn der Druck aus der Gesellschaft größer ist als der der Lobbyisten, dann ändert sich was in der Politik.«
Hartmut Graßl, Klimaforscher [413]

2. Die NGOs, die Politik und die Bürger

Die Krise der NGOs

Klackklackklack. Immer wieder hallt ein hölzern-dumpfer Knall durch die Halle. Das globalisierungskritische Netzwerk Attac spielt »Bowling for Copenhagen«.[414] Immer wieder kracht die Kugel mit der Aufschrift CO_2 in die als Pinguine bemalten Kegel, die auf einer Eisfläche aus Styropor stehen. Klackklackklack, alle Neune, wer das schafft, bekommt ein CO_2-Zertifikat auf einem Stück Klopapier und ein Fläschchen Sonnenmilch dazu. Während knapp 4 Kilometer entfernt die Plant-for-the-Planet-Kinder mit Unterstützung von Toyota mit großem Trara symbolisch Bäume fürs Klima pflanzen, halten Attac, BUND, Greenpeace, Evangelischer Entwicklungsdienst und die Heinrich-Böll-Stiftung den McPlanet-Kongress unter dem Motto »Game over. Neustart« in den Räumen der Technischen Universität in Berlin ab. McPlanet ist Weltrettung 1.0: Zu dem Kongress sind 1 700 Menschen gekommen, vorwiegend Angehörige der linksalternativen Szene, die sich an diesem warmen Aprilwochenende in der TU versammelt haben. Man sieht all solche Menschen, die die LOHAS für ausgestorben erklärt haben, weil sie in ihrem Lifestyle- und Konsumuniversum schlicht nicht vorkommen: Alt-Ökos mit Stoffbeuteln und Rauschebärten, junge Menschen mit Rastalocken, ausgewaschenen T-Shirts und Rucksäcken, Mädchen mit Tüchern im langen Haar. Im Garten der Uni stehen Bierbänke und große Übernachtungszelte, die Besucher sitzen in kleinen und großen Gruppen im Gras. Dazwischen kocht Berlins mobile Volksküche »Food for Action« (»Ohne Mampf kein Kampf!«) in gigantischen Töpfen veganes Essen für alle. Die Teller (kein Plastik! keine Pappe! kein Müll!) muss jeder selber in Plastikwannen abspülen. Ein linksromantisches Paralleluniversum, in dem Umweltaktivisten von Robin Wood zeigen, wie man fachgerecht auf hohe Bäume klettert.

Trotz Politfolklore ist dieses vierte große Treffen der Sozial- und Umweltbewegungen von einer Ernsthaftigkeit und Klarheit getragen, die der Weltsituation angemessen ist. Denn mit der Finanz-, Energie-, Ressourcen- und Klimakrise sind auch die NGOs in eine Krise geraten.

»In einer Zeit, in der es einen gesellschaftlichen Konsens gab, dass die neoliberale Politik mit ihrem Marktdiktat nur positiv zu bewerten ist, wurden wir als Gutmenschen und Altromantiker verspottet, als die, die keine Ahnung haben. Und weil man auf uns nicht gehört hat, darum haben wir jetzt die Krise, die wieder einmal vor allem die Armen betrifft.« Mit einer Wut, die man in der Gesellschaft schmerzlich vermisst, donnert Hubert Weigert, Mitbegründer und Geschäftsführer des BUND, seine Worte in das applaudierende Podiumspublikum. Es klänge allzu selbstgefällig, würde Weigert nicht ein Schuldeingeständnis hinterherschicken: »Wir haben zu wenig unsere Pozentiale genutzt.«

Es sind die zentralen und naheliegenden Fragen des Wochenendes: Warum konnten die NGOs und Bewegungen die Krisen zwar schon vor Jahrzehnten voraussehen, aber nicht verhindern?

Kann es sein, dass die NGOs ihren Zenit überschritten haben? Dass sie weniger einflussreich sind, als sich das die Gesellschaft und die Bewegungen selbst eingestehen wollen?

Die Anzahl von NGOs ist weltweit zwischen 1991 und 2004 kontinuierlich von 4620 auf mehr als 7300 gestiegen.[415] Das Vertrauen der Gesellschaft in Nichtregierungsorganisationen ist nach wie größer als in politische Parteien und Regierungen. Laut der globalen Umfrage der PR-Agentur Edelman für das Trustbarometer 2009 vertrauen weltweit 53 Prozent der Befragten NGOs und nur 43 Prozent den Regierungen.[416] Nach dem Jugendreport der EU von 2007 ist nur ein Viertel der befragten Deutschen zwischen fünfzehn und dreißig Jahren der Ansicht, dass man in politischen Parteien Entscheidungsprozesse beeinflussen kann. Nur 4,3 Prozent von ihnen engagieren sich für ihre Ziele in einer Partei, 14,6 hingegen in einer Umwelt- oder Menschenrechtsorganisation.[417] Die Zahlen belegen, dass sich auch die Demokratie schon lange in einer großen Krise befindet. Aber sind NGOs tatsächlich die richtigen Institutionen, um diese zu bewältigen? Ist das große und ungebrochene Vertrauen in sie überhaupt gerechtfertigt?

Dass NGOs politisch unabhängig agieren, sichert ihnen nicht zuletzt das Vertrauen der Gesellschaft und macht ihre Glaubwürdigkeit aus. Anders als die politischen Parteien setzen sie sich dauerhaft und ausschließlich für die Themen ein, die einer Vielzahl von Menschen weltweit am Herzen liegen. Sie stehen für die bessere Politik – doch sie sind nicht diejenigen, die die Gesetze machen und Regeln aufstellen. Änderungen können nur durch demokratische Prozesse herbeigeführt werden. Dazu braucht es den unbedingten Willen der Bürger. Er ist unerlässlich dafür, dass sich Dinge ändern. Ist es also sinnvoll, diese Verantwortung nach einem ebenfalls konsumistischen Prinzip (Mitgliedsbeitrag, Spende) an die NGOs zu delegieren?

Natürlich sind die NGOs unverzichtbar, weil sie Missstände aufdecken. Es ist ihr Verdienst, durch Aufklärung und Kampagnen in weiten Teilen der Bevölkerung ein Problembewusstsein geschaffen zu haben. Doch ihr Ziel, dass diese dadurch ihren Lebensstil und ihre Konsumgewohnheiten ändert, haben sie nicht erreicht. Auch nicht mit dem zehnten Einkaufsführer und der siebzehnten wissenschaftlichen Studie. Sie haben damit allenfalls Leute angesprochen, die sowieso schon Interesse an diesen Themen hatten. Manche NGOs haben, um Veränderungen wirklich durchzusetzen, sogar angefangen, mit Unternehmen zusammenzuarbeiten anstatt mit der Politik – was ihnen wiederum die Kritik anderer NGOs eingebracht hat, die darin einen Konkurrenzvorteil sahen. Sich zusammenzuschließen zur Durchsetzung großer Ideen und diese mit der Unterstützung der Gesellschaft an die Entscheider in der Politik heranzutragen, ist den NGOs nur manchmal gelungen, etwa – und genau deshalb gilt es als Vorzeigebeispiel – beim Shell-Boykott anlässlich der Brent Spar-Verschrottung. Und das ist vierzehn Jahre her. Aus denselben Gründen tun sich NGOs schwer, Menschen zu mobilisieren – und das ist wirklich paradox, denn die Bewegungen sind auf Solidarität gegründet, zerfallen aber in Einzelinteressen und machen sich gegenseitig Konkurrenz.

Die erstaunliche Selbstkritik und die Erkenntnis eigener Versäumnisse, die auf diesem Kongress in Berlin diskutiert werden, belegen, dass sich die Bewegungen in einer tiefen Legitimationskrise befinden. »Läuft die Umweltbewegung Gefahr, sich zu zerfasern?«, heißt etwa einer der vielen Workshops. Eine recht eindeutige Antwort darauf gibt das Programmheft: In 120 Foren und Workshops werden die drängenden Probleme verhandelt, und das doppelt und dreifach. Nord-Süd-Gefälle, Armut, Ressourcen, Mobilität, Atomkraft, Kohle, Gentechnik, Überfischung, Lebensstile, Konsum, Elektroautos, New-Green-Deal, Kapitalismuskritik – es gibt mindestens zwei Veranstaltungen zu jedem Thema, manche finden parallel statt, so dass man sich entscheiden muss, wem man mehr Kompetenz oder Durchsetzungskraft zutraut. Es ist ja nicht so, dass die Bewegungen erst anfangen müssten, sich Konzepte auszudenken. An sozial, ökologisch und ökonomisch ausgereiften Alternativen mangelt es nicht. Das Problem ist also nicht, dass es an konkreten Ideen fehlt. Das Problem ist, dass jede Organisation die Deutungshoheit über ihr Thema behalten will.

»Schaut euch doch um hier, jeder kocht wieder sein eigenes Süppchen«, sagt Barbara Unmüßig von der Heinrich-Böll-Stiftung in einer Diskussionsrunde mit den fünf Kongressveranstaltern. »Wir sind nicht die Säulenheiligen. Wir sind angefressen durch Konkurrenz, wir sind strategie- und bündnisunfähig.« Es fehle an Strategien, die Lösungsvorschläge an Menschen heranzutragen – an die Öffentlichkeit, die Politik, die einflussreichen Institutionen, etwa Gewerkschaften, diejenigen also, die dazu beitragen, dass aus Konzepten Programme werden, die Bürger wählen können, auf dass sie Gesetz werden. »Wir sind in der Öffentlichkeit ziemlich abgemeldet«, sagt Chris Methmann von Attac, »wir können nicht mehr diskutieren oder den Leuten mit Konsum- und Lebensstiländerungen kommen.« Man einigt sich darauf, künftig enger mit den Gewerkschaften zusammenzuarbeiten – und schon mal am ersten Mai gemeinsam zu demonstrieren.

Man hätte 2007, als der IPCC-Bericht erschien und deutlich machte, wie es um das Klima steht, die Empörung und den Schock der Menschen aufgreifen und sie in politischen Protest umwandeln müssen, sagt der Anti-Atomkraft-Aktivist Jochen Stay im Forum »Viel Lärm, wenig Resonanz: die Rolle von Umweltbewegungen« – schon der Seminartitel klingt wie eine Beichte. Jetzt sei es wieder schwieriger geworden, weil die Menschen gelähmt seien durch Angst vor Arbeitslosigkeit. Tatsächlich lag der Gedanke nahe, dass es sich manche Umweltbewegung zu dieser Zeit allzu bequem gemacht hat auf der Na-bitte-ich-hab's-ja-immer-schon-gewusst-Position. Die anderen Deutschen waren derweil damit beschäftigt, dem Eisbärenbaby Knut zu huldigen. Ist auch besser für die Seele, als sich mit schmelzenden Polkappen zu beschäftigen, was allen anderen Knuts das Leben kostet.

»Wieso reagieren wir immer erst, wenn die politische Entscheidung gefallen ist, statt während der Koalitionsverhandlungen auf die Politik einzuwirken?«, fragt ein anderer Seminarteilnehmer. »Wir müssen radikaler werden« – der Satz fiel in fast jeder Runde. Es sind richtige Fragen und richtige Antworten.

Aber geradezu paradigmatisch gelang es nicht, diese nach außen zu tragen und all die interessanten Diskussionen und

Lösungsansätze hochkarätiger Wissenschaftler einer breiten Bevölkerungsschicht zugänglich zu machen. Es gab keine begleitenden Aktionen in der Stadt, auch keine große Demonstration, die sich der Veranstaltung anschloss. Lediglich eine bunte Abschlusskundgebung mit der obligatorischen großen, bedrohten Erdkugel vor dem TU-Gebäude – am Sonntagmittag, wenn die Straßen leer sind. Die drei Tage spielten sich nur innerhalb des Universitätsgebäudes und auf der Wiese dahinter ab – und so blieben die ohnehin Überzeugten weiter unter sich. »Predigen für die Konvertierten?«, stand auf einem Pappschild, das eine Frau im Publikum während der Abschlussdiskussion in die Höhe hielt.

Felix Kolb hat seine Doktorarbeit über die politischen Auswirkungen von sozialen Bewegungen geschrieben, er ist Mitbegründer von Attac Deutschland, der Bewegungsstiftung und von Campact. »Die Bewegungen haben es nicht geschafft, Leute zu mobilisieren«, sagt Kolb. Viele sähen ihre Mitglieder als finanzielle Unterstützer, nicht als politische Macht. Der BUND würde lieber Blumen in der Heide pflanzen, als Kohlekraftwerke zu besetzen. Und Greenpeace habe sich lange auf ein paar hundert Aktivisten verlassen, die mit ihren Aktionen für spektakuläre Bilder gesorgt haben. Heldentum schafft aber eher Abstand und sorgt allenfalls für Bewunderung. Doch seit die Probleme der Welt nicht mehr auf so einfache Bilder herunterzubrechen sind wie das kleine Schlauchboot gegen den riesigen Walfänger auf offener See, sind auch die Regenbogenkrieger weniger präsent. Anlässlich der Finanzkrise hängte Greenpeace ein gigantisches Banner vom Hochhausdach der Deutschen Bank. Aufschrift: »Wäre die Welt eine Bank, hättet ihr sie längst gerettet!« Das hat schon deutlich weniger Strahlkraft. Was soll man sich dazu denken, außer »ja, genau«? Wenn Greenpeace es aber schaffen würde, seine knapp 560 000 Mitglieder zu mobilisieren, um etwa vor der Bank zu demonstrieren oder die Straße davor zu besetzen, würde das für mehr Aufmerksamkeit sorgen.

Felix Kolb ist einer der drei Geschäftsführer der Internetplattform Campact (www.campact.org). Der Name setzt sich zusammen aus den Wörtern »Campaign« und »Action«. Die Organisation befindet sich exakt an der Schnittstelle zwischen Politik und Bürgern. Sie organisiert Kampagnen, an denen man sich von zu Hause aus per E-Mail, Fax oder Telefon beteiligen kann. Campact ist quasi ein Protestdienstleister, ein Demokratielobbyist: Es formuliert Appelle an Ministerien, die man online unterzeichnen und – klick! – sofort an die betreffende Stelle senden kann. Es gibt Unterschriftensammlungen etwa gegen das Bombodrom, gegen Gentechnik, gegen Milchsubventionen, für erneuerbare Energien. Man kann gegen Überweisung auch Postkarten drucken lassen, die ans entsprechende Ministerbüro geschickt werden. Einige Unterschriftensammlungen, etwa die der Kampagne »Atomkraft jetzt abschalten!« erscheinen in großformatigen Zeitungsanzeigen. Innerhalb von drei Jahren haben sich knapp 140 000 Menschen bei Campact registriert, die regelmäßig an solchen Aktionen teilnehmen, dazu kommen Leute, die nur gelegentlich ihre Stimme abgeben.

»Campact ist schnell, praktisch und partizipatorisch. Die Aktionen haben aber nicht das gleiche Gewicht wie auf die Straße zu gehen«, sagt Felix Kolb, »es ersetzt lokale Gruppen und Mobilisierung nicht.« Campact lädt auch zu lokalen Treffen ein. Da erschienen allerdings bei Weitem nicht so viele. Schätzungsweise jeder Fünfzigste bis Hundertste folge einer Einladung.

»Es herrschen ein großer Zynismus und das Gefühl von Machtlosigkeit in der Gesellschaft«, sagt Kolb, »die Leute unterschätzen ihren Einfluss auf die Politik total«.

Im März 2009 – sagenhafte sechs Monate nach dem Zusammenbruch der Finanzmärkte im September 2008 – riefen Attac, Gewerkschaften und zahlreiche Umwelt- und Sozialorganisationen zu Großdemonstrationen parallel in Frankfurt und Berlin auf. Das Motto: »Wir zahlen nicht eure Krise!« Eine unsinnige Parole – natürlich zahlen wir die Krise, das ist längst beschlossene Sache. Ein halbes Jahr später zumal. Und gegen eine Krise kann man schlecht demonstrieren. Natürlich stand hinter dem Slogan die Forderung nach einem gerechten Umbau des Finanzsystems mit einer Kontrollfunktion, an der auch Bürger beteiligt sind – die Liste der Forderungen ist lang, man kann sie im Internet nachlesen.[418] Doch das Bild der – Attac spricht von 55 000, die Polizei von 25 000 – Demonstranten zeigte das übliche Durcheinander von Einzelinteressen. Musikpädagogengruppen forderten »Festanstellung statt Abwrackprämie«, Rentner hielten Schilder hoch mit der Aufschrift »Rentner – das Sparschwein der Nation?«, die Gewerkschaft Verdi trug den obligatorischen Sarg durch die Gegend. Alles in allem eher ein Ausdruck zielloser Frustration als von Wut, Protest und klaren politischen Forderungen. Eine Demonstration, ja, aber eine der gesellschaftlichen Ohnmacht.

Schluss:
Haben wir die Demokratie
schon verspielt?

Politik und Gesellschaft verharren in einem merkwürdigen Stillstand – und driften gerade deshalb auseinander. Der britische Politikprofessor Colin Crouch nennt diesen Zustand, der ebenso auch in anderen europäischen Ländern herrscht, Postdemokratie. Der Begriff beschreibt ein politisches System, in dem demokratische Institutionen weiterhin formal existieren, das von Bürgern aber nicht mehr mit Leben erfüllt wird. Ein Gemeinsystem, in dem zwar Wahlen abgehalten werden, in dem allerdings »konkurrierende Teams professioneller PR-Experten die öffentliche Debatte so stark kontrollieren, dass sie zu einem reinen Spektakel verkommt, bei dem man nur über eine Reihe von Problemen diskutiert, die die Experten zuvor ausgewählt haben«[419].

Dabei würde die Mehrheit eine passive, »ja sogar apathische« Rolle spielen und nur auf die Signale reagieren, die man ihr gibt. Die reale Politik wird indessen hinter verschlossenen Türen gemacht – von Regierungen, die in Zusammenarbeit mit der Wirtschaftselite Gesetze zu deren Gunsten entwerfen. Die Macht innerhalb der Demokratie haben nicht mehr die Bürger, zu deren Wohl der Staat handeln soll, sondern Wirtschaftslobbyisten. Und die haben alles andere im Sinn als Verteilungsgerechtigkeit und die Erfüllung sozialer Aufgaben.

Politik ist nicht mehr einem gesellschaftlichen Gestaltungsprozess unterworfen, sondern ökonomischen Prinzipien. Nicht nur, weil die Privatwirtschaft einen so großen Einfluss auf sie hat – sondern auch deshalb, weil sich die Parteien unter diesem Einfluss selbst wie Marktgüter gerieren. Sie lassen sich von PR-Agenturen ein Image zimmern, ihre Programme verkaufen sie wie ein Produkt. Dass sich Politiker wie selbstverständlich Rat von Unternehmensberatern holen, setzte sich in der neoliberalen Ära Schröder durch. Er ließ sich – wie Edmund Stoiber – von Roland Berger beraten. Unternehmensberater haben allerdings weniger das Wohl der Gesellschaft im Blick als den Erfolg ihres Kunden. Statt eines besseren Sozialsystems steht im Gegenteil Effizienz auf ihrer Agenda: Die Politik soll agieren wie ein Unternehmen. Statt Stellenstreichungen gibt es dann als Sparmaßnahme den Rückzug aus der sozialen Verantwortung. Effizienz bedeutet, dass Leistungen gestrichen werden, die der Allgemeinheit zur Verfügung stehen sollen: öffentliche Bäder, Bibliotheken, Bildung.

Weil die Parteien und die Regierung keine guten Programme für ihre Bürger mehr haben, müssen sie ihren Kunden ein gutes Angebot suggerieren. Deren Stimme auf dem Wahlzettel gleicht somit einer Kaufentscheidung. »Der Bürger wird in einen Kunden verwandelt, weil man unterstellt, dass Kunden besser behandelt werden als der Bürger, was viel sagt darüber, wie tief der Ökonomismus in die Gesellschaft vorgedrungen ist. Das wirtschaftliche Subjekt wird höher eingestuft als das politische«, schreibt der *Spiegel*-Autor Dirk Kurbjuweit in seinem Buch *Unser effizientes Leben. Die Diktatur der Ökonomie und ihre Folgen.* »Ist der Bürger dann zum Kunden geworden, behandelt man ihn jedoch schlechter als zuvor, weil ein Kunde nicht den gleichen Schutz genießt wie ein Bürger, zum Beispiel durch das Grundgesetz.«[420]

Was sich der Kunde wünscht, finden die Parteien auf dieselbe Weise heraus wie Konsumgüterhersteller: Durch Markt- beziehungsweise Meinungsforschung. Anhand der Stimmung im Land, die sie an den Umfragen ablesen, doktern sie an ihren Programmen herum, so lange, bis es halbwegs stimmig und gefällig klingt – Probleme werden besser nicht thematisiert, die lassen sich ja nicht so gut verkaufen.

Kein Wunder, dass unsere Zuschauerdemokratie dann Scheinprobleme wie den Dienstwagengebrauch der Politiker im Urlaub aufbauscht.

Der *FAZ*-Autor Nils Minkmar hat sich den Spaß erlaubt und zur Bundestagswahl 2009 die Programme der Parteien verglichen. »Moonwalk ins Superwahljahr« heißt seine wirklich sehr lustige Betrachtung.[421] »Die Menschheit ist dabei, die Entwicklungsstufe der Michael-Jackson-Ökonomie, den Moonwalk-Kapitalismus, zu vollenden«, schreibt Minkmar und meint damit die Angewohnheit des verstorbenen Popstars, künftig nicht vorhandene Reichtümer im Hier und Jetzt zu verbraten – in der Hoffnung, dass das Geld schon irgendwie wieder reinkommen wird. Irgendwann. So fordere die FDP, dass Sport im Grundgesetz verankert wird, »Spielraum für steuerliche Entlastungen«, die Bekämpfung von Mietnomaden und des Lärms an der Autobahn, Verbot der abendlichen Telefonwerbung: »Es ist, als hätten die Autoren die Magazine von ARD und ZDF ausgewertet und daraufhin in großer Geste den Krieg gegen die lästigen Kleinigkeiten ausgerufen.« Die Grünen versprechen eine Million Jobs in der Umwelttechnologie, die SPD Fürsorge, Stabilität, Fortschritt, Umweltschutz und Gerechtigkeit gleichermaßen und natürlich Vollbeschäftigung, die CDU kämpft für Frauenhäuser, erneuerbare Energien und Elektroautos. Zuerst soll aber der Haushalt konsolodiert werden, dann gebe es Steuerentlastungen. »Steuersenkungen, die führen zu Wachstum und Beschäftigung, Mehreinnahmen, die werden in Innovation, Haushaltssanierung und weitere Steuerentlastungen gesteckt. Und so weiter. Es ist nicht weniger als ein politisch-ökonomisches Perpetuum mobile.«

Die Angebote der Parteien bestehen meistens aus kurzfristig umzusetzenden Maßnahmen als Reaktion auf handfeste Probleme wie zum Beispiel Arbeitslosigkeit, die aber wiederum nur weitere Löcher in den Finanzhaushalt reißen (siehe Abwrackprämie), die irgendwann gestopft werden müssen. Steuersenkung, Wirtschaftswachstum, Arbeitsplätze – es sind immer die gleichen großen Versprechen. Weil sie dann doch nicht eingehalten werden können, weil wieder andere Löcher gestopft werden müssen oder weil das Wirtschaftswachstum den Bürgern gar nichts bringt, weil die Wirtschaft umso mehr wächst, je weniger Sozialabgaben sie leisten muss – ist der Wähler wieder frustriert, und die Parteien müssen ihm noch größere Versprechen machen, um ihn überhaupt ins Wahllokal zu locken. Es ist eine von gesellschaftlichen Bedürfnissen losgelöste Politik, die nur Symptomen begegnet, aber nicht an der Ursache rührt.

Wie bei der Konsumgüterwerbung geht es auch bei der Wahlwerbung nicht um Inhalte, sondern um die Marke und das Image. Und die Bürger tun nicht mehr, als nach den Brocken zu schnappen, die man ihnen hinwirft. »Werbung ist keine Form des rationalen Dialogs. Sie baut keine Argumentation auf, die sich auf Beweise stützen könnte, sondern bringt ihr Produkt mit visuellen Vorstellungen in Verbindung. Auf Werbung kann man nicht antworten. Ihr Ziel ist nicht, jemanden in eine Diskussion zu verwickeln, sondern ihn zum Kauf zu überreden«, schreibt Crouch.[422] Die Politiker entziehen sich damit der Kommunikation mit den Bürgern. Eine inhaltliche politische Debatte kann so nicht entstehen – und dringende Reformen können so ebenfalls nicht durchgeführt werden.

Dabei ist es einzig und allein die Demokratie, in der die Interessen und Wünsche der Bürger zum Ausdruck kommen können. Leider konkurrieren diese mit den wesentlich mächtigeren Unternehmen um die Aufmerksamkeit der Politik. Und Letztere haben die besseren Argumente: Sie können jederzeit mit der Streichung von Investitionen und/oder Arbeitsplätzen oder mit der Abwanderung ins Ausland drohen. Ein normaler Bürger kann das nicht. Auch verfügt er nicht über PR-Agenturen, die seine Wünsche hübsch verpacken, und schon gar nicht über das viele Geld, das Wirtschaftslobbyisten haben. Bürgern werden weiterhin keine Schreibtische in Ministerien zur Verfügung gestellt, an denen sie Gesetzestexte schreiben können. Mit anderen Worten: Der Einfluss des Bürgers auf die Politik ist im Vergleich zu den Unternehmen mittlerweile recht gering. Er kann nur sein Kreuzchen auf dem Wahlzettel machen.

Wenn aber Unternehmen einen derart großen Einfluss auf Regierungen haben, herrscht kein politisches Gleichgewicht. Unternehmen sind keine Personen, auch wenn sie sich mittlerweile so darstellen. Sie sind Konzentrationen von Macht. Politik für Unternehmen ist Politik gegen Bürger. Dass die Politik dem Wohl der Gesellschaft entsprechend handelt, eigentlich ihre ureigene Aufgabe, ist nicht mehr garantiert. Von Demokratie kann dann fast keine Rede mehr sein. Colin Crouch schreibt, dass sich Regierungen zunehmend in Richtung der vordemokratischen Zeit entwickeln, weil der Einfluss privilegierter Eliten zunimmt. Korruption – und nichts anderes ist es, wenn Bundesregierung und EU Vertretern aus der Privatwirtschaft Tür und Tor öffnen – sei ein Indikator für die Schwäche demokratischer Systeme: »Sie zeigt, dass die politische Klasse zynisch und amoralisch geworden, nicht länger kritischer Überprüfung ausgesetzt und von der breiten Öffentlichkeit abgeschnitten ist.«

Kein Wunder, dass die Politikverdrossenheit im Land groß ist. Dass sich die Menschen mehr und mehr ins private Kleine zurückziehen und dort versuchen, Änderungen zu bewirken. Aber leider ist genau das der größte Fehler, den sie machen können. Er trägt zu einer weiteren Entsolidarisierung und Fragmentierung der Gesellschaft bei. Und das wiederum stärkt nur die Macht der Wirtschaftseliten.

Warum privater Konsum keine Wirkung auf die Gesellschaft hat

Manfred Linz setzt sich auf eine Bank in der Sonne im Park der Technischen Universität. Der Theologe und Sozialwissenschaftler ist freier wissenschaftlicher Mitarbeiter am Wuppertal Institut für Klima, Umwelt und Energie. Er gilt als einer der Vordenker des Suffizienzprinzips. In der Ökologie bedeutet Suffizienz ein Bemühen um einen möglichst geringen Rohstoff- und Energieverbrauch mit dem Ziel einer geringeren Nachfrage nach Produkten und Dienstleistungen, die einen hohen Ressourcenverbrauch erfordern. Mit anderen Worten: Konsumverzicht für ein besseres, nachhaltiges Leben. Linz stellt seine Tüte mit Einkäufen neben sich in den Schatten, darin befinden sich Gemüse und Salat – aus biologischem Anbau. »Das mache ich schon seit Jahrzehnten, das ist ganz normal für mich«.

Von der Idee, dass ein nachhaltiger Lebensstil auf alle übertragbar ist, sei er aber mittlerweile abgekommen. 1976 haben er und andere Engagierte die ökumenische Initiative »Eine Welt« gegründet. »Uns war klar geworden, dass wir mit unserem Konsum für die Armut in der Dritten Welt verantwortlich sind«, sagt Linz. Man wollte einen Lebensstil entwerfen, der unter den Bedingungen des Alltags möglich ist. »Wir waren keine ethische Elite«, fügt Linz hinzu. Zur Initiative gehörten vierzig Leute, teilweise aus dem kirchlichen Umfeld. »Wir haben auf eine dreistufige Lernbewegung gesetzt.« Stufe eins: den eigenen Einsichten entsprechend leben. Stufe zwei: sich mit anderen zusammenschließen, um zu lernen. Stufe drei: in der Öffentlichkeit wirken. »Wir haben auf einen Schneeballeffekt gehofft, auf die Kraft des guten Beispiels – darauf, dass unsere Idee von der Kirche in die Gesellschaft und in Wirtschaft und Politik getragen wird.« Der Schneeballeffekt blieb aus. »Um es freundlich zu sagen: Es hat überhaupt nichts gebracht.« Ein solcher Lebensstil sei nur für Menschen interessant, zu deren Leben und Umgebung er passe, die kein Problem hätten, diesen auch nach außen zu kommunizieren, ohne auf Widerstand zu stoßen – er lasse sich aber nicht auf alle übertragen. Auch nicht, wenn man den Bürgern zu erklären versucht, dass Konsumverzicht genussvoll sein kann und ein Weniger ein Mehr an Lebensqualität bedeutet. Das schlechte Gewissen sei zwar da –, aber die Handlungsbereitschaft werde vertagt auf »irgendwann später – vielleicht.« Zum Verzichten seien die Menschen nicht bereit. »Und eine Zufallsgruppe von Konsumenten, die kein politisches Ziel verbindet, bringt gar nichts.« Kampagnen aber richteten sich an die Öffentlichkeit. Manfred Linz spricht deshalb nicht mehr so sehr vom anderen Leben, sondern vom »Primat der Politik«: »Man muss öffentlich werden, wenn man etwas erreichen will. Die Aktivierung werde zwar auch nur eine bestimmte Schicht erreichen – »aber wenn die mobilisiert ist, ist sie mächtig«. Politisch genügten 5 bis 7 Prozent, die wissen, was sie bewegen wollen, »weil sie Argumente haben, die Leute überzeugen können«. Das seien die Kräfte, die man braucht: »Wir brauchen organisierten Willen!«

Später sitzt Manfred Linz in der Podiumsdiskussion zum Thema LOHAS auf dem McPlanet-Kongress. Dort erzählt Sabine Lydia Müller, Geschäftsführerin einer LOHAS-PR-Agentur und Mitglied der Grünen, ihre Saulus-Paulus-Geschichte von der marken- und konsumfixierten Privatfernsehagentin zur überzeugten LOHAS und schwärmt vom »spannenden Universum der Konsumalternativen«. Sie zeigt ihre neuen Öko-Turnschuhe ins Publikum, sie gibt zu, dass sie, wenn sie dann außer der Saison doch mal Bock auf eine Birne habe, ihrem Bedürfnis nachgebe, sie mache ja genug anderes. Auf die kritische Nachfrage aus dem Publikum, ob der Trend nicht viel mehr den Unternehmen nutze, rollt sie die Augen und sagt: »Also, ich hab Spaß, mir geht es gut.« Als sie aber dann darüber zu sinnieren beginnt, ob es nicht eine Spitzenidee wäre, wenn zum Beispiel Dieter Bohlen Öko-T-Shirts bewerben würde, platzt Manfred Linz dann doch der Kragen: »Dieter Bohlen schreibt aber nicht die wichtigen Gesetze!« Wer denkt, er kaufe sich eine bessere Welt, der habe nicht verstanden, wie es in unserer Gesellschaft funktioniere. »Das tut nur den Leuten gut, die es für sich tun. Aber nicht der Gesellschaft.«

Tatsächlich erreicht LOHAS nicht die breiten Schichten. Laut der Studie *Umweltbewusstsein in Deutschland 2008* glauben zwar 84 Prozent, dass sie durch umweltbewusstes Einkaufsverhalten zum Umweltschutz beitragen können. 80 Prozent würden mehr tun, »wenn alle so handeln würden«. Und 61 Prozent knüpfen ihre Bereitschaft zum Umweltschutz an die Bedingung, dass ihr Lebensstandard dadurch nicht beeinträchtigt wird.[423] Nur 40 Prozent würden dafür einen höheren Preis zahlen. Denn den Deutschen geht es vor allem darum, billig einzukaufen. Laut einer Studie von »Accenture« achten 53 Prozent beim Einkauf insbesondere auf den Preis. Qualitätsansprüche stiegen mit dem Einkommen.[424]

»Die Deutschen sind Schnäppchenjäger. Das sieht man auch daran, dass wir in Deutschland den mit Abstand höchsten Anteil an Discountern in Europa haben. Und auch der Erfolg der Abwrackprämie spricht für sich«, sagt Rolf Bürkl von der GfK, Gesellschaft für Konsumforschung. Mittlerweile kaufen 98 Prozent der Verbraucher mehr oder weniger regelmäßig beim Discounter.[425]

Und bei Produkten oder Dienstleistungen des ethischen Konsums tut sich allgemein wenig: Mit einem Anteil von fast 40 Prozent sind Käfigeier immer noch die meistverkaufte Sorte, ein Viertel der Konsumenten kauft Freilandeier, nur 6,5 Prozent Bio-Eier. In einer Studie fand Deutschlands größtes Marktforschungsinstitut, die Gesellschaft für Konsumforschung (GfK), heraus, dass der Bio-Konsum in der ersten Hälfte des Jahres 2009 um vier Prozent zurück gegangen sei. GfK-Handelsexperte Helmut Hübsch spricht sogar von Öko-Müdigkeit. Ein konstant hoher Bio-Konsum lasse sich in Deutschland nicht feststellen. In einer Studie des Heidelberger Instituts Sinus Sociovision aus dem Sommer 2009 wiederum heißt es, dass die Begriffe »Öko«, »Bio« und »Umwelt« auf zunehmende Skepsis stießen. Und laut *Spiegel Online* vom 13. Juli 2009 empfinden Angehörige der so genannten Unterschicht Bio als eine exklusive Angelegenheit der Reichen.

Seit mehr als zehn Jahren steht es dem Verbraucher frei, den Stromanbieter zu wechseln. Nur 19 Prozent der Deutschen haben von dieser Möglichkeit Gebrauch gemacht.[426] Die meisten davon sind zu einem Billiganbieter gewechselt. Laut einer Umfrage der Stiftung Warentest hat sich davon nur jeder Fünfte für Öko-Strom entschieden. Lediglich 2,1 Million Haushalte nutzen Öko-Strom.[427] Und auch an Energiesparlampen hat der Deutsche keine rechte Freude: 2008 wurden nur rund 23,5 Millionen gekauft – aber 205 Millionen Glühbirnen. Deren Verkauf stieg nach Angaben der GfK sogar um 17 Prozent.[428]

Auch beim Autokauf steht Klimaschutz nicht im Vordergrund: Der CO_2-Ausstoß der neu zugelassenen Autos betrug 2008 im Schnitt 165 Gramm/Kilometer.

Und von Verzicht kann erst recht keine Rede sein: Der Fleischverzehr ist gleichbleibend hoch – pro Kopf isst der Deutsche pro Jahr 89 Kilo (inklusive Geflügel). Der Fischverbrauch ist 2007 mit 16 Kilo pro Kopf sogar noch weiter gestiegen, obwohl die Meere fast leer gefischt sind. Auch der motorisierte Individualverkehr ist leicht gestiegen – und die Anzahl der Billigflieger auch: 26 Millionen Passagiere reisten

2008 mit einem Billiganbieter, das sind 12 Prozent mehr als im Jahr zuvor. Fast die Hälfte flog innerhalb Deutschlands. Freiwillige Abgaben für den Klimaschutz an eine Organisation wie etwas Atmosfair lehnen 55 Prozent der Deutschen hingegen ab. Laut Atmosfair-Geschäftsführung liegt die Anzahl kompensierter Flüge bei unter einem Prozent. Selbst Kunden des Bildungsgreisenanbieters Studiosus sind zur Zahlung eines Ausgleichs nicht bereit: Obwohl Studiosus eine Kompensation bei jedem Flug anbietet, hat bislang noch kein einziger Kunde das Angebot angenommen. Dabei ist eine Spende an Organisationen wie Atmosfair, die ausschließlich Klimaprojekte mit dem Goldstandard haben, der alle sozialen und ökologischen Prinzipien berücksichtigt, die derzeit einzige sinnvolle Alternative zur fehlenden Kerosinsteuer.

Konsum wird die Welt also definitiv nicht retten. Aber was dann?

Warum wir wieder politisch werden müssen

»Man muss sich doch mal fragen: Wie wurden denn Verbesserungen erreicht? Die wurden erkämpft, nicht erkauft!«, sagt Klaus Werner-Lobo.« Der Autor des *Schwarzbuch Markenfirmen* – der übrigens von keiner der im Buch aufgeführten Firmen verklagt wurde – berichtet, er werde, seit ethischer Konsum en vogue ist, immer wieder gebeten, doch ein »Weißbuch« der guten Firmen zu schreiben. »Das werde ich aber nicht tun«, sagt Werner-Lobo, »obwohl ich damit bestimmt viel Geld verdienen könnte.« Auch nach seinen Vorträgen und Auftritten werde er ständig gefragt, wo und was man denn noch kaufen könne. »Gutes Gewissen ist überflüssig, es ist egoistisch.« Wir müssen, sagt Werner-Lobo, wieder Menschen werden und nicht Konsumenten bleiben. »Wir müssen uns wieder als aktive Mitglieder der Gesellschaft empfinden und danach handeln.«

Politik ist nur lebendig und demokratisch, wenn sich Bürger in vielen Gruppen beteiligen – in NGOs, Gewerkschaften und in den Parteien selbst. Änderungen lassen sich nur mit anderen zusammen herbeiführen. Es geht nicht in erster Linie darum, *den* Gegenplan zu entwerfen. Sondern darum, Ideen zu finden, zu diskutieren, alle nur möglichen demokratischen Mittel einzusetzen – Protest ist eine Möglichkeit ebenso wie Bürgerinitiativen oder das Engagement in Gewerkschaften. Auch die Arbeit in und mit NGOs ist wichtig, damit diese Ideen in die Gesellschaft und in die Politik getragen werden. »Wir müssen unsere Angst verlieren«, sagt Klaus Werner-Lobo, der seine Thesen auch als Clown vorträgt: »Wer lacht, hat keine Angst. Wer keine Angst hat, ist gefährlich – gefährlich für jene, die mit ihrer enormen Wirtschaftsmacht die Welt beherrschen.«

Natürlich ist die Angst, etwa den Arbeitsplatz zu verlieren, groß – und berechtigt. Es ist aber auch so, dass gerade die Konzerne von dieser Angst profitieren. Es ist ihr Druckmittel, um Sozialleistungen niedrig zu halten und Arbeitnehmerrechte zu ihren Gunsten von der Politik beschneiden zu lassen. Das bedingungslose Grundeinkommen etwa ist eines der wenigen neuen Konzepte, die, je nach Umsetzung, die Gesellschaft zum Positiven verändern könnten: Es ist die Idee, Menschen, die keine Arbeit finden, weil es niemals Vollbeschäftigung geben wird und Rationalisierung eine Bedingung des Wirtschaftswachstums ist, zu entschädigen.

Und sie nicht abzustrafen und aus der Gesellschaft auszuschließen, wie Hartz IV es tut. Solche Ideen müssen diskutiert werden, damit sie reifen können. Ob Wirtschaftswachstum die einzige Lösung der Probleme darstellt, ist weiterhin zu klären. Dass von unseren Steuern Großkonzerne subventioniert und Banken gerettet werden, statt dass das Geld in Leistungen fließt, von denen alle profitieren – auch das muss von den Bürgern mitbestimmt werden können. Nur eine solidarische und empathische Gesellschaft, die allgemeine Probleme offen debattiert, kann der Macht der Konzerne und den Verhältnissen in der Welt etwas entgegensetzen.

Auch die Errungenschaften der Frauenbewegung sind nur zustande gekommen, weil eine Protestbewegung es geschafft hat, ihr Anliegen in eine breite Öffentlichkeit zu tragen. Die so genannten neuen Feministinnen, die vor nicht allzu langer Zeit auf den Plan getreten sind und eher die These vertraten, dass jede für sich Gleichberechtigung in ihrem Leben anstreben müsse – hat von denen irgendwer noch was gehört? Nein? Eben.

Ein wunderbares Beispiel aus jüngerer Zeit ist etwa die neu gegründete Gewerkschaft für Freie Journalisten *Freischreiber*. Die Gründer haben erkannt, dass es allen schadet, wenn jeder für sich allein kämpft und sich unter den prekären Bedingungen des Printmedienmarktes ausbeuten und zermürben lässt. Gemeinsam zu kämpfen hilft allen – gar nicht zu kämpfen niemandem. Allein kann man nur verlieren. Und am Ende geht es bei allen zentralen Fragen um eines: Gerechtigkeit.

Natürlich ist es richtig, Saison- und Bio-Produkte zu kaufen – fair gehandelter Kaffee sollte eine Selbstverständlichkeit sein. Es kann auch nicht schaden, die Produkte von »bösen« Firmen zu boykottieren. Nur bringen wird es nichts, wenn man daran nicht eine politische Forderung knüpft, die man gemeinsam mit anderen in die Öffentlichkeit und Politik trägt. Wer sich umständlich ausrechnet, ob der deutsche Apfel im Kühlhaus oder der neuseeländische die bessere CO_2-Bilanz hat, oder ob es umweltfreundlicher ist, Papier zum Händetrocknen zu benutzen oder ein Baumwollhandtuch – der verschwendet nur Zeit und Energie, die man für die wichtigen Dinge einsetzen könnte. So dass künftig alle einkaufen können, ohne darüber nachdenken zu müssen, weil der Handel und die Herstellung tatsächlich und grundsätzlich fair und umweltfreundlich sind. Weil Gesetze Ausbeutung, Menschenrechtsverletzung und Umweltzerstörung unter Strafe verbieten. Es ist ein Trugschluss zu glauben, Konzerne würden nur nach den Wünschen ihrer Kunden schielen. Sie sind stark, weil sie ihre Anliegen in die Politik tragen. Zu glauben, die Wirtschaft sei leichter zu ändern als die Politik, ist nicht nur naiv, sondern gefährdet die Demokratie.

Denn dass Politik an der Ladenkasse stattfinde, heißt nicht anderes als: Wer zahlt, schafft an. Das ist weder gerecht noch demokratisch. Eine Wählerstimme hat hingegen jeder Bürger.

Schade, dass es nur 40 Prozent für wichtig erachtet haben, diese bei der Europawahl 2009 abzugeben.

»Umweltfreundliches Handeln darf in Zukunft nicht mehr Ausdruck einer moralischen Überlegenheit einer Öko-Avantgarde sein, es muss Kernbestandteil ökonomischer Rationalität werden«, sagt Oliver Geden, Fachmann für Klimapolitik bei der Stiftung Wissenschaft und Politik in Berlin.[429]

Was es heißt, solidarisch und politisch zu sein – das ist vielleicht die erste Frage, die sich eine individualisierte Gesellschaft stellen muss, um zurück zu einer Gemeinschaft zu finden.

»Der soziale Kompromiss, der in der Mitte des 20. Jahrhunderts geschlossen wurde, sowie das wahrhaft demokratische Interregnum gelten zwar aus heutiger Sicht als Inbegriff des sozialen Friedens, doch sie wurden in einem Feuer geschmiedet, das auch von Unruhen genährt wurde. Daran sollten wir uns immer erinnern, wenn wir demonstrierende Globalisierungsgegner für ihre Gewalttätigkeit, ihren Anarchismus oder die Tatsache kritisieren, dass sie keine realistischen Alternativen zum Kapitalismus präsentieren«, schreibt Colin Crouch.[430]

Wir sollten uns also lieber wieder an Bäume ketten, anstatt von Autokonzernen welche pflanzen zu lassen.

Anmerkungen

1 http://www.horizont.net/aktuell/marketing/pages/protected/
   Ritter-Sport-startet-Spendenkampagne-fuer-Afrika_57882.html
2 http://www.blend-a-med.de/sos-kinderdorf/spenden.php
3 http://www.wwf.de/kooperationen/iglo/
4 http://www.ftd.de/karriere_management/karriere/:Kreative-
   Zerst%F6rer-6-Peter-Kowalsky-Phoenix-aus-der-Flasche/
   448968.html?p=2
5 Ja, es ist wirklich wahr: http://www.superwurst.info/Start.html
6 Nach Berechnungen der Bundesforschungsanstalt für Landwirtschaft
   in Braunschweig werden für jedes Kilo Bio-Schweinefleisch 1,2 Kilo
   Kohlendioxid frei (Schweinefleisch aus konventioneller Produktion
   setzt nach Angaben von Foodwatch vier Mal so viel frei).
7 Anja Kirig,/Eike Wenzel, *Lohas*. Bewusst grün – alles über die neuen
   Lebenswelten, München 2009, S. 93
8 Ebd. S. 25
9 Ebd. S. 121
10 http://jbk.zdf.de/ZDFde/inhalt/31/0,1872,7533151,00.html Ein Link
   zur Sendung in der ZDF-Mediathek befindet sich auf der Seite.
11 http://www.utopia.de/wissen/menschen/johannes-b-kerner-sendung-
   zdf-oekologisch-vertraeglich-klimaneutral-claudia-langer
12 Ebd.
13 Stefan Niggemeier »Es ist alles möglich«. *FAZ*, vom 26.4.2009
14 »Schön dich hierzuhaben.« Alexander Kissler im *Cicero* vom März
   2009
15 Der Begriff entstand, als Johannes B. Kerner vom Privatfernsehen ins
   Öffentlich-Rechtliche wechselte. »Kernerisierung meint: den Ersatz
   ressortspezifischer Kenntnisse durch die Bereitschaft zur guten Laune,
   den Ersatz von Information durch inszenierte Einfühlung, den Ersatz
   republikanischer Gesprächskultur durch autoritäre Kumpelei und

den Ersatz des Gedankens durch den Affekt.« schreibt Alexander Kissler im Cicero.

16 Das *Intergouvernmental Panel on Climate Change* ist ein Zusammenschluss der Vereinten Nationen und der Weltorganisation für Meteorologie. Eine Kurzfassung des Berichts von 2007 findet sich unter http://www.bmbf.de/pub/IPCC_kurzfassung.pdf. Darin auch die Bestätigung, dass der Klimawandel keine natürliche Angelegenheit ist, sondern vom Menschen verschuldet.

17 http://jetzt.sueddeutsche.de/texte/anzeigen/411137/2/1

18 Mittlerweile gibt es mehrere Magazine in Deutschland, die diese Zielgruppe bedienen. Etwa das *Klima-Magazin* (Springer Verlag), *Biorama* (Monopol-Medien Wien) oder *Quality* (Eigenverlag).

19 http://www.mckinsey.de/html/presse/2009/20090416_energie.asp

20 http://www.tierschutzbund.de/2917.html

21 Ein Überblick über die Unternehmenskooperationen des WWF findet sich unter http://www.wwf.de/kooperationen/

22 *Bildzeitung* vom 5. März 2007

23 *Bildzeitung* vom 30. März 2007

24 Autoaufkleber der *Bildzeitung* 2004

25 http://www.lichtaus.info/

26 http://www.deutscher-nachhaltigkeitspreis.de/

27 http://www.taz.de/1/archiv/print-archiv/printressorts/digi-artikel/?ressort=ku&dig=2009%2F02%2F06%2Fa0140&cHash=f5cb6e6230

28 Zitiert in Kirig/Wenzel, *Bewusst grün*, S. 55

29 David Brooks, *Die Bobos. Der Lebensstil der neuen Elite*, München 2002, Klappentext

30 http://www.yooland.de/master.html

31 Ebd.

32 Birgit Lutz-Temsch, »Lebensgefühl zu kaufen«. *Süddeutsche Zeitung*, 1.2.2007

33 Ebd.

34 »Die Schweizer!« Slogan für Ricola Kräuterbonbons

35 Slogan von Ebay

36 Slogan der Sparkasse

37 http://www.jvm-wozi.de/

[38] Der Ikea-Claim stammt allerdings nicht von Jung von Matt, sondern von der Hamburger Agentur Weigert Pirouz Wolf

[39] Kai-Uwe Hellmann, *Die Soziologie der Marke*, Frankfurt a. M. 2003, S. 372

[40] Ebd. S. 17

[41] http://www.faz.net/s/RubD16E1F55D21144C4AE3F9DDF5 2B6E1D9/Doc~EE2EB882713B549F4B80781BA3E9124 FE~ATpl~Ecommon~Scontent.html

[42] http://www.jvm.com/de/facts/principles/

[43] »Vitamine und Naschen« – Nimm2-Bonbons

[44] Werbeclaim von Fruchtzwerge-Joghurt

[45] Jacobs Kaffee »Balance«

[46] LIDL-Werbung

[47] Hellmann, *Soziologie der Marke* S. 264

[48] zitiert in Robert Misik, *Das Kultbuch. Glanz und Elend der Kommerzkultur*, Berlin 2007, S. 36

[49] Neil Boorman, *Good Bye Logo. Wie ich lernte, ohne Marken zu leben*, Berlin 2007, S.54

[50] Ebd. S. 74

[51] Zitiert nach Helmut Höge, »Shopping-Probleme. Wirtschaft als das Leben selbst«, *Junge Welt*, 12.10.2007, S. 12

[52] www.jvm-wozi.de

[53] Boormann, *Good Bye Logo*, 86 f.

[54] Norbert Bolz, *Das konsumistische Manifest*, Paderborn, S. 89

[55] Florian Illies, *Generation Golf*, Frankfurt M 2000, S. 145

[56] Sparkassen-Werbung in den 90er Jahren

[57] Schoko-Crossies-Werbung in den 90er Jahren

[58] Media-Markt-Slogan

[59] Zitiert nach Julian Schütt, »Jetzt nur nicht wehleidig werden«: *Die Weltwoche* vom 10.7.2003

[60] Kathrin Hartmann, »Blick zurück ins Glück«, *Neon* 4/2006

[61] Stephan Grünewald, *Deutschland auf der Couch*, Frankfurt a.M. 2006, S. 62

[62] Hartmann, *Neon* 4/2006

[63] In *Generation Golf II*, München 2006, S.9 beschreibt Illies das wohlige Gefühl des »wunderbaren Nutellaknackens« und bemerkt, »wie

traurig es eigentlich war, dass wir fast mehr nostalgische Erinnerungen an eine Nussnougatcreme haben als an unseren Heimatort«.

64 http://www.studis-online.de/Karriere/art-444-generation_praktikum.php

65 http://www.sueddeutsche.de/jobkarriere/567/338414/text/

66 Manufactum-Unternehmensbeschreibung: http://www.manufactum.de/Kategorie/-33/Unternehmen.html

67 »Gutes aus Klöstern« ist ein eigener Katalog

68 http://www.manufactum.de/Kategorie/-33/Unternehmen.html

69 Joseph Heath/Andrew Potter, *Konsumrebellen.Der Mythos der Gegenkultur*, Berlin 2009, S. 328

70 Misik, *Das Kultbuch*, Berlin 2007, S. 127

71 http://www.manufactum.de/Produkt/0/1397572/WeidenkorbWuerfeltechnik.html?suchbegriff=w%E4schekorb

72 158 Euro

73 Kirig/Wenzel, *Lohas. Bewusst grün*, S. 140

74 http://www.manufactum.de/Produkt/0/752121/KuechenmaschineMinnaM3.html?suchbegriff=Minna

75 Holm Friebe, Thomas Ramge, *Marke Eigenbau. Der Aufstand der Massen gegen die Massenproduktion*, Frankfurt 2008, S.16 und 17

76 Ebd.

77 Ebd.

78 http://www.manager-magazin.de/unternehmen/artikel/0,2828,506095,00.html

79 http://www.manufactum.de/lexicon.html

80 Die hundertprozentige Otto-Tochter Heine GmbH war bislang mit 50 Prozent an Manufactum beteiligt, seit September 2007 gehört ihr Manufactum ganz.

81 http://www.zukunftsinstitut.de/verlag/studien_detail.php?nr=77#pressestimmen

82 http://www.firmenpresse.de/pressinfo62720.html

83 http://www.zeit.de/online/2008/34/coaching-vorbericht

84 http://idw-online.de/pages/de/news318816

85 http://www.stern.de/wissenschaft/medizin/:Pr%E4vention-Wellness-%E0-AOK/576824.html

86 http://www.welt.de/print-wams/article128902/Kleine_Auszeit.html

87 http://www.tagesschau.de/inland/krankenstand110.html
88 Kathrin Hartmann, »Ihr sollt nach Hause gehen!«, *Neon* 11/09
89 Kirig/Wenzel, *Lohas. Bewusst grün*, S. 65
90 Vera Schröder, »Fußvolk«, *Neon* 8/2009
91 http://www.bodyandservice.de/Premium-Personal-Trainer-
    Firmenfitness.html
92 http://www.abendblatt.de/hamburg/article482261/Wellness-in-der-
    Mittagspause.html
93 http://www.nivea.de/de/haus/berlin/about
94 Iris Radisch, »Wir wissen nicht mehr, was wir alles haben«,
    Zeit vom 20.12.2007
95 Ebd.
96 Kierig/Wenzel, *Lohas, Bewusst grün*, S. 66
97 Ebd.
98 Ebd. S. 67-68
99 http://www.lanserhof.at
100 Kirig/Wenzel, *Lohas* S. 68
101 Kirig/Wenzel, *Lohas*, S. 69
102 Roman von 1516, in dem Thomas Morus in einem fiktiven philoso-
    phischen Dialog einen Ort beschreibt, an dem es die ideale Gesell-
    schaft gibt. Zitiert nach *Der utopische Staat*, Hamburg, 1960, S. 44
103 Die Internet-Seite, die im November 2007 online ging, wurde im Juni
    überarbeitet, der Relaunch ging am 1. Juli 2009 online
104 Kierig/Wenzel, *Lohas. Bewusst grün*, S. 192
105 Ebd. S. 188 und S. 183
106 Ebd. S. 188
107 http://www.utopia.de/utopia
108 http://konferenz.utopia.de/
109 »Höher, schneller, weiter« – Claudia Langer im Protokoll der
    Süddeutschen Zeitung-Job&Karriere-Serie »Erfolgsgeschichten«,
    SZ vom 27.4.2002
110 Interview mit Claudia Langer in der Sendung *Leute*, SWR 1,
    16.7.2008
111 Ebd.
112 Lisa Stocker, »Utopisch, praktisch gut«, *Park Avenue*, 1.2.2008,
    S. 126

[113] http://www.focus.de/kultur/leben/modernes-leben-eine-komische-heilige_aid_179927.html

[114] Ebd.

[115] Andreas Bernard, »Das Prinzip Ökolifestyle«, *SZ-Magazin*, Heft 17/2008

[116] Ebd.

[117] Birgit Obermayer, »Die ökokorrekte Strategin«, *FAZ*, 29.3.2008

[118] http://www.utopia.de/magazin/leitfaden-fuer-konsum-strategen-unfried-strategischer-konsum

[119] Peter Unfried, *Öko. Al Gore, der neue Kühlschrank und ich*, Köln 2008, S. 24

[120] Aus der Eröffnungsrede auf der Utopia-Konferenz, http://karmakonsum.de/index.php?s=utopia& searchbutton=Go!

[121] Utopia.de

[122] Langer beim Trendtag in Hamburg am 14.5.2009

[123] Werbeslogan der ARD-Fernsehlotterie

[124] Die Herkunft des Satzes ist unklar, er stammt aber nicht, wie oft behauptet, von den Cree.

[125] http://www.stern.de/wissenschaft/natur/:Waldzustandsbericht-Der-Wald/655519.html

[126] http://ecards.utopia.de/

[127] Utopia.de

[128] http://www.utopia.de/utopia

[129] Refrain des Lieds *Ein bisschen Frieden* aus der Feder des Schlagermoguls Ralph Siegel, mit dem die Interpretin Nicole als bislang einzige deutsche Teilnehmerin 1982 den Grand-Prixd'Eurovision gewann.

[130] http://www.utopia.de/magazin/leitfaden-fuer-konsum-strategen-unfried-strategischer-konsum

[131] http://ec.europa.eu/public_opinion/archives/ebs/ebs_295_de.pdf

[132] http://karmakonsum.de/karmakonsum-rap-die-lohas-hmyne,647,2008-03.html

[133] http://karmakonsum.de/index.php?s=dalai&searchbutton=Go!

[134] http://karmakonsum.de/social-business-yunus-im-handelsblatt-interview,2372,2009-03.html

135 http://karmakonsum.de/index.php?s=Parteitag&searchbutton
     =Go!

136 http://unsdiewelt.com/2008/09/gut-gemeint-ist-das-gegenteil-von/

137 http://www.info3.de/wordpress/?p=179

138 Den Film darüber kann man sich auf folgender Seite an-
     schauen: http://karmakonsum.de/index.php?s=gr%C3%BCnes+
     wirtschaftswunder&searchbutton=Go!

139 http://www.utopia.de/utopia/partnerpakete

140 www.trendbuero.de

141 Ebd.

142 http://www.utopia.de/utopia/faq#anker1-9

143 http://www.utopia.de/utopia

144 http://www.henkel.de/nachhaltigkeit/stellungnahme-zu-
     tierversuchen-10197.htm

145 http://www.utopia.de/utopia/faq#anker1-9

146 Hans Weiss/Klaus Werner, *Schwarzbuch Markenfirmen,* Wien 2001,
     S. 274 f.

147 Ebd.

148 Laut einer Umfrage des Meinungsforschungsinstituts Emnid für die
     Berliner Morgenpost im Oktober 2003 könnten sich 49 Prozent der
     Deutschen Jauch als Bundeskanzler oder -präsidenten vorstellen.

149 *Manager-Magazin*, 25.6.2002, »Schluss mit Bechern für den Busch

150 Henryk M. Broder »Saufen für den Regenwald«, *Tagesspiegel,*
     22.5.2008

151 http://www.marketingclubberlin.de/content/view/296/1/

152 http://www.upj.de/journal_detail.82.0.html?&tx_ttnews
     [backPid]=30&tx_ttnews[tt_news]=882&cHash=
     ce5e92cdb7

153 http://www.fressnapf.de/tierratgeber/frage-und-antworten/56,1,2

154 http://www.presseportal.de/pm/42000/413825/krombacher_
     brauerei_gmbh_co

155 http://www.volvic-fuer-unicef.de/site2008.php#/1

156 http://www.blend-a-med.de/sos-kinderdorf/spenden.php

157 http://www.pg.com/de_DE/presse/pressemeldungen/2008/08_
     10_Pampers_Unicef/index.shtml und http://www.unicef.de/
     index.php?id=1857

[158] http://www.charity-label.com/de/projektdetails/index.html? PNR=173&CHARITYLABELSID=51d2b77e46a213154092823b2 9048ff3

[159] http://www.presseportal.de/pm/43064/869381/bitburger

[160] http://www.jever.de/sites/jever_website/presse_detail.jsp?recName_ pressemeldung_jever_website=pm_jever_naturschutz_29_09_05

[161] http://www.wwf.de/kooperationen/iglo/iglo-scheckuebergabe/

[162] http://www.ikea.com/ms/de_DE/about_ikea/press_room/press_ release/national/sunnan.html

[163] http://csr-news.net/main/index.php?s=oloko

[164] Seit dem zweiten Durchgang allerdings mit konkretem Hinweis über die Verwendung der Spenden.

[165] http://www.horizont.net/aktuell/marketing/pages/protected/ Bundesgerichtshof-haelt-Regenwald-Kampagne-fuer-Krombacher-fuer-rechtens_66385.html

[166] http://www.krombacher.de/regenwald/index.php

[167] http://www.presseportal.de/pm/42000/1350410/krombacher_ brauerei_gmbh_co

[168] http://www.krombacher.de/presseservice/presse_artikel.php?id=79

[169] http://www.horizont.net/aktuell/marketing/pages/protected/ Studie-verteidigt-Regenwald-Kampagne-von-Krombacher_ 39233.html

[170] http://www.freiheit-und-verantwortung.de/3_2.htm

[171] http://www.finanzblog24.net/konzerne-mit-kaufboykott-abgestraft/

[172] Hans Weiss/Klaus Werner-Lobo, *Das neue Schwarzbuch Markenfirmen. Die Machenschaften der Weltkonzerne*, 2006, S. 33

[173] UN-Welternährungsprogramm Stand 2007: http://one.wfp.org/ german/?NodeID=43&k=251

[174] Klaus Werner-Lobo, *Uns gehört die Welt*, München 2008, S. 14

[175] Ebd. S. 16

[176] u.a. Jean Ziegler, *Das Imperium der Schande. Der Kampf gegen Armut und Unterdrückung*, München 2005, und Jean Ziegler, *Die neuen Herrscher der Welt und ihre globalen Widersacher*, München 2003.

177 http://www.faz.net/s/RubDDBDABB9457A437BAA85A49C26
FB23A0/Doc~E568AB36AF2714EC5B3528C9115252472~ATpl~
Ecommon~Scontent~Afor~Eprint.html

178 http://www.peakom.de/MindFlash/36-6-36-D-98.html

179 http://csr-news.net/main/2007/10/12/auf-die-richtigen-themen-
kommt-es-an-mckinsey-csr/

180 http://www.innovations-report.de/html/berichte/studien/
bericht-46784.html

181 Wolfgang Kersting (Hrsg.), *Moral und Kapital. Grundfragen der
Wirtschafts- und Unternehmensethik*, Paderborn 2008, S.154

182 http://www.bdi-online.de/Dokumente/Mittelstandspolitik/
MittelstandspanelLangfassung_Fruehjahr2007.pdf S.53

183 http://www.marktforschung.de/information/nachrichten/studien-
umfragen/marktforschung/internationale-edelman-studie-zeigt-
trend-zu-good-purpose-marketing/30/

184 http://www.krombacher.de/presseservice/presse_artikel.php?id=176

185 http://www.presseportal.de/pm/42000/1419951/krombacher_
brauerei_gmbh_co

186 Jonas Viering, »Gutes Gewissen, gutes Geschäft«, *Capital*, 2008

187 http://www.swr.de/odysso/-/id=1046894/vv=print/pv=print/
nid=1046894/did=3357644/1t0n71/index.html

188 Ebd.

189 Karl Marx/Friedrich Engels, *Werke*, Band 24, *Das Kapital*, Bd. II,
Berlin/DDR 1963, S.247

190 Der Tag des Baumes wurde am 27. November 1951 von den
Vereinten Nationen beschlossen. In Deutschland wurde der Tag
des Baumes erstmals am 25. April 1952 begangen; damals
pflanzten der damalige Bundespräsident Theodor Heuss und
der Präsident der Schutzgemeinschaft Deutscher Wald, Bundes-
minister Robert Lehr, im Bonner Hofgarten einen Ahorn.

191 Gerald Traufetter, »Büßen mit Bäumen«, *Spiegel Special*, 27.3.2007,
S.122

192 Auf plant-for-the-planet.org kann man sich ausrechnen, wieviel
Bäume man spenden oder pflanzen muss, um sein Auto fahren
zu »kompensieren«. Für einen BMW X 6 wären das etwa an die
500 Bäume.

[193] http://www.prima-klima-weltweit.de/co2/klima-neutralitaet-spender.php

[194] http://www.klima-luegendetektor.de/2008/07/30/klein-aber-oho-4-x-leasing-munchen/

[195] Traufetter, *Spiegel Special*, 27.3.2007, S.122

[196] http://www.3sat.de/dynamic/sitegen/bin/sitegen.php?tab=2&source=/nano/news/105757/index.html

[197] http://www.katalysejournal.sepeur-media.de/fp/archiv/AFA_umweltnatur/15577.php

[198] 28 Millionen Tonnen Palmöl werden jährlich verbraucht.

[199] Martin Luther zugeschrieben

[200] http://www.rolandberger.com/company/press/releases/519-press_archive2009_sc_content/Survey_on_hybrid_and_electric_cars_de.html

[201] Sehr schöne Beispiele für Greenwashing überhaupt und insbesondere der Automobilindustrie hat Toralf Staud in seinem Blog klimaluegendetektor.de versammelt.

[202] http://www.spiegel.de/wirtschaft/0,1518,465734,00.html

[203] Stand März 2009 http://www.spiegel.de/auto/aktuell/0,1518,612437,00.html

[204] http://www.focus.de/auto/neuwagen/neuheiten/vw-golf-vi-neu-und-ganz-der-alte_aid_322570.html

[205] http://www.autobild.de/artikel/test-lexus-rx-400h_51612.html und http://www.klima-luegendetektor.de/2008/04/10/lexus-weniger-emissionen-in-der-suff-klasse/

[206] http://www.greenpeace-magazin.de/index.php?id=2895

[207] http://www.spiegel.de/auto/aktuell/0,1518,459972,00.html

[208] ebd

[209] http://clubs.ccsu.edu/recorder/editorial/editorial_item.asp?NewsID=188

[210] http://www.spiegel.de/auto/aktuell/0,1518,463901,00.html

[211] Stefan Kreutzberger, *Die Ökolüge. Wie Sie den grünen Etikettenschwindel durchschauen*, Berlin 2008, S. 49

[212] http://www.manager-magazin.de/unternehmen/artikel/0,2828,587313,00.html

[213] Pressemitteilung des WWF: http://www.wwf.de/presse/details/news/nestle_kommt_auf_den_geschmack/

214 Ebd.

215 www.rspo.org Faktsheet German

216 http://www.henkel.de/nachhaltigkeit/beitrag-nachhaltige-
palmoelwirtschaft-17343.htm

217 Robert Reich, *Superkapitalismus. Wie die Wirtschafst die
Demokratie untergräbt*, Frankfurt 2008

218 Werner-Lobo, S. 51

219 http://www.sueddeutsche.de/wirtschaft/947/439690/text/

220 http://www.taz.de/1/zukunft/umwelt/artikel/1/zu-hohe-
umweltauflagen-fuer-moorburg/

221 http://www.spiegel.de/wirtschaft/0,1518,635520-2,00.html

222 http://www.spiegel.de/wirtschaft/0,1518,635520,00.html

223 Weiss/Werner-Lobo, S. 270 und 350

224 www.cbgnetwork.org

225 http://www.cbgnetwork.org/downloads/Flugblatt%
20Klimaemissionen%20Bayer.pdf

226 Kreutzberge, S. 152

227 http://www.bayer.de/de/Nachhaltigkeit-und-Engagement

228 http://www.presse.bayer.de/baynews/baynews.nsf/id/2E4640FF9DE
996EEC12575BC00425B15?Open&ccm=015030

229 http://www.bayer.de/de/indien.aspx

230 http://www.welthungerhilfe.de/805.html

231 Michel Chossudovsky, *Global Brutal. Der entfesselte Welthandel,
die Armut, der Krieg*, Frankfurt 2002

232 Werner-Lobo, S. 32

233 Ebd. S. 33f.

234 ExxonMobil und andere Erdölkonzerne gehören zu den größten
Wahlkampfspendern für George W. Bush. Siehe Werner-Lobo, S. 36

235 Ebd., S. 33

236 »Standort D – Gesichter der Arbeit«, 3Sat, 19.10.2005,
Dokumentation von Sigrun Matthiesen und Michael Richter

237 http://www.manager-magazin.de/geld/artikel/0,2828,397252,00.
html

238 http://www.europolitan.de/Wirtschaft/Eurozone/Suedzucker--
RWE-und-Lufthansa-profitieren-von-EU-Agrarsubventionen/
278,16134,0,0.html

239 Werner-Lobo, *Uns gehört die Welt.* S. 39

240 http://www.tagesschau.de/wirtschaft/nokia18.html

241 http://www.spiegel.de/wirtschaft/0,1518,530700,00.html

242 http://www.tagesschau.de/multimedia/video/video501702.html

243 http://www.sueddeutsche.de/politik/698/311619/text/

244 Zitiert nach Kathrin Hartmann und Jakob Schrenk, »Farbe bekennen!«, *Neon* 12/2008, S.34

245 Reich, S. 221

246 http://www.wiwo.de/politik/neue-treiber-fuer-soziales-engagement-von-unternehmen-229768/

247 http://www.aktive-buergerschaft.de/vab/informationen/newsletter/artikelsammlung/2007-09-18.php

248 http://www.freiheit-und-verantwortung.de/3_1.htm

249 http://www.deutschebp.de/multipleimagesection.do?categoryId=9019534&contentId=7035630

250 http://www.mcdonalds.de/ernaehrung/taegliche_balance/unterrichtsmaterialien.html

251 http://www.coca-cola-gmbh.de/presse/pressemitteilungen/mitteilung/pressrelease.do?id=28566

252 http://www.rheinneckarweb.de/basf-schule-alt/lehrer-infos/unterrichtsmaterialien/

253 http://presse.nestle.de/presseinfo/nestle_1050/?kid=7

254 http://www.bundesregierung.de/Content/DE/Magazine/emags/economy/2006/038/t-2-seitenwechsel-schreibtisch-tauschen.html

255 http://www.freiheit-und-verantwortung.de/3_1.htm

256 http://www.csr-in-deutschland.de/portal/generator/1836/startseite.html

257 Das Netzwerk CoraA, das sich zum Ziel gemacht hat, die Politik in die Pfllicht zu nehmen, Unternehmen zur Verantwortung zu ziehen, war ebenfalls eingeladen, lehnte die Teilnahme aber ab. Den Briefwechsel zwischen CorA und Staatssekretär Günther Hazetzky findet sich unter: http://www.cora-netz.de/

258 http://www.econsense.de/_csr_info_pool/_POLITIK/_eu/

259 http://www.nachhaltigkeit.info/artikel/wirtschaft_7/berichterstattung_zur_nachhaltigkeit_34/index.htm

260 http://www.freiheit-und-verantwortung.de/3_2.htm

261 http://europa.eu/rapid/pressReleasesAction.do?reference=IP/06/358
&format=HTML&aged=0&language=DE&guiLanguage=en

262 Sascha Adamek, Kim Otto, *Der gekaufte Staat. Wie Konzernvertreter in deutschen Ministerien sich ihre Gesetze selbst schreiben*, Köln 2008

263 http://www.freiheit-und-verantwortung.de/3_2.htm

264 Adamek/Otto, S. 17

265 http://www.bundesregierung.de/Content/DE/Magazine/emags/economy/2006/038/t-2-seitenwechsel-schreibtisch-tauschen.html

266 Ebd.

267 Adamek/Otto, S. 12

268 http://www.bundesregierung.de/Content/DE/Magazine/emags/economy/2006/038/t-2-seitenwechsel-schreibtisch-tauschen.html

269 http://www.spiegel.de/politik/deutschland/0,1518,496720,00.html

270 http://www.wdr.de/tv/monitor/sendungen/2006/1019/lobbyisten.pdf

271 http://www.unglobalcompact.org/COP/non_communicating.html

272 http://www.freiheit-und-verantwortung.de/3_2.htm

273 http://www.deutscher-nachhaltigkeitspreis.de

274 Mit 500 Unternehmen der größte Unternehmszusammenschluss dieser Art.

275 http://www.nabu.de/themen/verkehr/nabuvolkswagenimdialog/

276 Die Herstellung und Verwertung von Aluminium ist eines der umweltschädlichsten und energieverschwenderischsten Industrieverfahren überhaupt.

277 http://www.ranking-nachhaltigkeitsberichte.de/3_2csr.html

278 Werner-Lobo, *Uns gehört die Welt*, S. 86

279 Die FLA ist wiederum ein Zusammenschluss aus Unternehmen und NGOs

280 http://www.ci-romero.de/de/ccc_puma_pilot/

281 http://about.puma.com/DE/6/68/54/

282 http://www.sauberekleidung.de/ccc-10_eilaktionen/ccc-11-10_af_metro_rl-denim-bangladesch.html

283 http://www.nlcnet.org/article.php?id=656 und http://www.sauberekleidung.de/ccc-10_eilaktionen/ccc-11-10_af_metro_rl-denim-bangladesch.html

284 Greenpeace-Magazin 2/09, S.33f

285 http://www.forum-fuer-verantwortung.de/

286 Stefan Kreutzberger, *Die Ökolüge. Wie Sie den grünen Etiketten-schwindel durchschauen*, Berlin 2008, S. 156

287 Ebd. S. 158

288 http://www.greenpeace.de/themen/chemie/presseerklaerungen/artikel/greenpeace_test_in_kirschen_stecken_haeufig_gefaehrliche_pestizide/

289 Kreutzberger, S. 204

290 http://www.taz.de/1/zukunft/konsum/artikel/1/waschnuesse-mangel-durch-bio-boom/?src=TE&cHash=adf83ce283

291 So titelte die *taz* im Juni 1995: http://www.taz.de/zeitung/taznews-verlag/30-Jahre-taz

292 Ebd.

293 http://www.focus.de/politik/deutschland/shell-boykott-wer-ist-der-naechste_aid_153027.html

294 Siehe Kapitel III, 1. Corporate Responsibility

295 Misik, S. 141

296 Ebd.

297 Reich, S. 234

298 http://www.bmelv.de/cln_044/nn_750578/DE/04-Landwirtschaft/OekologischerLandbau/Oekologischer LandbauDeutschland.html__nn=true

299 http://www.gfk.com/group/press_information/press_releases/002129/index.de.html

300 http://www.bio-siegel.de/

301 Ebd. S. 178

302 http//:www.zmp.de/agrarmarkt/branchen/oekomarkt/2009_03_25_Verkaufserloes_Landwirtschaft_Bio_Anteil.asp

303 »Bio made in China«, *Frontal*, ZDF, 19.2.2007

304 http://www.oekolandbau.de/haendler/marktinformationen/studien-und-projektberichte/zahlen-daten-fakten-die-biobranche-2008-februar-2008/

305 Kreutzberger, *Ökolüge*, S. 177

306 http://www.oekolandbau.de/fileadmin/redaktion/dokumente/journalisten/publikationen/2008_Studienergebnisse.pdf

307 http://www.handelsblatt.com/unternehmen/industrie/biobranche-erlebt-ihre-erste-krise;2043540

308 http://www.greenpeace.de/themen/chemie/pestizide_lebensmittel/detail/artikel/chronik_und_wirkung_der_greenpeace_pestiziduntersuchungen/

309 Kreutzberger, *Die Ökolüge*, S. 176

310 http://de.einkaufsnetz.org/verbraucherthemen/19666.html

311 Ebd.

312 Details unter http://www.bio-siegel.de/

313 Kreutzberger, *Die Ökolüge*, S. 183

314 Ebd. S. 201

315 http://de.einkaufsnetz.org/verbraucherthemen/19666.html

316 http://www.abgespeist.de/abgespeist/content/e5322/e6214/nestle_maggi-natur-pur-bio_kompaktinfo_20081007.pdf

317 Birgit Will, »Dasselbe in Grün«, *Lebensmittelzeitung*, 22.2.2008

318 http://www.bio-in-markenqualitaet.de/

319 Eigenwerbung Wiesenhof

320 http://www.welt.de/wams_print/article3420307/Gefluegelzucht-ist-eine-grosse-soziale-Tat.html

321 http://www.foodwatch.de/kampagnen__themen/qualitaetssiegel/index_ger.html

322 »So funktioniert die geheime Wiesenhof-Maschinerie«: http://www.welt.de/wirtschaft/article3197974/So-funktioniert-die-geheime-Wiesenhof-Maschinerie.html

323 http://www.foodwatch.de/foodwatch/content/e10/e5885/e6146/e6171/e6256/Kurzfassung_Tiermehlschmuggler_fin_korrigiert_270207_mitUmschlag_ger.pdf

324 http://frontal21.zdf.de/ZDFde/inhalt/4/0,1872,5562052,00.html?dr=1

325 http://www.welt.de/wams_print/article3420307/Gefluegelzucht-ist-eine-grosse-soziale-Tat.html

326 http://www.q-s.info/mediacenter/news/artikel/einhaltung-von-tier-schutzvorschriften-wird-im-qs-system-konsequent-ueberwacht/

327 http://www.fair-news.de/news/Wiesenhof+warnt+Mitarbeiter+vor+Tierschuetzern/22456.html

328 http://www.welt.de/wirtschaft/article3197974/So-funktioniert-die-geheime-Wiesenhof-Maschinerie.html

329 http://www.transfair.org/presse/detailseite-presse/browse/1/article/45/50-prozent-p.html

330 Kreutzberger, *Die Ökolüge*, S. 243

331 Ebd. S. 245

332 http://www.attac.de/archive/lidl/www.attac.de/lidl-kampagne/content/background/PMDeabLidl.pdf

333 http://lidl.verdi.de/mitmachen/aktionen/fair_kaufen/transfair_bei_lidl

334 Maren Peter, »Discounter Lidl wird jetzt fair«, *Tagesspiegel*, 31.3.2008

335 http://www.fair-feels-good.de/fairer-handel.php/cat/2/title/Kampagne

336 http://www.bmz.de/de/ziele/deutsche_politik/aktion_2015/index.html

337 Ebd.

338 Ebd.

339 Kreutzberger, *Die Ökolüge*, S. 248

340 Ebd.

341 http://www.tagesspiegel.de/wirtschaft/Wirtschaft-Umweltschutz-Kaffee;art115,1876448

342 http://www.ci-romero.de/4c_association0/

343 http://www.forum-fairer-handel.de/downloadc/90105_Fair%20oder%20nicht%20Fair%20-%20Standardvergleich%20Endfassung.pdf

344 http://www.fian.de/fian/index.php?option=content&task=view&id=338

345 Die sich aufeinander beziehenden Statements zu 4C zwischen dem fairen Handel und der CRI: http://www.ci-romero.de/kaffee0/

346 http://www.ci-romero.de/4c_association0/

347 http://www.rainforest-alliance.org/index_german.cfm

348 Siehe Fußnote 343

349 http://www.forum-fairer-handel.de/downloadc/90105_Fair%20oder%20nicht%20Fair%20-%20Standardvergleich%20Endfassung.pdf

350 Werner-Lobo/Weiss, S. 282 f.

351 http://www.netzeitung.de/ausland/584636.html

352 http://www.3sat.de/dynamic/sitegen/bin/sitegen.php?tab=2&source=/
nano/bstuecke/102107/index.html

353 Paul Wrusch, »McDonalds macht jetzt auf fair und bio«,
taz vom 1.3.2008

354 Ebd. S. 216-217

355 http://www.transfair.org/produkte/baumwolle/wissenswertes.
html?tx_jppageteaser_pi1[backId]=373; s. Tanja Busse,
Die Einkaufsrevolution, München 2006, S. 39-42, S. 208f.

356 ARD *Monitor*, 12.6.2008

357 http://www.spiegel.de/wirtschaft/0,1518,446922,00.htm

358 http://www.monsanto.de/Monsanto/Selbstmorde_bei_
Landwirten_in_Indien.php

359 Kreutzberger, S. 225

360 http://www.spiegel.de/wirtschaft/0,1518,446922,00.htm

361 http://www.presseportal.de/pm/55751/922280/textilwirtschaft

362 http://www.hm.com/de/unternehmerischeverantwortung/
nachhaltigkeitsbericht/baumwolleimfokus__csrfocusoncotton.
nhtml

363 http://www.stern.de/wirtschaft/unternehmen/unternehmen/:
Indien-Kinderarbeit-Damen-Top-Esprit/590453.html

364 http://www.stern.de/wirtschaft/unternehmen/:Heine-Versand-Blusen-
Kinderarbeit/581567.html

365 Ebd.

366 http://www.stern.de/lifestyle/mode/:H&M-Produkte-Baumwolle-
Kinderhand/603979.html

367 http://www.saubere-kleidung.de/ccc-20_unternehemen/ccc-25-06_
fp_otto.html

368 http://en.fairwear.nl/

369 http://www.adidas-group.com/de/SER2007/a/a_4_3.asp

370 http://www.cottonmadeinafrica.com/Article/de/11

371 http://www.cotton-made-in-africa.com/Article/de/19

372 http://www.cottonmadeinafrica.com/Article/de/14

373 http://www.cotton-made-in-africa.com/Article/de/88

374 http://www.cottonmadeinafrica.com/Article/de/85

375 Bettina Weiguny, *Bionade. Eine Limo verändert die Welt*,
Berlin 2009

376 http://www.faz.net/s/Rub0E9EEF84AC1E4A389A8DC6C23161-
FE44/Doc~EFDA7DE66CFC7422C802256BF56F097B8~ATpl~
Ecommon~Scontent.html

377 Dela Kienle, »Falsche Freunde«, *Neon* 7/09

378 http://www.bionade.com/bionade.php/10_de/12_projekte/01_
biolandbau/01_liveschaltung?usid=4a74079d628394a74079d63005

379 Weiguny, *Bionade.Eine Limo erobert die Welt*, Berlin, 2009, S. 12

380 Wolfgang Ullrich, *Habenwollen*, Frankfurt 2007

381 http://www.taz.de/index.php?id=konsum&art=1952&id=
473&cHash=1b58a95b71

382 Oliver Haustein-Tessmer, »Bionade umgarnt durstige Gipfel-Gener«,
Die Welt, 29. Mai 2007.

383 Weiguny, *Bionade* S.155

384 http://www.kolle-rebbe.de/de/agentur

385 Weiguny, *Bionade* S.155

386 Werbung für Dacia Logan MCV: http://www.youtube.com/
watch?v=oOb1M14NYUU

387 http://www.bionade.com/bionade.php/10_de/40_service/10_
werbung?usid=4a74079d628394a74079d63005

388 http://www.vital-genuss.de/neues/bionade-vs-oekotest.html

389 http://www.wuv.de/nachrichten/unternehmen/absatzeinbruch_
bei_bionade

390 http://www.bionade-quitte.de/interview.html

391 Kirig/Wenzel, Lohas. *Bewusst grün*, S. 119

392 http://sz-magazin.sueddeutsche.de/texte/anzeigen/5043

393 Kirig/Wenzel, S. 115

394 Ebd. S 114

395 Ebd. S 112

396 http://www.tagesspiegel.de/berlin/Prenzlauer-Berg-
Pankow;art270,2756810

397 http://www.littlegiants.de/Corporate/Mission.html

398 http://www.wdr.de/tv/hartaberfair/sendungen/2009/
20090617.php5?akt=1

399 http://www.golf.de/dgv/golf_abzeichen.cfm?objectid=60077716

400 http://www.ulrichshof.com/de/wohnen/preise-und-downloads.php

401 http://www.zeit.de/2007/46/D18-PrenzlauerBerg-46?page=all

402 Tanja Stelzer, Ich will doch nur spielen, Zeit leben Nr 32, 30.7.2009

403 http://www.kas.de/wf/de/71.5673/

404 http://politik-gesellschaft-deutschland.suite101.de/article.cfm/zielscheibe_der_diskriminierung

405 Wilhem Heitmeyer, »Moralisch Abwärts im Aufschwung«, DIE ZEIT vom 13.12.2007

406 http://www.welt.de/politik/article1387450/Empoerung_ueber_Kritik_an_Sozialhilfe_Empfaengern.html

407 http://www.tagesspiegel.de/berlin/Thilo-Sarrazin-Hartz-IV-Heiner-Geissler;art270,2475592

408 http://www.zdf.de/ZDFmediathek/content/702774?inPopup=true

409 http://www.igmetall-bayern.de/Archiv-Ansicht.33+M52726697a12.0.html

410 http://www.sueddeutsche.de/politik/528/443267/text/

411 http://www.stratum-consult.de/service/publikationen/153.html

412 http://www.sueddeutsche.de/leben/587/450309/text/

413 Graßl machte in den 80er Jahren als einer der Allerersten auf den Klimawandel aufmerksam.

414 Kopenhagen ist hier synonym für den Klimagipfel in der dänischen Hauptstadt im November 2009.

415 http://www.bpb.de/wissen/3UD6BP,0,0,NichtRegierungsorganisationen_%28NGOs%29.html

416 http://www.edelman-newsroom.de/cgi-bin/WebObjects/app.woa/wa/Nav/showAsset?oid=3174

417 http://www.welt.de/welt_print/article941832/Europas_Jugend_traut_Parteien_nicht_mehr.html

418 http://www.attac.de/index.php?id=4983

419 Colin Crouch, Postdemokratie, Frankfurt 2008, S. 10

420 Dirk Kurbjuweit, Unser effizientes Leben. Die Dikatur der Ökonomie und ihre Folgen, Hamburg 2004, S. 48

421 http://www.faz.net/s/Rub117C535CDF414415BB243B181B8B60AE/Doc~E867E882A52184C7AA9E983DAEB69F34E~ATpl~Ecommon~Scontent.html

422 Crouch, Postdemokratie, S. 38

423 http://www.umweltdaten.de/publikationen/fpdf-l/3678.pdf

[424] http://www.accenture.com/NR/rdonlyres/E2875007-F6AD-4F93-AFDF-F36A1211029A/0/Discounterstudie.pdf

[425] http://www.boersenblatt.net/210024/

[426] http://www.bdew.de/bdew.nsf/id/DE_Wechselquote_im_Maerz_2009/$file/09%2004%2029%20Ergebnisse%20BDEW%20Energietrends_M%C3%A4rz%202009.pdf

[427] http://www.test.de/themen/umwelt-energie/test/-Stromanbieter/1695174/1695174/

[428] Dagmar Dehmer/Henrik Mortsiefer, »Autokäufer kümmert Umwelt kaum«, Der Tagesspiel vom 22.7.1009

[429] Oliver Geden, »Macht die Sparlampe heller«, FAZ, 7.6.2009

[430] Crouch, Postdemokratie, S. 157

Danke,

meinem Mann Oliver Nagel und meinen Eltern – für einfach
alles. Mein großer Dank gilt Edgar Bracht vom Blessing-
Verlag – ein Lektor, wie man ihn sich nur wünschen kann –
sowie dem ganzen Verlag. Vielen Dank meinem Agenten
Michael Gaeb, ohne den das Buch nie zustande gekommen
wäre. Ich danke Jan Wirschal für Unterstützung bei der Re-
cherche.

Danke Klaus Werner-Lobo, Felix Ekardt, Felix Kolb,
Felipe Fuentelsaz, Francisco Casero, Caroline Davreux,
Manfred Linz, Maik Pflaum, Christiane Schnusa, Ludger
Heidbrink, Heiner Klupp, Herrmann Ott, Julia Schultze,
Konrad Götz, Jürgen Knirsch, Martin Hofstetter, Peter Fuchs,
Richard Häußler, Claudia Kerns, Stefan Siemer, Peter Wip-
permann, Jörg Schindler und Cord Riechelmann und allen,
die sich Zeit für mich genommen haben.

Personenregister